Juan Benito Calanche Morales

La alimentación en la sociedad venezolana: Un devenir histórico

Juan Benito Calanche Morales

La alimentación en la sociedad venezolana: Un devenir histórico

La Comida en Venezuela, aquellos tiempos...

Editorial Académica Española

Imprint

Any brand names and product names mentioned in this book are subject to trademark, brand or patent protection and are trademarks or registered trademarks of their respective holders. The use of brand names, product names, common names, trade names, product descriptions etc. even without a particular marking in this work is in no way to be construed to mean that such names may be regarded as unrestricted in respect of trademark and brand protection legislation and could thus be used by anyone.

Cover image: www.ingimage.com

Publisher:
Editorial Académica Española
is a trademark of
International Book Market Service Ltd., member of OmniScriptum Publishing Group
17 Meldrum Street, Beau Bassin 71504, Mauritius

Printed at: see last page
ISBN: 978-620-2-11412-7

LA ALIMENTACIÓN EN LA SOCIEDAD VENEZOLANA: UN DEVENIR HISTÓRICO

Dr. Juan Benito. Calanche Morales

REPÚBLICA BOLIVARIANA DE VENEZUELA
UNIVERSIDAD DE ORIENTE
NÚCLEO DE NUEVA ESPARTA
ESCUELA DE CIENCIAS APLICADAS DEL MAR
DEPARTAMENTO DE TECNOLOGÍA DE ALIMENTOS

TRABAJO DE ASCENSO PARA ESCALAFÓN UNIVERSITARIO

Boca del Río, 31 de marzo de 2008

INDICE GENERAL

LA ALIMENTACIÓN EN LA SOCIEDAD VENEZOLANA: DEVENIR HISTÓRICO

INTRODUCCIÓN

El aspecto más importante dentro de lo que conforma la satisfacción de las necesidades del hombre lo constituye, sin dudas, su alimentación. Alimentarse no significa solo "matar el hambre", ya que también incluye la decisión de cuál comida servirse. Esta elección implica cuestiones económicas, ambientales, éticas, fisiológicas, filosóficas, históricas, religiosas y estéticas (Ferreira, 2004; Durand y González, 2005).

El tránsito del "salvajismo" a la "civilización" por obra de la comida puso en cierta forma fin a la condición de barbarie; en otras palabras, la ingesta de alimentos producidos por el arte culinario que a su vez era accionado por el ingenio humano, permitió la entrada en la humanidad de una vida arreglada (Lovera, 2003).

Desde tiempos inmemoriales, la necesidad de sustento ha traído aparejada indisolublemente la especialización del hombre en las distintas etapas o fases que conforman su alimentación, es decir, desde aquella en que se procura el producto del campo o del mar por distintas vías, su comercialización y, desde luego, su consumo final en la mesa. Como es fácil deducir, resulta todo ello de una trama compleja, donde entra en juego una diversidad de elementos de índole social y económica; por lo cual el hombre, en el discurrir del tiempo, se ha empeñado en la búsqueda de las mejores posibilidades para hacer esta trama lo más fluida posible. Sin embargo –y es doloroso decirlo- no ha conseguido los mecanismos suficientes para por lo menos mitigar el hambre de muchos, a lo largo y ancho del mundo. Claro que cada cultura, cada país en el mundo mantiene o trata de mantener su especificidad en punto a los términos de su consumo alimenticio; dado que forma parte de su identidad como tradición histórica (Durand y Gonzáles, 2005).

La República Bolivariana de Venezuela es un país de constitución relativamente joven en comparación con otras naciones del viejo continente. Tanto la variedad como la diversidad son elementos predominantes en todos los aspectos sociales, políticos y culturales que han caracterizado la conformación del Estado desde sus orígenes hasta los tiempos actuales. Los alimentos y la industria que de ellos se deriva, no son una excepción y al igual que el país, también han experimentado evoluciones y cambios. Algunas de estas transformaciones han sido beneficiosas y otras no. Cualquier profesional del área agroalimentaria debe conocer esta historia para poder comprender mejor la realidad de los tiempos actuales.

En función de esto, se presenta el siguiente trabajo como una investigación de tipo documental, entendida como: «el estudio de problemas con el propósito de ampliar y profundizar el conocimiento de su naturaleza, con apoyo, principalmente, en trabajos previos, información y datos divulgados por medios impresos, audiovisuales o electrónicos» (Universidad Pedagógica Experimental Libertador -UPEL-, 2006). Tiene como propósito fundamental ofrecer un documento de apoyo para el estudio de la alimentación, vista como un proceso sistémico integrador, de la sociedad venezolana a través de los siglos. El mismo ha sido estructurado en 6 capítulos que contemplan desde la descripción del marco de referencia, el establecimiento del contexto cronológico, la formación de los distintos regimenes alimentarios, los alimentos con mayor influencia en la dieta hasta el análisis de algunos aspectos de interés en cuanto a la industria de alimentos en el país. Finalmente acaba enunciando las conclusiones más resaltantes, así como algunas obligadas recomendaciones que se desprenden después de haber agotado el tema.

En la elaboración del trabajo se tomó como guía para su elaboración lo contemplado en El manual de Trabajo de Grado de Especialización y Maestría y Tesis Doctoral (UPEL, 2006).

CAPITULO I
LA ALIMENTACIÓN DEL VENEZOLANO

Problemática

Para Sanoja y Vargas (2002) el modo y la manera de preparar las comidas, tiene que ver con la búsqueda de sensaciones táctiles, gustativas y olfativas, que determinan el que un alimento esté de acuerdo con la estética y con el estilo que esté en boga en una determinada sociedad dentro de una coyuntura socio histórica específica.

Desde tiempo inmemorial el hombre, ya como individualidad o en términos colectivos, siempre ha diseñado los medios convenientes para satisfacer las necesidades que le son más perentorias: alimentación, vestido y vivienda, principalmente se convierte en catalizador de esas aspiraciones sociales, y en consecuencia deviene en procesos modernizantes; que hacen que la satisfacción del consumo se haya inscrito, con más o menos fuerza antes y ahora, en los términos de la adopción de modas y estilos, los hábitos de consumo en cada país o región del mundo, son consustancial respecto al hábitat, las costumbres y, en general, a la cultura (Durand y González, 2002).

La alimentación representa para el hombre uno de los mayores problemas de su existencia y el mayor de los impedimentos par el desarrollo, expansión y bienestar de la humanidad. La evolución del hombre sobre la tierra ha estado directamente vinculada e influenciada a sus sistemas de producción de alimentos. A pesar de esta irrefutable realidad uno de los flagelos que sigue azotando durante el siglo XXI al mundo entero es el hambre. Esta última es una concepción que denota la necesidad

3

de los individuos por alimentarse, pero a su vez también califica la insuficiencia de recursos para que cada uno de los miembros de la raza humana que pueblan el planeta tenga acceso a una cantidad (ración) de alimentos de calidad apropiada que le garantice el aporte de las calorías mínimas necesarias para el desarrollo de una vida normal y sana.

La crisis económica y social que ha venido atravesando América latina en las dos últimas décadas del siglo XX, y de la cual no ha estado exenta Venezuela ha llevado aun incremento sostenido de la pobreza y la exclusión. Este incremento de la pobreza se ha dado tanto en magnitud como en intensidad, y ello no ocurre sólo como consecuencia de la propia crisis sino también como el resultado de los programas de estabilización y ajustes que se han venido aplicando en búsqueda de la superación de tal situación (Mercado y Lorenzana, 2000).

Naranjo (citado en Piña, 2005) sostiene que el problema de la pobreza y el hambre conjuntamente con el deterioro creciente de los recursos ambientales constituyen, sin lugar a dudas, los retos más importantes del mundo contemporáneo.

La realidad anterior no es algo novedoso, todo lo contrario, es tan antigua como la existencia misma del hombre. Un Estado y su gobierno que deseen marchar hacia el progreso y la prosperidad equilibrada y sustentable deben dirigir la atención hacia sus sistemas agroalimentarios con el propósito de comprenderlos y hacerlos más eficientes. Sin embargo, esta tarea pasa inicialmente por el conocimiento de la historia, que, en este sentido, el país haya atravesado.

Según pronósticos optimistas de la Organización de las Naciones Unidas (ONU) en el año 2010 se espera para el conjunto de América Latina, un incremento en la disponibilidad de cereales, aceites vegetales, carne y leche; y una disminución de raíces, tubérculos, plátanos, y leguminosas. En la mayor parte de los países de América Latina, las enfermedades crónicas degenerativas asociadas a la alimentación, como ocurre con las enfermedades cardiovasculares o el cáncer, son las primeras causas de muerte. Estas circunstancias se explican, en gran parte, por la reducción considerable que han sufrido las enfermedades infecciosas y por el progresivo proceso de envejecimiento de la población. Además, existen factores asociados, como el estilo de vida, el tabaco y otros, la dieta media latinoamericana no es aterogénica, pues el porcentaje de calorías derivados de las grasas se sitúa entre el 22% y el 28%. En cualquier caso, en lo que se refiere a América Latina seria importante no repetir los errores de los países desarrollados en materia de consumo excesivo de grasas, sobre todo de las saturadas. Se trata de un problema preventivo de vigilancia de hábitos de alimentación, que en algunos países de América del Sur está adquiriendo un carácter grave (Bengoa, 2003).

Durante mucho tiempo los historiadores, economistas y políticos venezolanos dejaron a un lado el aspecto agroalimentario considerándolo como algo secundario y de poca relevancia. No obstante, desde la última década del siglo XX y principios del siglo XXI, en el país se comenzó a considerar la seguridad alimentaria como un aspecto fundamental y de interés nacional. Este cambio de paradigma generó que se volviera la vista a la historia agroalimentaria para aprender de ella extrayendo lo mejor y desechando aquellas políticas, legislaciones y/o medidas que demostraron ser perjudiciales.

Un ejemplo claro de lo anterior es el rescate por parte del Gobierno Nacional de 1985 de la consigna burguesa-progresista de la quinta década del siglo XX que rezaba "hay que lograr la independencia económica de Venezuela, hay que consumir lo que producimos y sembrar el petróleo" (Brito, 1978).

Es pues una obligación para cualquier profesional relacionado directa e indirectamente con los sistemas agroalimentarios, el conocimiento de la conformación y evolución de la alimentación del venezolano entendida desde una perspectiva legal, sanitaria, tecnológica y social. De esta manera se puede mejorar su desempeño profesional proporcionándole una base sólida que facilitará la toma de decisiones durante el ejercicio de su carrera debe afrontar para beneficio particular y general.

Justificación

En 1993, Montanari (citado en Cartay, 2004) afirmó que «si bien el hombre es lo que come, también es cierto que el hombre come lo que es, o sea, sus propias opciones, su propia cultura».

En la actualidad, la reconfiguración y resignificación de las formas tradicionales de alimentación no solo pasan por el proceso de producción de comidas, sino también por su adaptación a ciertas formas globalizadas de consumo y sociabilidad características de la vida urbana. Las industrias alimentarias son consideradas en este contexto formas industrializadas de cultura y en este sentido "industrias culturales" (Mato en Ferreira, 2004). Frecuentemente, estas formas son ignoradas por quienes estudian y teorizan las así llamadas "industrias culturales".

De allí la necesidad de profundizar los pocos estudios existentes con el fin de hacer de la historia de la alimentación una disciplina capaz de ofrecer valiosos aportes como: a) la confección de una guía para el estudio de esta rama de la historia, b) el análisis de las dietas tradicionales para establecer su acervo cultural y valor nutritivo, c) la investigación de la evolución del "gusto criollo" y su adaptación a las necesidades actuales. Todo esto permitirá disponer de elementos que puedan servir de estímulo a la reorientación de los hábitos alimentarios actuales con el fin de lograr el mejoramiento nutricional de todos los venezolanos.

Como señala Lovera (2003) se debe incorporar definitivamente la cultura alimentaria al patrimonio de la nación como instrumento útil para construir la identidad nacional, edificar ese saber que viene de antaño en gestos y palabras, en instrumentos y recetarios; producir multidisciplinariamente los argumentos en que se basa la pertenencia al patrimonio cultural venezolano de los bienes gastronómicos; contribuir con el conocimientos gastronómico y alimentario producto de las investigaciones, al desarrollo de políticas públicas y acciones destinadas a la seguridad alimentaria.

La presente investigación pretende realizar una recopilación analítica, plural y actualizada que sea una herramienta de apoyo para la educación, muy especialmente de los futuros licenciados en tecnología de alimentos sobre la historia de la alimentación venezolana, específicamente ajustada a la tendencia actual que considera la seguridad alimentaria como un eje fundamental y prioritario para el desarrollo de la nación. En este trabajo se analiza la alimentación desde dos perspectivas: la producción y el consumo. Pretendiendo estudiar las transformaciones más importantes acaecidas sobre estos dos aspectos, a través de la historia de la nación abarcando desde la conformación de las sociedades prehispánicas aborígenes del siglo XV hasta la constitución de la V República a principios del siglo XXI.

Objetivos

En el desarrollo del presente trabajo se ha propuesto como objetivo general realizar un estudio de investigación histórica sobre la alimentación venezolana, en términos agroalimentarios de producción y consumo, desde sus orígenes ubicados en el siglo XV hasta la primera década del siglo XXI.

Como objetivos específicos se han establecido:

- Desarrollar una breve cronología de la alimentación en el país.

- Establecer los distintos regímenes alimentarios por los que ha atravesado la población venezolana a lo largo de toda la transformación social política y económica que se ha vivido en el país.

- Describir brevemente los rubros con mayor influencia tanto en los regímenes alimentarios como en la agroalimentación en la historia venezolana.

- Describir la transformación socio-económica que se ha producido en el país, en cuanto a los sistemas alimentarios de producción, comercio y distribución.

CAPITULO II
MARCO REFERENCIAL

La alimentación como acto humano implica necesariamente la consideración de ciertos valores vitales. En principio, se come con el fin de alcanzar determinados resultados físicos imprescindibles para lograr y mantener la salud del ser humano. No obstante, el hecho de alimentarse aún de forma cotidiana y hasta banal, reviste un carácter profundamente espiritual. El hombre desde sus orígenes cazó y recolectó sus alimentos de forma grupal, el acto de comer e incluso de preparar los alimentos se revistió de un carácter netamente social. Además, por sus características de supersticioso y mágico, el ser humano asoció ciertos elementos del entorno con sus hábitos de alimentación, lo cual dio paso a sus primeros regímenes alimentarios. Los eclipses para profetizar cosechas abundantes, la observación de la luna para establecer mareas ideales para la pesca, el estudio del ciclo del tiempo para determinar las estaciones del año que indicaban las épocas de abundancia o escasez de fuentes para la subsistencia y tantos otros hechos, son solo algunos ejemplos que evidencian la fuerte relación de los valores vitalidad y espiritualidad en el ámbito de la alimentación.

Lo complejo del acto de alimentarse hace que éste se transforme en un excelente descriptor de la sociedad en la cual se asume como uno más de sus hábitos. En este sentido la comida que se ingiere, la forma en que se prepara, la manera en que se sirve o el modo en que se almacena aportan muchos datos de la sociedad en la que se realizan. Por esta razón, los hábitos alimentarios de una determinada región para un lapso de tiempo preestablecido pueden aportar información histórica de interés. La escasez total o parcial de alimentos puede originar el éxodo de un pueblo, indicar el desencadenamiento de una guerra, evidenciar la ocurrencia de un fenómeno natural o dar paso a la instauración de un régimen socio-político.

Lo anterior, es el sentido con el cual se desarrolla en lo sucesivo un análisis documental de la alimentación en el país. Sin embargo, por la naturaleza y complejidad del tema, se debe establecer que dicho análisis será dirigido exclusivamente desde las perspectivas de la producción y el consumo de alimentos para el periodo señalado (siglos XVI a XXI) en lo que a transformaciones más relevantes se refiere. El mismo se encuentra enmarcado dentro de la corriente del desarrollo rural y de la competitividad territorial como nuevos enfoques para abordar la actividad agroalimentaria.

A continuación, y para mayor comprensión del lector, o con el simple propósito de homogeneizar criterios con los profesionales del área, se establecen algunos conceptos básicos que serán empleados a lo largo del texto:

1. Alimentos: Substancias destinadas a la nutrición del organismo humano, también aquellas que forman parte o se unen en su preparación, composición o conservación: las bebidas de todas clases y aquellas otras substancias, con excepción de los medicamentos, destinados a ser ingeridos por el hombre (Reglamento General de Alimentos -RGA-, 1959).

2. Alimentación: Acción de alimentar o alimentarse. Comercio e industria de los productos alimenticios (Diccionario Larousse, 2005). Derecho fundamental establecido en la constitución nacional de la República Bolivariana de Venezuela promulgada en el año 1999.

3. Cadena Alimentaria: Secuencia de las etapas y operaciones involucradas en la producción, procesamiento, distribución, almacenamiento y manipulación de un alimento y sus ingredientes, desde la producción primaria hasta el consumo (Fondo de Desarrollo para la Normalización y Certificación de la Calidad -FONDONORMA-ISO-, 2005).

4. Criollo: Denominación usada para designar las cosas o costumbres propias de los países hispanoamericanos. El término tuvo su origen en la era colonial y además representaba una de las clases sociales más influyentes para la época.

5. Dieta: Conjunto de alimentos que habitualmente toma un ser vivo para su sustento. Puede implicar varias dimensiones: colectiva e individual.

6. Época Colonial Venezolana: Lapso de tiempo en que el territorio de la República Bolivariana de Venezuela estuvo ocupado por España quien lo administraba y gobernaba plenamente en los campos político y económico, abarca desde el siglo XVI hasta el siglo XVIII.

7. Época Republicana Venezolana: Período de tiempo que inicia en el país con la separación de los poderes públicos y el voto por parte del pueblo o de algunos de sus representantes; a pesar de existir serias diferencias con respecto al inicio de esta era, muchos autores afirman que se inicia en 1821 (siglo XIX) con el triunfo de la guerra de independencia, pero otros la ubican a partir de 1830 cuando nace la III República en el Congreso Constituyente de Valencia.

8. Época Moderna Venezolana: Lapso de tiempo que se inicia en la República en la séptima década del siglo XIX, en la cual se recibe una fuerte influencia extranjera en las esferas económica y social de la época. En este período ingresan al país los medios de comunicación radioeléctricos como el teléfono y el telégrafo, se encaran todas las tradiciones vigentes hasta la fecha, colocando a la iglesia bajo el patronato del Estado. También, se encuentra marcada por la influyente transformación del país agrícola a la nación petrolera.

9. Época Democrática Venezolana: Es el período de tiempo que se inicia en la segunda mitad del siglo XX con la celebración, entre los actores políticos para la Venezuela de 1958, del Pacto de Punto Fijo; dio origen a la constitución de 1961 y

fija las bases para los futuros gobiernos del país que incluso se extiende hasta los tiempos actuales.

6. Fraude Alimentario: Cualquier engaño que se cometa en la producción, comercialización y propaganda de los alimentos (Ceballo, 1976).

7. Industria de Alimentos: Conjunto de actividades económicas que producen, distribuyen o comercializan bienes conocidos como alimentos, bien sea por transformación de materias primas o mediante incorporación de valor.

8. Inocuidad de los Alimentos: Concepto que implica que los alimentos no causarán daño al consumidor cuando se preparan y/o consumen de acuerdo con el uso previsto, no incluye otros aspectos relativos a la salud humana, como por ejemplo, la desnutrición (FONDONORMA-ISO, 2005).

9. Régimen Alimentario: Conjunto de reglas y normas que moderan el modo de vida y en especial la forma de alimentarse; está representado mayormente por la dieta y la forma de consumir los alimentos.

10. Sanidad: Conjunto de servicios e instalaciones oficiales destinadas a conservar la salud pública de un territorio. Cualidad de sano o saludable.

11. Sistema Agroalimentario: Herramienta conceptual y metodológica que aborda el análisis del problema de la producción, distribución y consumo de alimentos con una visión integral, facilitando la comprensión de las relaciones y la solución de los conflictos entre los diferentes agentes del proceso alimentario (Piña, 2005).

12. Seguridad Alimentaria: Derecho de toda persona en todo momento de tener acceso a alimentos sanos y nutritivos para mantener una vida sana y activa, derivando en 3 dimensiones: disponibilidad, acceso y estabilidad de los suministros alimentarios

y varios niveles de colectividad: mundial, nacional, familiar e individual (Food and Agricultura Organization -FAO-, 1995).

CAPITULO III

CONTEXTO HISTÓRICO DE LA ALIMENTACIÓN VENEZOLANA

La alimentación del venezolano puede ser estudiada a través de la evolución de su historia en los planos político, económico y social. Si bien es cierto que existe y ha existido un régimen alimentario para cada período vivido en el país, también lo es que las variaciones del mismo no son completamente coincidentes con los cambios y sucesos acaecidos.

El régimen alimentario imperante en el país que se ha denominado criollo parece establecer una pauta clara para estudiar la alimentación del venezolano, considerando sus distintas fases de formación, cambio y decadencia. Debe desecharse la forma empleada hasta ahora para presentar la historia de la alimentación en Venezuela, es decir, siguiendo los períodos ya clásicos de: época indígena, época de la conquista y colonización, época de la Guerra de Independencia y época republicana (Fundación Polar -FP-, 1998).

A pesar de que la postura anterior es completamente valida, con el propósito de ilustrar mejor los hechos alimentarios y su relación con el momento histórico en el cual se presentan; convenientemente se desarrollará una cronología que se dividirá en los siguientes períodos: Indígena o Aborigen, Conquista y Colonización, Guerra de Independencia (postcolonial), Republicano, Moderno y Contemporáneo.

Para cada uno de estas etapas han existido uno o varios regímenes alimentarios característicos que incluso en la mayoría de los casos han coexistido. La división anterior, es meramente enunciativa y se ha realizado únicamente con fines didácticos. Se aclara que, en sentido estricto, a fines de estudio histórico ciertos periodos se solapan entre sí o que algunos incluso se encuentran vigentes hasta la fecha. Por ejemplo, en comunidades indígenas que viven en la actualidad en el territorio nacional, en relativas condiciones de aislamiento, prevalecen los hábitos de alimentación aborigen. Otro aspecto interesante sería el término republicano puede decirse que desde la conformación de la I República en la historia de Venezuela sería apropiado usar dicho termino o que a la fecha con la refundación de la V República el término cobraría de nuevo un sentido peculiar.

En el cuadro 1 se presenta una cronología detallada de la historia del país donde además se pueden apreciar algunos de los hechos más significantes que influyeron en la modificación tanto del régimen alimentario como de la industria agroalimentaria de ese momento.

A continuación, se describe brevemente el marco histórico para cada una de las épocas donde posteriormente se ubicará cada una de los regímenes alimentarios con el propósito de ilustrar la realidad social y política del momento histórico venezolano.

Época Prehispánica

En la historia cultural de los aborígenes que ocuparon el territorio venezolano durante la época prehispánica, inicia con las migraciones desde el continente asiático que penetraron en el Nuevo Mundo por el estrecho de Behring y llegaron hasta Alaska, dirigiéndose luego al Este y al Sur, hacia las llanuras centrales de Norteamérica. De ahí se dispersaron a México, Centroamérica y Suramérica, y se ha podido establecer que las primeras poblaciones que ocuparon el territorio venezolano datan de la época paleoindia, 15.000 años a. C. en un clima frío y templado, los aborígenes paleoindios subsistieron de la cacería de enormes mamíferos y de la recolección de frutos silvestres. Habitaban en cuevas o en campamentos no permanentes y sus instrumentos eran de hueso y piedra, dicha época culmina

Cuadro 1

Cronología de la Alimentación Venezolana

Día	Años	Evento Histórico	De interés	Régimen Alimentario
		SIGLO XIV		
		Comunidades Prehispánicas	Uso colectivo de recursos y producción cooperativa	Aborigen Prehispánico
		SIGLO XV		
		Comunidádes naturales	Uso colectivo de recursos y producción cooperativa	Aborigen Prehispánico, Aborigen Indohispánico y Conquistador
15-Ago	1498	Desembarco de Cristóbal Colón en Paria	Inicio de la conquista del país	
		SIGLO XVI		
	1502	Introducción de esclavos negros	Presencia de africanos en la costa e islas	Aborigen Indohispánico, Conquistador, Esclavo Africano Colonial
	1523	Disposición de Carlos I (Cuadrilátero Histórico)	Antecedentes de la Ingeniería sanitaria	
	1550	Estructuración de clases sociales	Regímenes Socio-políticos de Encomienda, misiones y mercedes	
		SIGLO XVII		
		Ordenanzas de Felipe II (Condiciones de vida en los territorios americanos)	Ordenamiento higiénico-sanitario que incluye en el área agroalimentaria	Aborigen Indohispánico, Colonial
		SIGLO XVIII		
24-Jul	1783	Nacimiento del Libertador Simón Bolívar		Aborigen Indohispánico, Criollo Rural y Criollo Urbano
	1795	Rebelión de José Leonardo Chirinos	**Rebelión antiesclavismo**	
12-Jul	1797	Conspiración de Gual y España		
		SIGLO XIX		
19-Abr	1810	Grito de independencia	Inicio de la Guerra de Independencia	
05-Jul	1811	Firma del acta de independencia	Conformación de la I República	
	1817	Creación de la Junta Superior de Sanidad	Antecedente técnico y jurídico de la legislación en materia de salud	
17-Dic	1819	Fin de la Guerra de Independencia		Aborigen Indohispánico, Criollo Rural
	1821	constitución de la Gran Colombia	Conformación de la II República	
	1829	Instauración de la Gran Junta de Sanidad	Influencias importantes del Dr. J. M. Vargas, incluye la supervisión de alimentos	
22-Sep	1830	Congreso Constituyente de Valencia	Conformación de la III República	
	1830	Disolución de la Gran Colombia	Inicio de la época republicana	
	1835	Presidente Electo José M. Vargas		

Continuación…

Día	Años	Evento Histórico	De interés	Régimen Alimentario
	1835	Derrocamiento de Vargas por Páez y Carujo	Revolución de las Reformas	Criollo Urbano
	1840	Creación del Partido Liberal	Antonio Leocadio Guzmán	
	1847	Inicio del Gobierno de los Monagas		
	1856	Presidencias de los hermanos Monagas	Bloqueo Holandés	Aborigen Indohispánico
	1857			
	1858	Renuncia de José G. Monagas a la Presidencia	Abolición de la Esclavitud Inicio de la Guerra Federal	
	1858	Julián Castro Presidente Provisional	Revolución de Marzo	Criollo Rural
	1858	Economía deprimida	Bloqueo franco-británico	
	1859	Ascenso al poder de J.C Falcón y Manuel Bruzual		
	1863	Fin de la dictadura de José A. Páez		Criollo Urbano
	1864	ascenso al poder de Juan C. Falcón	Triunfo de la federación	
26-Jun	1868	Derrocamiento de J. C, Falcón	Revolución Reconquistadora (Azul)	
	1869	Presidente designado José R. Monagas		
		Inicios de la Modernidad		
27-Abr	1870		Revolución de Abril	Aborigen Indohispánico
	1870-1877	Ascenso al poder de Antonio Guzmán B.	Septenio: Educación gratuita y obligatoria	
	1877	Presidente encargado Juan P. Rojas Paúl		
	1877	Presidente encargado Francisco Linares A.lcantara	Promulgación de la I Ley de Marcas de fabrica y Comercio	
14-Feb	1878-1879		Revolución Reivindicadora	
	1879-1884		Quinquenio,	
		Presidente Antonio Guzmán B.	Aclamación: Separación del Estado de la Iglesia	Criollo Rural
	1886-1888			
	1890-1892	Presidente Raimundo Andueza Palacios	Gobierno de facto	
07-Oct	1892	Presidente Joaquín Crespo		Urbano Moderno
	1898	Cese de la Presidencia de Crespo	Revolución Legalista (de Octubre)	
22-Oct	1899	Presidente Cipriano castro	Revolución Liberal Restauradora (amarilla)	
	SIGLO XX			
	1901	Intento de derrocamiento por Manuel A. Matos	Revolución Libertadora	Aborigen Indohispánico
	1902	Deuda Internacional Elevada	Bloqueo tripartito: Inglat./Franc./ Alem.	

17

Continuación …

Día	Años	Evento Histórico	De interés	Régimen Alimentario
19-Dic	1908	Ascenso al poder de Juan V. Gómez		
	1920	Cambio del Modelo Económico del País	Promulgación Ley de Hidrocarburos	
14-Dic	1922	Afloración del pozo Los Barrosos	Cambio del Modelo económico: El País Petrolero	Urbano Moderno
	1929	Insurrección de Román Delgado Chalbaud	la más importante en contra del gomecismo	Aborigen Indohispánico
	1930	Cancelación de la Deuda Pública		
17-Dic	1935	Muerte de Juan V. Gómez		Criollo Rural
	1935	Fundación de la División de Malariologia	Primer control formal contra pestes	
	1936	Presidente Eleazar López Contreras		
	1939	Firma de tratado de reciprocidad Vzla.-USA	Fomento de la industria nacional	
31-Dic	1940	Inmigración Masiva de Europeos. 20.000 almas	Inmigración desde: España, Francia, Italia y Portugal	Criollo Urbano
	1941	Fin del gobierno de E,López C.		
05-Mar	1941	Presidente Isaías Medina Angarita		
	1942	I promulgación de la Ley de Reforma Agraria	Interés en el fomento de la agroindustria	
18-Oct	1945	Derrocamiento de Isaías Medina A.		
	1946	Junta Revolucionario de Gobierno	Gobierno de facto	
	1947	Elecciones Nacionales		
15-Feb	1948	Presidente Rómulo Gallegos		
18-Sep	1948	Aprobación de Leyes	Reforma Agraria y Educación	
24-Nov	1948	Derrocamiento de R. Gallegos		
24-Nov	1948	Junta Militar de Gobierno (JMG)	C. Delgado Ch./Marcos Pérez J./ Luis F. llovera	
	1950	Asesinato de C.Delgado Chalbaud	Magnicidio único en la historia del país	
16-Ago	1950	Llegada de la televisión	Auge de la publicidad e información	
	1950	Presidente Provisional Germán Suárez Flemerich		
	1952	Triunfo de URD en las elecciones y desconocimiento por parte de la JMG		
	1952	Nombramiento Militar de Pérez J. como Presidente		Urbano Moderno
	1957	Plebiscito Nacional	Acto Fraudulento	
23-Ene	1958	Derrocamiento de Marcos Pérez Jiménez	Nacimiento de la Era Democrática	
	1958-1959	Junta de Gobierno		
	1958	Promulgación del Reglamento General de Alimentos	Regulación del sector agroalimentario	
31-Oct	1958	Pacto de Punto Fijo	Consolidación de la democracia	
		El País Democrático		
07-Dic	1958	Presidente Electo Rómulo Betancourt		

18

Continuación …

Día	Años	Evento Histórico	De interés	Régimen alimentario
23-Ene	1961	Promulgación de la Nueva Constitución nacional		
20-Feb	1961	Alzamiento Militar	Intentonas golpistas	
25-Jun	1961	Levantamiento militar El Barcelonazo		
04-May	1962	Levantamiento militar El Carupanazo		Aborigen Indohispánico
02-Jun	1962	Levantamiento militar El Porteñazo		
11-Mar	1964	Presidente Electo Raúl Leoni		
13-Mar	1969	Presidente electo Rafael Caldera		
12-Mar	1974	Presidente electo Carlos A. Pérez		
01-Ene	1975	Nacionalización del hierro		Criollo Moderno
01-Ene	1976	Nacionalización del petróleo	Auge y Bonanza Petrolera y aumento de la deuda externa	
11-Jun	1978	Creación de la CVG	Fomento y desarrollo de las industrias básicas	
12-Mar	1979	Presidente electo Luis Herrera Campins		
26-Jul	1982	Reforma del Código Civil	Derechos de la mujer y otras reivindicaciones	Urbano Moderno
18-Feb	1983	Control de cambio y devaluación de la moneda	El Viernes negro	
02-Feb	1984	Presidente electo Jaime Lusinchi		
29-Ago	1985	Instalación de la cadena Mc.Donalds	Ingresos de modelo de Franquicias al país	

		Globalización del País		
02-Feb	1989	II Gobierno de Carlos a. Pérez		Aborigen Indohispánico
16-Feb	1989	aplicación del paquete económico	Crisis social generalizada, depresión económica	
27-Feb	1989	Sublevación Civil "El caracazo"	Conflicto socio-económico	
04-Feb	1992	Alzamiento Militar MBR-200		
27-Nov	1992	Alzamiento Cívico-Militar		
21-May	1993	Destitución de Carlos A. Pérez		
22-May	1993	Octavio Lepage designado Presidente encargado		Criollo Moderno
04-Jun	1993	El congreso nombra a José R. Velásquez Presidente encargado		
16-Ene	1994	Aguda crisis bancaria nacional	Impacto socio-económico devastador	
02-Feb	1994	II Gobierno de Rafael Caldera		
15-Mar	1996	Promulgación de las Normas Complementarias al Reglamento General de Alimentos		Postmoderno
07-Nov	1996	Promulgación de Normas de Buenas Practicas de Fabricación		

Continuación …

Día	Años	Evento Histórico	De interés	Régimen alimentario
04-Dic	1996	Promulgación de Normas de Buenas Practicas de Fabricación en Microempresas de Alimentos		
	1999	Asamblea nacional constituyente		Criollo Moderno
	1999	Nueva Constitución del país	Nacimiento de la V República: Reconocimiento de la Alimentación como derecho	Aborigen Indohispánico
		SIGLO XXI		
	2000	Cambio general en la conformación del estado	Transformación general del modelo económico y social del país	Aborigen Indohispánico Postmoderno Criollo Moderno

cuando se modificaron las condiciones del clima alrededor de 5.000 años a. C. a partir de ese momento, la temperatura se volvió cálida, se fueron extinguiendo hasta desaparecer los enormes mamíferos que servían de fuente de alimentación a los paleoindios y tuvo su inicio la época mesoindia. La subsistencia en este siguiente periodo dependió entonces de la pesca y de la explotación de recursos del ecosistema del manglar como evidencian los fósiles de conchas y depósitos de desperdicios de comida hallados en los estados Falcón y Sucre. Los mesoindios eran expertos navegantes, construían embarcaciones con las que recorrían las costas y las islas vecinas y practicaban la recolección de plantas silvestres y la agricultura incipiente como complementos de la dieta de esa época (Gumilla, 1963; Acosta, 1975; Fundación La Salle de Ciencias Naturales -FLASA-, 1988).

En el año 1000 a. C. el clima era similar al actual y los aborígenes comenzaron a practicar una agricultura intensiva y a fabricar cerámica iniciándose así la época neoindia la cual culmina alrededor de 1500 con la Conquista. Si bien para ese entonces persistían en el territorio núcleos de población paleoindia y mesoindia, la mayor parte de los aborígenes neoindios cultivaban especies comestibles. Estos últimos dieron origen a una dicotomía cultural basada en el cultivo del maíz en occidente y de la yuca en oriente. Los hallazgos neoindios sugieren que el maíz y la yuca fueron fuentes básicas de alimentación en occidente y en oriente respectivamente, y que alrededor de ambos cultivos se formaron 2 centros extremos de desarrollo cultural, mientras que en el centro del país hubo una zona de transición en la que coincidieron rasgos occidentales y orientales (Marcano, 1971; Acosta, 1975; FLASA, 1988).

En el siglo XV los indígenas venezolanos presentan, cualitativamente hablando, los rasgos que caracterizan a las formaciones económico-sociales denominadas primitivas o naturales. Destacando 3 rangos importantes: el primero, el uso colectivo de las condiciones naturales de producción (tierras, bosques, etc.), el segundo la producción cooperativa sobre la base de la división natural del trabajo;

excepcionalmente con una incipiente división funcional en algunos casos y en tercer lugar con el predominio de los lazos consanguíneos en la dinámica de la organización social (Brito, 1978).

Época Indohispánica (Conquista y Colonización)

Desde el primer contacto de los conquistadores europeos con los indígenas comenzó la época indohespánica que aún perdura (FLASA, 1988). El 5 de agosto 1948 el almirante Colón desembarca en las costas de Paria en la población de Macuro, a partir de se momento se inicia un nuevo periodo con cambios profundos en todos los aspectos de la ya existente población indígena.

Al respecto, cabe citar a Durand y González (2002), quien destaca que:

No fue tarea fácil para los conquistadores encontrar una segura riqueza en un territorio hostil, bien sea por la férrea oposición que encontraron de parte de las poblaciones indígenas, a las enfermedades propias y extrañas, o a lo indómito de la misma naturaleza que tiende a ser un factor de anulación de sus esfuerzos como primer núcleo poblador peninsular. La única posibilidad de conjugar todos esos factores que presagiaban el fracaso de su temeraria y censurable empresa conquistadora, era pues arrancarle a las entrañas de la tierra no el ilusorio metal precioso, sino las doradas espigas del trigo: En efecto, los sembradíos de trigo sustituyeron la búsqueda infructuosa de riqueza fácil representada en la extracción del oro; ello pues contribuyó a crear una base segura o confiable a la incipiente vida económica de la ciudad, a través de la exportación de harina y bizcochos de alta demanda en Las Indias, especialmente Santo Domingo, Puerto Rico y La Habana, que se comerciaban desde La Margarita.

La alimentación fue factor de primer orden en la estrategia de la conquista, y en ella el casabe tuvo el papel más destacado. La resistencia que este último ofrecía a la humedad, la abundancia de yuca, la facilidad de su preparación y de su transporte, lo convirtieron en elemento indispensable de toda la expedición (Lovera, 1988).

Bartolomé de las Casas (en Lovera, 1988) cita lo siguiente: «Fray Pedro de Aguado refiere como los integrantes de las huestes conquistadoras ivan por la yuca a las labranzas, arrancavanla, traianla a cuestas a su rreal y por sus propias manos las rrallaban, esprimian y aderezaban para hacer el casabe».

La visión idílica de los encuentros amistosos, de las dádivas mutuas, que es usual encontrar, en forma directa o indirecta, en la historiografía contemporánea que nos habla del mestizaje cultural, no tiene otros fundamentos que algunos episodios esporádicos como los de Ampíes o de Las Casas. La realidad fue otra; en el caso de Venezuela, basta la lectura de los juicios de residencia del siglo XVI para percatarse de que privó en la conquista la más ruda violencia. Eran frecuentes las matanzas de cientos de indígenas, era cosa común los maltratos y asesinatos entre los mismos conquistadores y nada extraña, en momentos de penuria, la práctica de la antropofagia y la ingestión de alimentos inusuales (Ob. cit.).

La guerra de exterminio, la encomienda, la mita, las enfermedades epidémicas desconocidas en América y el choque cultural inducido por el remodelamiento de una sociedad comunal conforme a líneas individualistas orientadas hacia el lucro, produjo en los siglos XVI y principios del XVII uno de los descensos demográficos más desastrosos de la historia universal (Pereira, 2004).

La violenta disminución de la población indígena en las regiones conquistadas facilita la importación de negros africanos para su incorporación al trabajo en los placeres de perlas, extracción de la sal y cultivo de la tierra; este hecho afianza definitivamente las relaciones esclavistas en territorio venezolano desde 1502 donde existía un número moderado de negros esclavos ubicados en las islas próximas y costas orientales del país (Brito, 1978).

En el transcurso de las décadas correspondientes a la segunda mitad del siglo XVI, es indispensable tomar en consideración tres nuevos elementos: el régimen de encomiendas, el régimen de misiones y el régimen de mercedes y ocupación de tierras. Los cuales repercutieron de manera significativa en la estructura económica social y de clases (con carácter profundamente esclavista). Se impone entonces en todo el territorio venezolano el desarrollo de relaciones de producción esclavistas y feudales que son las que regirán en la sociedad colonial venezolana. Se establece el Estado Metropolitano y surgen así las unidades sociales de producción: encomienda, hacienda y misiones. Se establece la agricultura de plantación colonial, se experimenta una migración del régimen esclavista al de servidumbre y enfeudamiento (finales del siglo XVIII) y por último se promueve una incipiente asalarización que origina las distintas clases y castas (Ob.cit.).

Silva en 1985 establece que, al tratar higiene pública en la época colonial venezolana, conviene empezar por el habitad, es decir, el ambiente donde se desarrollaba la vida y actividad humana. Las Leyes de Indias promulgadas desde muy temprano en la conquista perfilan una política sanitaria definida. En ellas se contemplaba el poblamiento americano (del siglo XVII) así como los requisitos y detalles urbanísticos para la fundación de pueblos y ciudades. El rey Carlos I en 1523 establece la construcción del "Cuadrilátero Histórico" concurrente con los actuales principios de la ingeniería sanitaria y con gran énfasis en la normativa de la moderna ecología. Su sucesor el Rey Felipe II, promulga un tratado acerca de las condiciones de vida en los territorios americanos que era una ordenanza y precepto jurídico que disponía que establecimientos de alimentos como pescaderías y carnicerías, curtadumbre y otros menesteres en cuyo *modus operandi* se produjeran desperdicios y malos olores debían situarse lejos del centro del cuadrilátero histórico o sea la Plaza Mayor, y exigía además que factores como el suministro y la distribución de agua, la ventilación, la anchura y la limpieza de calles, el sitio para baños públicos y lavaderos, etc. se determinasen con precisión. Ese manifiesto es lo que hoy se denomina como "El plano regulador de las poblaciones" o Proyecto Urbanístico.

Época Republicana

Diezmada la resistencia indígena, los conquistadores establecen una sociedad agraria de castas. Los blancos españoles se apoderan de la tierra y constituyen grandes latifundios con el propósito de cultivar para la exportación especies de interés comercial para la época como lo fueron: el cacao, el añil, el tabaco, la caña de azúcar y desde 1790 el café (Brito, 2004).

Una acentuada baja en las exportaciones de cacao en el año 1760 y el coletazo de la invasión napoleónica en Europa, propicia una descomposición del orden colonial. En medio de este clima de conflicto la oligarquía criolla levanta su voz a favor de la independencia de la provincia de la Corona española. Desde el año 1810, principios del siglo XIX comienza en el país un intenso conflicto bélico conocido "La Guerra de Independencia" que culmina en el año de 1821. Un par de años, antes el Congreso de Angostura (diciembre de 1819) había decretado la confederación de Nueva Granada y Venezuela en lo que se denominaría la Gran Colombia. Este proyecto político de Bolívar existió durante casi una década hasta que fue disuelta por una confabulación conocida como "La Cosiata".

La Guerra de Independencia devastó la economía venezolana, aniquiló un tercio de la población del país y constituyó un poder militar repartido entre infinidad de caudillos locales con una evidente falta de integración de las economías particulares. A la muerte del Libertador en 1830, los sucesos políticos y militares que ocurren en Venezuela, ya constituida como república independiente, y con una economía golpeada fuertemente por los efectos de la guerra de emancipación establecerán en buena parte las características del periodo republicano. Este último se caracterizará por un país sumido en una sucesión de guerras intestinas con acentuado caudillismo regional; que pretenderá un momento de respiro con el fin de la Guerra Federal (1863). Empero, a partir de allí se instaurarán varios regímenes autocráticos, que sólo auparán la violencia y no permitirán el verdadero goce de una paz social. En este cuadro, el establecimiento de grandes casas comerciales extranjeras en las principales ciudades y puertos del país, y la permanencia del café como principal rubro de exportación; son elementos característicos de la economía de entonces, que se movía en un ambiente crítico, de vaivenes que no permitían su definitivo arranque (Durand y González, 2002).

También la guerra de independencia condujo al gobierno de la II República a dictar una serie de normas tendientes a impedir la salida de ganado vacuno hacia el exterior (decreto del 10 de Julio de 1824). Ya para 1839 la situación había mejorado bastante y 6 años más tarde se autorizo su exportación por un lapso de 15 años. Luego de 50 años y en los inicios del siglo XIX el consumo de carne no volvería a superar los 100 g *per capita* muy inferiores a los 345 g *p. c.* que correspondían para los inicios de la III República. Entre las causas de lo anterior se encuentran la disminución de la especie vacuna y el aumento considerable de la población (Lovera, 1988).

De acuerdo con Brito (2004), el poder republicano era la expresión del poder político de las clases dominantes nativas que rompen con el Estado Metropolitano. Precisamente como afirmaba el libertador, para ejercer la tiranía doméstica, activa y dominante, la fuerza deriva del control de la riqueza social y el peso muerto de la ideología colonial determina el carácter limitado de los cambios institucionales. El texto anterior es la expresión fiel de la ideología republicana de mediados del siglo XIX y principios del siglo XX.

En el período republicano situado entre los años 1830 y 1908, se presentaron alrededor de 6 revoluciones distintas. Este clima de incertidumbre política con profundas repercusiones sociales y económicas no favoreció el desarrollo del país, el cual paulatinamente se sumergía en cismas y miseria. Al final del periodo republicano, Venezuela era un estado completamente endeudado con potencias extranjeras; tal y como lo evidencian los 3 bloqueos económicos, con alcances bélicos, aplicados a lo largo de este periodo. Además, tenía elevados índices de desnutrición, malnutrición y pobreza rural. Bajo este escenario era vulnerable y fue varias veces asolada por pestes propias o foráneas. Pero no todo en la era republicana fue negativo, en este periodo se dan importantes cambios que influirán a futuro en el desarrollo del país.

Entre los aspectos más relevantes del periodo republicano, en el ámbito agroalimentario, destacan:

En 1817 se crea la Junta Superior de Sanidad, por Decreto del Gobernador y Capitán General Juan Bautista Pardo, se emplea por vez primera el término de sanidad. Lo cual servirá de antecedente técnico y jurídico durante la conformación y desarrollo de la famosa Comisión de Higiene Pública del año 1909.

Durante el gobierno del Libertador (1829) se constituye la Gran Junta de Sanidad, la cual recibe importantes aportes e influencia del Dr. José M. Vargas, dicha junta era responsable de la supervisión de alimentos, aseo de calles y lugares públicos, limpieza de ríos y drenajes y control de perros realengos.

Para el año de 1830, la condición sanitaria imperante es idéntica a la del siglo XVIII. Entre 1810 y 1821, años de guerra, se crea la Oficina de Higiene Pública, relacionada en buena medida con la recién creada Oficina Internacional de Higiene Pública para atender primordialmente las poblaciones azotadas por la peste blanca (tuberculosis) y el paludismo (Silva, 1985).

En el año de 1854 el presidente José T. Monagas decreta la libertad de los esclavos una década antes de que los Estados Unidos de América adopte tal medida (Brito, 2004).

Un sostenido aumento en los precios y exportaciones de café sirve de base económica para la instauración y desarrollo del gobierno del Gral. Guzmán Blanco. En este lapso de la historia (1870-1878) el país se moderniza y se inician obras y políticas públicas de envergadura: se decreta la instrucción primaria gratuita, pública y obligatoria. También se seculariza la nación colocando a la iglesia bajo el patronato del Estado, se instituye el matrimonio civil y el registro de nacimiento. Se fomenta y adelanta la construcción de un eje ferroviario entre Caracas- La Guaira y Valencia-Puerto Cabello (Brito, 2004).

Durante el mandato de Guzmán, se afianza el uso del telégrafo (1880) y se introduce por primera vez en Venezuela el teléfono (1883). Igualmente se levantan lo primeros censos de la población, se reglamenta el uso de pesas y medidas en el comercio y durante la presidencia encargada de Linares Alcántara se promulga la I Ley de Marcas de Fabrica y Comercio (1877). Donde el 60% de las marcas de fábrica alimentarias registradas al momento de la promulgación de la ley eran de procedencia extranjera (Abreu y otros, 2001).

Destaca en este período una fuerte influencia europea, específicamente francesa, que la hace merecedora de la denominación de "El afrancesamiento de Venezuela". Guzmán se propuso integrar a Venezuela en la corriente de modernización europea y con ese objetivo atrajo inversiones extranjeras. Una consigna de la época afirmaba "dejemos de ser exclusivistas con el café y procuremos enriquecer la agricultura con otras plantaciones… ayudando a la agricultura con industrias nacionales".

En 1899 Cipriano Castro entra triunfal a Caracas con el pretexto de restaurar el Partido Liberal y se proclama como presidente para dar inicio a la primera de las "dictaduras andinas", con su llegada al poder solo acelera una crisis que se hacia inevitable y que logra aislar al país de los circuitos de capital internacional debido a la existencia de monopolios de producción y de distribución totalmente antieconómicos (Brito, 2004).

Dictadura Gomecista y Gobiernos de Facto

El Gral. Juan V. Gómez asciende al poder, luego de haber conspirado contra su compadre Cipriano Castro, el 19 de diciembre de 1906. Su gobierno continúa la ya golpeada política económica de país agricultor exportador de café, cacao y tabaco. Sin embargo, 2 años más tarde, siendo 14 de diciembre, se presentó un evento de singular importancia que marcaría el paso de Venezuela hacia la época moderna. En Cabimas, estado Zulia aflora intempestivamente el oro negro, el mene de los guajiros, el tan codiciado petróleo.

A partir de ese momento, el país se transformaría en una potencia petrolera donde su modelo económico y social sufriría profundos cambios. Para tener una idea de la magnitud que representó el hallazgo y explotación del petróleo se cita a continuación un párrafo de Cartay (2005):

> Al estudiar la evolución de la restauración gastronómica en Venezuela, uno puede distinguir tres períodos. El primero, que cubre las tres últimas décadas del siglo XIX y la primera década del XX, en el que se impuso un excesivo afrancesamiento en el comportamiento de los miembros de la clase urbana de mayores recursos. El segundo período, que transcurre entre 1910 y 1935, se caracteriza por una renovación de la cocina caraqueña con el aporte de la cocina francesa, de la mano de reputados cocineros como Labeille, Becker y Deloffre. Y un tercer período, que va paralelo con el boom petrolero del país, en el que surgen lujosos restaurantes en el país y llegan contratados reputados cocineros de diversas nacionalidades. En ese período se mezcla el cocinero de alta calidad con el mediocre y el restaurante de estrambótica decoración con el de genuino gusto."

El benemérito, denominación usada para referirse al Gral. Gómez, introdujo al país importantes avances como por ejemplo los inicios de la aviación militar y civil, la construcción del sistema nacional de carreteras, la conformación de un ejército nacional, el fomento de los cultivos agrícolas no conocidos y el otorgamiento de patentes para fabricación y comercio bajo condiciones excepcionales. También en el año de 1930 se cancela totalmente la deuda pública que había sido una fuente perenne de amenazas y vejaciones para el país (Brito, 2004).

Las constituciones Gomecistas (1901, 1904 y 1909) en cuanto al fomento de la libertad de industria, introdujeron la posibilidad de asignar un privilegio temporal a los autores de descubrimientos o producciones, así como a los que implantasen una industria inexplorada en el país. Una reforma a la carta magna, en 1914, introdujo expresamente en un texto la prohibición de monopolios. Sin embargo, el fomento industrial de ese momento se debió a la concesión de privilegios económicos que atrajeron la inversión extranjera. Entre los contratos que gozaron de estos privilegios se encuentran aquellos para establecer empresas alimentarias de: molineria de trigo, ingenios y centrales azucareros, siembra de coco, elaboración y refinación de manteca de cerdo, fabricación de margarinas, fabricación de estearinas, conservación de frutos, producción y conservación de jugos de frutas, cultivos masivos de cambur y plátano, beneficio del café, producción y conservación de carne vacuna, Industria del chicle, ganadería en general, avicultura, recolección de huevos de aves marinas, pesquería y vivero de peces, producción de derivados de leche, fabricas de hielo y exposición permanentes de máquinas para la agroindustria (Abreu y otros, 2001).

En el periodo de 1915 a 1929 se registraron en el país 324 marcas de las cuales un 65% provenían del exterior. Para el lapso de 1877-1929 los países más importantes como centro de orígenes de marca eran: Estados Unidos de América, Inglaterra, Francia, España y Alemania. De un total de 25 clases existentes a la época, 7 corresponden al sector alimentario en los géneros de: a) bebidas gaseosas, aguas y jarabes 2) leche y derivados 3) cacao y derivados 4) confitería 5) harina de trigo 6) aceite vegetal comestible y manteca vegetal y 7) derivados del maíz (Abreu y otros, 2000).

A mediados de los años 30, a raíz de la muerte del Dictador Gómez, la nación hervía en un fervor democrático, pletórico de iniciativas y de esperanzas. Se palpaba en el ambiente un ansia de renovación en todos los ámbitos de la vida. Era Venezuela un país con 3.000.000 de habitantes, donde el número de municipios era semejante al que existe hoy en día. El 75% de los habitantes vivían en miles de caseríos dispersos y el conuco aislado era el centro de la vida de una gran parte de la población. Sin embargo, el mapa sanitario continuaba siendo grave. El paludismo, la gastroenteritis y la tuberculosis eran las principales causas de muerte. En cuanto a la morbilidad de procesos crónicos, por lo general parasitarios, era muy alta. Un alto porcentaje de la población estaba, pues, enferma de algún proceso crónico. Dada la situación, en esa época se pone en marcha un ambicioso plan de salud enfocado en 2 direcciones. En primer lugar, una política vertical de lucha específica contra las endemias dominantes: paludismo, anquilostomiasis, gastroenteritis, etc. En segundo lugar una política de salud centrada en la creación de Unidades Sanitarias en las poblaciones mayores y medianas, para llevar a cabo una acción horizontal de prevención y vigilancia sanitaria (Bengoa, 2004). Enmarcado en la problemática anterior, el presidente Eleazar López C. sucesor de Gómez ratifica la iniciativa gomecista de establecer un control de pestes y a tales efectos se funda la División de Malariología y se establece un Plan de Salud Nacional.

Durante el gobierno de López C. se impone una política fuerte de protección y fomento para la industria nacional, se sigue consolidando la explotación del petróleo y se presenta para el año 1940, una considerable oleada inmigratoria desde Europa (España, Francia, Italia y Portugal) a consecuencia de la guerra mundial del momento.

En 1941 el recién elegido presidente Isaías Medina A. concede el voto femenino, decreta la Ley de Reforma Agraria y continúa con la política de incentivo a la agroindustria nacional hasta que es derrocado en 1945 por los afectos al partido Acción Democrática (AD) y un grupo de militares con el visto bueno de los monopolios norteamericanos que una vez consumado el acto entraron a saquear y apoderarse de las riquezas minerales del país (Brito, 1978). En términos generales, el gobierno de Medina fue profundamente nacionalista, social y progresista con algunos rasgos de republicanismo oligárquico.

Época de Dictadura-Democracia

Con el derrocamiento de Medina los partidos políticos incipientes entre los que resaltan AD, Partido Comunista de Venezuela (PCV), Partido Social Cristiano COPEI y Unión Republicana Democrática (URD) se consolidan y comienzan a actuar en el ámbito político y social. Comienza para el país un ciclo de transición política que abarca desde la elección de presidentes mediante el sufragio, la toma del poder por una asonada cívico-militar hasta la ocurrencia del único magnicidio en la historia de Venezuela. Muy a pesar de este tenso y cambiante clima político, para el sector agroalimentario representó un interesante escenario para: la proliferación de empresas de diversas índoles, el mejoramiento sustancial de la sanidad e higiene del país, el incremento en el consumo de productos alimenticios gracias a la masificación de los medios de comunicación (televisión y cine) y muy especialmente por la actualización de las leyes de reforma agraria y educación.

En la quinta década del siglo XX la industrialización venezolana presentaba un carácter neonato, la industria manufacturera atravesaba una etapa de transición entre las formas artesanales y la pequeña industria, en tanto que la mediana y la gran industria se desarrollaron forzosamente en el período de la guerra. Pero es significativo destacar que esa industria, en conjunto, tenía un carácter nacional, estaba controlada por capitalistas venezolanos, quienes con criterio burgués-progresista pugnaban por la independencia económica de Venezuela, "consumir lo que producimos" "sembrar el petróleo" (Brito, 1978).

En Venezuela se creó la primera Escuela de Nutricionistas y Dietistas en 1950, gracias a la iniciativa de un colectivo de médicos sanitaristas entre los que se encontraban J. M. Bengoa, P. L. Coll, F. Vélez Boza y A. González Puccini. Aunque en sus planes de estudios figuraban materias como salud pública, nutrición social, o psicología social, por razones de mercado laboral predominó la colocación de dietistas (Bengoa, 2003). Esto representó un gran avance en materia de salud y nutrición pues comienza todo un movimiento destinado a mejorar la nutrición del país y se fortalecen las acciones para erradicar el hambre y la desnutrición, así como para la difusión de una educación en materia de nutrición.

En la nutrición se verifican cambios importantes a mediados del siglo XX, Venezuela no tuvo históricamente graves brotes de enfermedades carenciales por deficiencias vitamínicas. Casos aislados de beri-beri se describieron, no obstante, en la zona de Guayana. En 1953 se inician en Venezuela las investigaciones bioquímicas y de nutrición clínica: se cuenta ya con una buena Tabla de Composición de Alimentos; se dispone de abundante información por medio de varias encuestas de consumo en varias zonas del país, se elaboran por primera vez las Hojas de Balance de Alimentos, se forman en pocos años más de un centenar de profesionales nutricionistas y dietistas, se calculan los primeros requerimientos calóricos de la población venezolana, se realizan los primeros ensayos para la elaboración de un producto destinado a los pre-escolares desnutridos: Producto Lácteo (PL); se fortalece la educación en nutrición; se crea una vasta red de Comedores Populares y Escolares, se organiza un Comité de Enlace con la FAO para la coordinación de la política alimentaria del país, etc. (Bengoa, 2004).

Dictadura de Marcos Pérez Jiménez

La Junta Militar de Gobierno, tras el asesinato incierto de su presidente Carlos Delgado Ch. nombra al Gral. Marcos Pérez J. Presidente encargado. Sus años de gobierno transcurren bajo la figura de una dictadura militar autoritaria y represiva que eventualmente fue estremecida por el disturbio de células clandestinas que pugnaban a favor de la democracia. Un creciente ingreso petrolero permite ejecutar obras colosales que logran cambiar la fisonomía de las ciudades (Brito, 2004). Por otro lado, la dictadura produjo resultados admirables en aspectos tales como: desarrollo urbanístico y vialidad con la construcción de obras trascendentes, el apoyo constante a la investigación y desarrollo científico venezolano destacando la creación del Instituto Venezolano de Investigaciones científicas (IVIC) que contó con la presencia de hombres de la talla del Dr. H. Fernández Morán, la repotenciación de las fuerzas armadas nacionales y la continuidad de un plan de salud nacional.

En la década de esta dictadura, el proceso de industrialización ligado al gasto público, se desarrolla casi espontáneamente sin plan ni programas concretos. Los monopolios comienzan a cosechar los frutos de los golpes de estado pues el incipiente capital nacional, que controlaba ramas industriales fue desplazado o asimilado por el capital norteamericano. Se multiplican las actividades industriales destinadas a envasar o ensamblar en territorio nacional solamente en la etapa final los elementos integrantes de los bienes de consumo y de uso que se "elaboran en el país". Tratándose en realidad de una modalidad de las importaciones controladas por monopolios disimuladas con el lema "Hecho en Venezuela" en una nueva relación de dependencia (Brito, 1978).

Época Democrática

A la salida intempestuosa de Pérez J. luego de su derrocamiento el 23 de enero de 1958. Se establece una junta de gobierno provisional presidida por el Contralmirante W. Larrazabal. En ese año las fuerzas vivas de la política venezolana celebran un pacto en la ciudad falconiana de Punto Fíjo, en el cual se comprometen a la tolerancia y respeto mutuo de los resultados electorales obtenidos por elección directa y universal que garantice la alternabilidad del poder, se comprometen a presentar un programa común, limitar el debate político a la presentación de planchas y candidatos y excluir a los movimientos comunistas.

Comenzaba en ese momento la época de la democracia venezolana vigente hasta el presente. Sin embargo, este acuerdo sacrifica la democracia económica y social a la rotación de 2 organizaciones partidistas (Brito, 2004).

A partir de 1959 durante el gobierno de R. Betancourt, líder de AD uno de los 2 partidos con supremacía en el país, se instauró la política de sustitución de importaciones, impulsada desde las instituciones del Estado venezolano, intensificándose e imponiéndose definitivamente al calor de las inversiones y la protección estatal de las transferencias de inversionistas norteamericanos hacia el sector manufacturero (Brito, 1978).

En realidad, las políticas dependientes implantadas por el régimen democrático hasta el final del siglo XX, han desencadenado un cuadro de dependencia estructural que promueve una colonización discreta pero voraz que se apoya en la aplicación del "modelo norteamericano de desarrollo". Esta característica es observada en el aumento de las empresas industriales asociadas, es decir con participación de capital norteamericano y en el ritmo de urbanización del país, con un violento incremento de la migración rural que conllevó a la expansión del campo hacia los centros urbanos.

Tales fenómenos no eran síntomas de progreso sino de pauperismo económico y atraso socio-cultural. La inyección del capital norteamericano, es una de las modalidades del proceso de industrialización estructuralmente dependiente. En el cuadro 2 se exhiben las industrias en el área de alimentos asociadas a monopolios norteamericanos durante los años 1960 y 1970 (Brito, 1978).

La Venezuela de finales del siglo XX, desde el punto de vista económico, ha evolucionado de su condición de semicolonial a la condición de país neocolonial o más exactamente colonial, en sentido historico contemporáneo, habida cuenta de la dependencia estructural anteriormente referida (Brito, 1978).

Una prolongada bonanza petrolera suaviza las tensiones surgidas de la desigualdad social y permite lanzar ambiciosos proyectos de desarrollo durante los sucesivos gobiernos rotativos pero en 1983 durante la presidencia de Herrera C. se experimenta una fuerte devaluación de la moneda (Bolívar) y se emplea el 60% del ingreso petrolero para pagar la deuda pública lo cual incide negativamente sobre la población. En los años siguientes la situación no mejora sino que se agrava bajo la administración del presidente Lusinchi y finalmente el 27 de febrero de 1989 durante el II período de Carlos A. Pérez se desencadena un estallido social contra las medidas económicas impuesta por el gobierno que se ajustaban a los lineamientos del Fondo Monetario Internacional (FMI).representando así el primer movimiento contra el proceso de globalización (Brito, 2004).

Tras un intenso proceso de internacionalización de los mercados financieros y de globalización de la producción que se tradujeron en fuertes presiones en favor de la liberalización de las políticas gubernamentales las cuales se manifestaron en la adopción de un programa de ajustes a partir de 1989. Dentro de ese nuevo escenario, las políticas de liberalización económica puestas en práctica por el Gobierno venezolano ocasionaron profundas transformaciones en todos los niveles significativos de su economía, y un fuerte impacto sobre el sector agroalimentario.

Cuadro 2

Industrias alimentarias venezolanas con participación de capital norteamericano

EMPRESA NACIONAL	ACTIVIDAD	LOCALIDAD	MONOPOLIO DE EE.UU. PARTICIPANTE
Venezolanos de Esmaltes, S.A.	Cocina, línea de cocina	Petare	Tropical Gas Co., Miami; Caloric Corp., Top.
Alimentos Kraft de Venezuela, C.A.	Prod. Lácteos y alimenticios	Caracas	Kraft Foods Co., Chicago
Alimentos Kellogs, S.A.	Cereales	Maracay	Kellogs Internacional, Battle Creek
Chicle Adams Inc	Goma de mascar	Caracas	American Chicle Co., Long Island
Coca-Cola Export Corp.	Bebida s/ alcohol	Caracas	Coca-Cola Corp., N.Y.
Diablitos Venezolanos, C.A.	Productos de jamón, jamón endiablado	Maracay	Wm. Underwood Co., Watertown, Mass.
General Mills de Venezuela, C.A.	Harina	Caracas	General Mills, Minneapolis
Industrias Lácteas de Carabobo, C.A.	Leche	Valencia	IBEC
Industrias Lácteas Venezolanas, C.A.	Leche	Caracas	The Nestle Co., N.Y.
Industrias Lácteas, C.A.	Leche	Caracas	IBEC
La India, C.A.	Dulces, chocolates, galletas, bizcochos	Caracas	General Foods, Corp. White Plains, N.Y.
Mc Cormick de venezuela	Especias	Caracas	Mc Cormick & Co., Baltimore
Molinos Caracas-Maracaibo	Harina	Caracas	Pillsbury Mills Inc. Minneapolis
Pastas Milani, S.A.	Pastas	Caracas	Pillsbury Mills Inc. Minneapolis
Molinos Nacionales, C.A.	Harina	Caracas	Internacional milling Co.
Productos Knorr, S.A.	Sopas deshidratadas	Caracas	Corn products Co., N.Y.

Nota. Tomado de Historia *Económica y Social de Venezuela* por Brito, 1978.

Continuación…

EMPRESA NACIONAL	ACTIVIDAD	LOCALIDAD	MONOPOLIO DE EE.UU. PARTICIPANTE
Purina de Venezuela, S.A.	Alimentos para animales	San Joaquín	**Ralston purina Co., St. Louis**
Seneca de Venezuela, C.A.	Jugos	Caracas	**Seneca Grape Juice Corp., Dundee**
Standard Brands Venezolana, S.A.	Alimentos, levadura, vinagre, etc.	La Victoria	**Standard Brands Co., N.Y.**
C.A. Venezolana de Alimentos	Alimentos p/ niños	Tocorón	**Gerber Internacional products, Fremont**
Venezolana Empacadora, C.A.	Carne, embutidos	Caracas	**Oscar Mayer & Co., Madison**
Alimentos Heinz de Venezuela, C.A.	Alimentos	San Joaquín	**H.J. Heinz Co., Pitts.**
Productos Quaker, C.A.	Avena	Valencia	**Quaker Oats Co., N.Y.**
Pastelería Vienesa, C.A.	Pastas, mantequilla, mermelada, etc.	Caracas	**Pepsico International, N.Y.**
Panificadora Holsum venezolana, C.A.	Pan	Caracas	**Fuchs Baking Co., Miami**
C.A. Savoy Candy	Dulces, chocolates	Caracas	**Beatrice Foods, N.Y.**
Marlon, S.A.	Bocadillos	Caracas	**Beatrice Foods, N.Y.**
Industrias Anita, C.A.	Bocadillos	Caracas	**Beatrice Foods, N.Y.**
Venezolana de Conservas, C.A.	Alimentos Conservados	Caracas	**Del Monte Internacional, Panamá**
Procafé de Venezuela, C.A.	Café soluble	Caracas	**IBEC**
Mavesa, C.A.	Margarina, aceites comestibles	Caracas	**Procter & Gamble, Cincinatti**
Purina de Occidente, C.A.	Alimentos para animales	Maracaibo	**Ralston Purina Co., St. Louis**

Nota. Tomado de Historia *Económica y Social de Venezuela* por Brito, 1978.

A partir de 1989 se empezó a manifestar una alarmante disminución del consumo de alimentos. De acuerdo con los cálculos de la Cámara Venezolana de Industria de Alimentos (CAVIDEA) basados en los datos del Banco Central de Venezuela (BCV), los asalariados tuvieron acceso, en 1989, a 40% de los alimentos en relación con lo que podían adquirir en 1968. El desmantelamiento progresivo del sistema de control de precios, así como el fenómeno inflacionario presente en el conjunto de la economía, provocaron en los sucesivos años un incremento sustancial del precio de los alimentos, los cuales no pudieron ser compensados con el incremento de los salarios. Por otra parte, el índice de precios correspondientes a los alimentos (salvo algunos meses) continuó mostrando por encima del índice general de precios (BCV, 1992) y los porcentajes de pobreza señalaban cifras extremadamente preocupantes (Morales, 2005).

Otro aspecto interesante del período democrático es el incremento exacerbado de la población, originado principalmente por la falta de planificación familiar y las condiciones de hacinamiento y promiscuidad en la que a partir de los años 60 y 70 comenzó a vivir buena parte de la población rural que debido a un éxodo, primordialmente originado por el "boom" petrolero y la búsqueda de mejores fuentes de ingreso, comenzó a asentarse en las colinas y zonas periféricas de las grandes ciudades, originado lo que hoy se conoce como "cordones de miseria". El éxodo campesino, la migración del campo a la ciudad no es un problema exclusivo de la era democrática; todo lo contrario, es un grave problema estructural que se viene presentando en el país desde la tercera década del siglo XX. En el cuadro 3 se presenta la evolución de la población urbana y rural entre los años 1936 y 1968.

A esta problemática se unió la inmigración indiscriminada de ciudadanos de los países suramericanos, principalmente Colombia, Perú y Ecuador, que inmediatamente pasaron a constituir algunos guetos aislados en barriadas citadinas o se integraron a los cordones de miseria. Durante principios de los años 70 se estableció un fuerte comercio ilegal constituido en su mayoría por inmigrantes ilegales.

Cuadro 3

Evolución de la población urbana y rural en la Venezuela contemporánea

AÑOS	POBLACIÓN (%)	
	URBANA	RURAL
1936	28,9	71,10
1941	31,3	68,70
1950	53,81	46,19
1961	67,44	32,46
1968	74,12	25,88
1971*	73,1	26,9
1988*	83,2	16,8
1997*	86,5	13,5

Nota. Fuentes: Cuadro elaborado con datos de *Historia Económica y Social de Venezuela* por Brito (1978) y *Para comprender y querer más a Venezuela* por Brito (2004).

Período Democrático de la República Bolivariana de Venezuela

A partir del año 1998 con el triunfo electoral del Tte. Cnel. Hugo Chávez, responsable de la asonada golpista de 1992 que pretendió remover de la presidencia de la republica al ya tan cuestionado Carlos A. Pérez, se inicia para el país un nuevo ciclo de su historia política y social. En primer lugar, el presidente disolvió el congreso y convocó la conformación de una asamblea constituyente que tuvo como tarea redactar el nuevo documento constitucional que ha de regir los destinados del país refundando la república (V en la historia venezolana). Esta carta magna fue publicada en Gaceta Oficial de la República el 30 de diciembre del año 1999 y luego se republicó nuevamente, para enmendar errores gramaticales, en la Gaceta Oficial 5.453 del 24 de marzo del año 2000. En su preámbulo este documento resalta su carácter soberano atribuido por el Poder Originario que le concibió y en tal sentido establece: «Con el fin supremo de refundar la República para establecer una sociedad democrática, participativa y protagónica, multiétnica y pluricultural en un estado de justicia, federal y descentralizado que consolide los valores... El Gobierno de la República Bolivariana de Venezuela y de las entidades políticas que lo componen es y será siempre democrático, participativo, electivo, descentralizado, alternativo, responsable, pluralista y de mandatos revocables». De esta forma, la nueva república se despoja de la viciada y obsoleta constitución de 1961, engendrada por los actores del "puntofijismo" con una marcada orientación neocolonial.

La nueva Constitución de 1999 incluyó la alimentación como derecho fundamental, y la definición de la seguridad alimentaría como expresión de ese derecho. En concordancia con la importancia que reviste para el país el gobierno del presidente Chávez crea el Ministerio de la Alimentación y fomenta iniciativas importantes que pueden llegar a tener un efecto significativo sobre el desarrollo del país (Naranjo citado en Piña, 2005).

Durante el transcurso del gobierno de Chávez se ha reconfigurado todo el marco jurídico, social y económico del país; muy a pesar de una dura oposición apoyada por los intereses norteamericanos, dueña de los medios de comunicación masivos y enquistada en algunas de las viejas estructuras de la IV República. Un paro general de trabajadores, en el año 2002, propiciado por la Confederación de Trabajadores de Venezuela (CTV) y FEDECAMARAS así como un aguerrido sabotaje de la industria petrolera estatal (PDVSA) dejan una profunda huella en la economía de ese año y el siguiente donde logros alcanzados para ese momento, como por ejemplo la erradicación de la desnutrición infantil y la disminución del Índice de Precios al Consumidor (IPC) experimentan un dramático retroceso. Como consecuencia social se atravesó por un moderado período de desabastecimiento que hizo mella en la dieta del venezolano con especial incidencia en las clases menos favorecidas. En Abril de 2005 y siguiendo los viejos esquemas golpistas practicados por el neocolonialismo del siglo XX se pretendió interrumpir el hilo constitucional. Sin embargo, esto no pasó de ser más que una alteración al orden público dentro del ya conflictivo escenario político del país.

En el año 2007, el presidente de la república introduce a la Asamblea Nacional una reforma constitucional orientada básicamente a la consolidación de un estado democrático socialista, en lo que él mismo ha denominado "el socialismo del siglo XXI". Dicha reforma contempla la inclusión de la soberanía alimentaria como complemento del concepto de seguridad alimentaria. El presidente Chávez (2007) afirma que: «hemos venido luchando contra el latifundio; sin embargo, en la Constitución, creo que no quedó bien afilada el arma constitucional contra esa rémora del feudalismo y de la colonia».

CAPITULO IV
REGÍMENES ALIMENTARIOS DEL VENEZOLANO

Definición de Régimen Alimentario

La historia de la alimentación es el estudio del origen, la formación, la vigencia y los cambios del o de los regímenes alimentarios de una sociedad. Sorre (citado en FP, 1998) afirma que: «el *régimen de un grupo* es la suma de alimentos, producidos por su territorio o aportados por cambios, que asegura su existencia cotidiana al satisfacer sus gustos y asegura su persistencia en un conjunto de condiciones de vida determinado».

Tal definición implica el estudio de varios aspectos relacionados con la alimentación de las sociedades: en primer lugar se encuentra la "suma de alimentos" que viene a ser lo que se denomina en lenguaje nutricional la "disponibilidad de alimentos", incluyéndose en esta categoría los alimentos generados por la relación sociedad-medio físico que son incorporados desde fuera, generalmente mediante el intercambio comercial; este conjunto de alimentos asegura la "existencia cotidiana" del grupo, primordialmente porque satisface sus preferencias gastronómicas, es decir, tiene aceptación general, lo cual significa la existencia de hábitos *-aspecto psicosocial de la alimentación-* y de preparaciones más o menos codificadas *-aspecto culinario del régimen-*; en segundo lugar, el conjunto alimentario asegura la persistencia del grupo, aspecto nutricional que conlleva el estudio del valor nutritivo de los elementos que forman el régimen; por último, la suma de alimentos funciona dentro de condiciones de vida determinadas, con lo cual se desemboca en los aspectos socioeconómicos de la alimentación que pueden determinar la coexistencia de diferentes dietas, que si bien, en un esfuerzo generalizador pueden tipificarse como

43

pertenecientes a una sociedad determinada, presentan variaciones según los estratos de que se componga ese grupo social (FP, 1998).

Lovera (1988) define Régimen Alimentario como:

> Un complejo de conocimientos, valores, comportamientos y técnicas relativos a los alimentos producidos por una sociedad en un medio físico determinado, u obtenidos por intercambio, que durante cierto período aseguran su existencia cotidiana, satisfaciendo sus gustos y permitiendo su persistencia en un conjunto de condiciones socio-económicas específico. Se trata de un modelo cultural cuya formación, vigencia, decadencia y transformación se dan históricamente a un ritmo lento.

La alimentación humana es un proceso mediante el cual se toman del mundo exterior una serie de sustancias que, contenidas en los alimentos de la dieta diaria, son necesarias para la nutrición. De esta manera, los habitantes de una región consumen inicialmente lo que produce su suelo nativo. Es decir, lo que produce su mundo exterior inmediato. Pero luego las comunidades humanas comienzan a intercambiar alimentos para cubrir su déficit alimentario y romper la monotonía de su dieta diaria, vinculándose así con su mundo exterior mediato (Cartay, 2005).

Su régimen alimentario resulta, entonces, de la suma de las producciones alimentarias de ambos mundos, es decir, de las producciones propias y ajenas. En este caso, la región se nutre adicionalmente del intercambio comercial entre las distintas comunidades, de los aportes de los viajeros y de las introducciones hechas por los invasores o los visitantes. Con esta suma de aportes diversos se van creando los hábitos alimentarios de una sociedad, que corresponden a elecciones efectuadas por los individuos como respuesta a las presiones sociales y culturales a que son sometidos para seleccionar, consumir y utilizar una fracción de los recursos alimentarios posibles (Ob.cit.).

No todo lo que se conoce y lo que se recibe se adopta, pues se selecciona para comer no sólo lo que se tiene disponible, sino también lo que se puede y lo que se elige consumir. Así, una sociedad adopta ciertos alimentos, platos, técnicas, utensilios y saberes culinarios, que de alguna manera le convienen. Por eso, algunos aportes son aceptados y otros no. Aquéllos, los aceptados, se integran a la alimentación de ese grupo social y forman parte de su cocina. No se olvide, sin embargo, que los cambios relacionados con la alimentación pertenecen a la categoría de cambios sociales, y éstos tienen efectos que son menos tangibles que los cambios económicos, derivados, por ejemplo, de las modificaciones en la ciencia y la tecnología (Ob.cit.).

La tecnología de un grupo social, su desarrollo cultural y sus costumbres en el ámbito higiénico-sanitario determinan en gran medida el régimen alimentario que le corresponde. La interacción con otros grupos sociales hace que exista un intercambio de experiencias y conocimientos que resulta en una modificación del régimen alimentario autóctono de cada una de las partes involucradas.

La expansión del horizonte psico-social debido al desarrollo y proliferación de los medios de comunicación social, la eliminación de las barreras interculturales originadas por la apertura de las fronteras, la internacionalización de las políticas de estado en el ámbito económico y financiero así como otros fenómenos de la *globalización* han contribuido a la formación, o por lo menos la modificación, de los hábitos alimentarios de las poblaciones y por ende de todos los factores a él asociados (sistemas de producción agroalimentaria, comercio e industria , cultura culinaria y gastronómica, etc.). «La autarquía prácticamente no existe en el mundo alimentario» (Cartay, 2005).

Afirma Lovera (1988) que «la urbanidad ha originado que los alimentos se tengan que revestir de un carácter universal».

Regímenes Alimentarios Venezolanos

El período de formación del régimen alimentario típico de nuestra sociedad revela, por una parte, la presencia de elementos básicos de la dieta aborigen, como el maíz y la yuca, en forma de arepa y casabe respectivamente, y por otra, la introducción de elementos europeos y americanos, realizada la mayoría de las veces a partir de las regiones antillanas y mesoamericanas (FP, 1998).

La evolución de las formas políticas por las cuales ha atravesado y atraviesa el país, no coincide fielmente con su historia alimentaria tal y como se puede apreciar en el cuadro 1. Estudios anteriores, han demostrado que no existen evidencias contundentes para diferenciar el régimen predominante para un período de tiempo determinado, por ejemplo, la era republicana con respecto a otros momentos históricos de Venezuela (FP, 1998; Cartay, 2005). Algunos autores han creído conveniente demarcar las fases de los distintos regimenes en: formación, cambio y decadencia. Sin embargo, otros como Lovera (1988) han establecido claras diferencias con respecto a los elementos que componen los distintos regimenes que han existido en el país.

«Pretender dar cortes cronológicos en materia alimentaria atendiendo al mero plano político es sin lugar a duda un contrasentido» (FP, 1998). No obstante, después de contrastar los regímenes alimentarios que han surgido en el país con su historia política, en correlación con la repercusión socio-económica que esta última generó y genera en la sociedad, como se trató en el capítulo II. Es posible a efectos de estudio, establecer regimenes alimentarios venezolanos claramente diferenciados por sus formas de surgimiento y las características que lo componen. Sin embargo, se debe destacar que debido a lo heterogéneo y complejo del tema de la alimentación y la producción agroalimentaria, se hace factible encontrar la coexistencia de 2 o más regimenes para determinado momento histórico en el país. Muchos de estos regímenes aún se mantienen vigentes hasta la fecha y solo han sufrido leves influencias foráneas que lo han enriquecido, desde el punto de vista de la variedad más no del valor nutricional. Como ejemplo de lo anterior se tienen los hábitos alimenticios de las comunidades indígenas que hacen vida en la selva amazónica venezolana fuera de todo contacto humano o a aquellas tribus asentadas en las márgenes del delta del río Orinoco en el recién creado estado Delta Amacuro. Así mismo aún en el año 2007, existen en algunos caseríos y poblaciones rurales de la República Bolivariana de Venezuela, pulperías, bodegas y conucos típicos de los regimenes criollo rural y tradicional que datan desde el período colonial.

En virtud de lo anterior, se han establecido los siguientes regímenes alimentarios para el país: *Aborigen: Prehispánico e Indohispánico, Colonial: El Conquistador Español y El Esclavo Africano, Criollo Rural (Tradicional), Criollo Urbano, Urbano Moderno y Venezolano Postmoderno.*

Régimen Aborigen

Prehispánico

La arqueología provee métodos para reconstruir la vida cotidiana de las sociedades antiguas. Puesto que los objetos que mejor se conservan son, entre otros, los empleados en la conservación, almacenaje y transformación de los alimentos; los componentes de la vajilla como: platos, jarras, tazones, tazas y ollas, pueden determinar por inferencia determinar su función en la culinaria y la gastronomía. Los estudios arqueológicos revelan que las sociedades aborígenes venezolanas productoras de alimentos poseían, en general, un equipamiento culinario estándar. La base de la gastronomía era la combinación de las féculas derivadas del maíz y de la yuca, con las proteínas obtenidas de la carne de cacería: venados, zainos o cerdos salvajes, agutíes, caimanes, aves, tortugas y sus huevos, insectos y demás, así como aceites extraídos de semillas. La yuca era hervida o preparada bajo la forma de harina para elaborar el cazabe, para lo cual existía un complejo técnico integrado por rallos de madera con una superficie abrasiva hecha con guijarros de sílex o cuarzo, y un conjunto de instrumentos de cestería (Sanoja y Vargas, 2002).

En las poblaciones adyacentes al río Orinoco, es muy posible que complementasen su dieta con carne de cacería, probablemente asada o en forma de guisos; en la elaboración de estos últimos deben haber empleado aceite extraído de la palma moriche *(Mauritia flexuosa)*, ya que en los registros arqueológicos de la zona aparecen semillas de dicha planta. En cuanto al maíz, era preparado bajo la forma de arepas o de cachapas, utilizando budares de barro de forma oval. Al igual que el cazabe, estos alimentos eran posibles acompañantes de los guisos o asados basados en la carne, particularmente la carne de venado. En las orillas del Orinoco, la dieta giraba fundamentalmente en torno al consumo de la carne de tortuga *(Pocdonemys expansa)* (Ob.cit.).

Según Gumilla y Gilij (citado en Sanoja y Vargas, 2002), los indígenas del Orinoco preparaban las *cativía*s, suerte de empanadilla*s,* utilizando una masa de yuca rellena con carne de tortuga guisada, sazonada con ajíes *(Capsicum s*p.) y con el *yare* o jugo tóxico extraído de la yuca amarga, las cuales eran posteriormente fritas en el aceite proveniente de la misma tortuga. Como se ve, la humilde empanada criolla tiene una prosapia muy antigua dentro la historia culinaria venezolana.

En otras regiones del país, como en el oriente de Venezuela, para inicios de la era cristiana La gastronomía de estos grupos estaba basada en comidas que combinaban pescados, moluscos (fundamentalmente mejillones -*Mytilus s*p.-, guacucos -*Tivela mactroides*- y chipi chipis -*Donax s*p.-) y féculas, estas últimas provenientes de la yuca *(Manihot sculenta Crantz)*, ñame *(Dioscorea)*, ocumo *(Xanthisoma. s*p), lerén o lairén y pericaguara *(Canna edulis)*. Al sur del Lago de Maracaibo se han encontrado restos de caimanes, monos, aves, pescados, tortugas semiacuáticas, así como la presencia de budares, instrumentos asociados tradicionalmente con el consumo de la yuca (bajo la forma de cazabe) que datan de 800 años antes de la conquista. Es muy posible que la carne de cacería o el producto de la recolección se prepararan en guisos, empleando las tortas de cazabe como platos para consumirlos. También se evidencia la presencia indirecta del consumo del maíz, como cultivo secundario al de la yuca para esta región (Sanoja y Vargas, 2002).

Las tierras elevadas de la Cordillera andina fueron el escenario de la gran nación indígena Timote, que poblaba lo que es hoy el territorio de Trujillo y Mérida; y estaba muy vinculada con tierras tachirenses, a través de la tribu de los Capachos, y del norte de Colombia, mediante los Chitareros y Laches. Timotes, de Merida y Kuikas, de Trujillo constituían un basto poblamiento indígena con ciertos rasgos comunes: su sedentarismo; su filiación étnica emparentada con los Muiskas de Cundinamarka; sus sistemas de producción agrícola, con cultivos en terrazas y andenes, con sistemas de riego por acequias, depósitos o quimpués y silos subterráneos o mintoyes, etc. Su régimen alimentario era compartido por todas las comunidades de la región. El clima permitía el cultivo de una amplia gama de plantas y su alimentación estaba concentrada en algunos productos de base, mayormente tubérculos y raíces, una pocas gramíneas y leguminosas, una esterculiácea como el cacao y muchas frutas que lograban satisfacer los requerimientos de carbohidratos y grasas, así como de algunos microelementos. Algunas plantas, aves y pescados de agua dulce, llenaban deficientemente las necesidades de proteínas, carencia que fue una constante en la dieta rural andina durante mucho tiempo (Cartay y Dávila, 1997).

El régimen autóctono de América se fundaba en el maíz y la yuca, complementados con las proteínas animales producto de la caza y de la pesca y con un edulcorante natural: la miel. No incluía grasas y el condimento por excelencia era el ají; podía existir en ellas el hábito de comer en horas determinadas. Característica general de algunas tribus era la práctica de una agricultura de tipo itinerante o "conucos". El repertorio de sus recetas era breve pero no simple como tiende a pensarse. El casabe y el cachiri (fermento de yuca y batata), la arepa y la chicha ilustran esa característica. El Casabe permitió a los aborígenes almacenar alimento por vez primera. Así mismo el maíz, en general un cultivo secundario, tras fermentación y molienda se moldeaba en pequeñas tortas que finalmente se cocían originando la arepa, que es por excelencia otro de los más importantes panes americanos (Lovera, 1988).

Colón destacó de los indígenas que encontró a su arribo en el continente: «La lozanía de su piel, la brillantes de sus cabellos, la fortaleza de su dentadura, su longevidad y la facilidad con que parían sus mujeres». Lo anterior permite concluir, conforme a los actuales conocimientos bromatológicos, que el régimen alimentario prehispánico era equilibrado y adecuado a sus necesidades (Ob.cit.).

Por lo general el sistema agroalimentario de las poblaciones autóctonas se encontraba íntimamente relacionado con su organización social y ubicación geográfica. Las mujeres eran las que cultivaban itinerantemente la tierra y recolectaban algunos frutos silvestres, por su parte los hombres factores dominantes de la comunidad tenían la tarea de proveer carne a la tribu. Este último rubro era la mayor fuente de proteína animal y provenía en su mayoría de la caza y la pesca.

Estas sociedades aunque primitivas y rudimentarias dispusieron de tecnología para la transformación de materia prima en productos alimenticios estables, como el caso de la yuca y el casabe, y manejaron el concepto biotecnológico de fermentación para obtener productos como el cachiri y la chicha. Sus hábitos de alimentación indican la costumbre de comer en comunas pero también existía el consumo familiar de determinados rubros. Además asociaron la ingesta de ciertos tipos de alimentos con un profundo significado mágico y teológico, sometiéndolos a una serie de rituales y ceremonias antes de su ingestión.

Indohispánico

El encuentro de conquistadores españoles con aborígenes oriundos de la tierra ahora dominada, propicio el intercambio de rubros y gustos. Aunque bastante reacios, a los nuevos sabores y cultivos introducidos por los colonizadores, los indígenas fueron incorporando a su dieta algunos tubérculos y bulbos provenientes tanto de Europa como de África. Como ejemplo de esto se puede mencionar al plátano (*Musa paradisíaca*) de origen asiático y el ñame (*Dioscorea alata*) de procedencia africana.

Algunas comunidades aisladas como *los piaroas* o *los yanomamis*, grandes comunidades como *la warao* o *la guayú* esta última con asiento en la Península de la Guajira, han mantenido hasta los actuales momentos el régimen aborigen con la adopción de uno que otro rubro de origen extranjero. Sin embargo, en la mayoría de los casos, los elementos predominantes de su dieta son básicamente aquellos que caracterizaron el extinto régimen prehispánico en donde la yuca, el maíz y la carne proveniente de la pesca o de la caza predominan. A ese nuevo régimen que lucha por prevalecer y se mantiene aletargado en el paso del tiempo es el que se puede denominar como Régimen Aborigen Indohispánico. En el gráfico 1 se puede apreciar mujeres indígenas de la etnia guaica, a principios del siglo XXI, preparando casabe y cargando leña para alimentar el fogón donde prepararán sus alimentos conforme a las antiguas tradiciones.

A continuación se presenta un párrafo de Steinvorth de Goetz (citado en Hernández-D´Jesus, 2001) donde se puede evidenciar el comportamiento de algunas étnias existentes en territorio venezolano para mediados del año 2000 las cuales mantienen el régimen aborigen indohispánico:

Gráfico 1. **Mujeres indígenas, en la actualidad, de la étnia Guaica preparando casabe y cargando leña para alimentar un fogón.** Tomado de «Algo sobre la cocina venezolana» año 2001. Autora: Thea Seagall.

El fogón está siempre al lado del chinchorro, así que estando el indio acostado o sentado, sin cambiar su postura puede alimentar el fuego empujando los leños hacia el centro del fogón y del mismo modo puede coger la carne asada. Esta es asada junto a la llama y tiene que estar bien cocida. Si está algo cruda o si muestra algo de sangre, la detestan y no la comen. Sienten temor supersticioso por la sangre. Ingieren proteínas en abundancia, pues cazan dantas, chigüires, cunaguaros, todos los mamíferos, todas las aves menos las águilas, culebras, gusanos, lagartos, arañas e insectos, tales como hormigas, así como sus larvas. La variedad en frutos silvestres, que comen crudos o cocidos, es enorme. Un mercado nuestro no tiene ni remotamente una selección tan grande en frutas y vegetales.El fruto apreciado por la Guaica es el de la Palma Pijiguao (*Guilielma Gasipaes*), cuyo nombre aborigen es Rasha. Esta palma es autóctona de la América del sur y crece silvestre en las selvas, aunque también es cultivada por los indios en sus platanales o en lugares abiertos de la espesura selvática. A los 8 años, cuando los platanales se agotan, es cuando empieza a fructificar. Los Guaica, aunque abandonan sus localidades y conucos, suelen regresar a ellos si crecen allí estas palmeras, para cosechar el Pijiguao. En tiempos remotos constituía el principal alimento de muchas tribus, pero en la actualidad es la fruta preferida de los Yanoama. Cada palma produce al año unos 60 kg de frutas, en varios racimos de aproximadamente unos 10 kg. El fruto ya cocido tiene un sabor parecido al de la papa. Su recolección da origen a la gran fiesta anual de los Guaica: "La fiesta del Pijiguao". Por su parte el plátano, que actualmente es el alimento básico en la dieta diaria de los Yanoama, fue introducido de la India después de la época de la conquista y se ha difundido en las regiones de climas adecuados. Se estima que los Yanoama lo cultivan desde hace unos 100 años. Por lo demás, tienen una comida muy variada y por su excelente estado de salud no dan la impresión de tener deficiencias alimenticias mientras viven en las selvas. Recientemente han adquirido ollas de aluminio, generalmente regaladas por las Misiones. Quienes las reciben suelen darlas en trueque a los indios que viven más alejados. Sin embargo, hay tribus que tienen que conformarse con sus ollas primitivas. Las calabazas enteras sirven para guardar el agua potable, las partidas en dos mitades sirven para cualquier cosa de guardar. Hojas de platanillos y palmas sirven para envolver frutas y nueces cuando las recolectan.

El régimen alimentario presente en la sociedad colonial fue el resultado de la fusión de distintos regímenes introducidos por diversos actores entre los que se encuentran: los aborígenes autóctonos, los españoles conquistadores, los negros africanos esclavizados y en menor proporción, los viajeros de indias provenientes de otras latitudes. Por tal razón, no es posible definir un único régimen, como en el caso del Aborigen, para esta etapa histórica del país. El estudio de la alimentación, y sus aspectos generales, en la colonia debe comenzar por la comprensión de cada uno de los regimenes que estuvieron presentes en ella.

Conquistador Español

«Es interesante resaltar que los hábitos culinarios y gastronómicos de los castellanos de origen campesino que vinieron a "hacer a América", eran muy pobres y sencillos: castañas, col, habas, papillas de cereal, poca carne de vacuno, quesos, huevos, aceite y vino» (Sanoja y Vargas, 2002).

Los alimentos que caracterizaban las huestes conquistadoras españolas eran en su mayoría de 2 orígenes, el lipoideo y el vegetariano. El consumo de grasa vegetal, en particular del aceite del olivo y las grasas animales como la manteca de cerdo o res era de práctica común. Las fuentes principales de carne, en orden de importancia, eran el cerdo, la vaca, la oveja, la cabra y por último las aves de corral (Lovera, 1988).

En cuanto a los elementos de origen vegetariano se pueden mencionar: los tubérculos europeos como nabos y zanahorias, los bulbos como ajo y cebolla, los tallos como el apio y la borraja, las hojas como acelga, lechuga, espinaca y escarola, los productos del huerto como calabaza, coles y melón, las legumbres como garbanzos y habas, y finalmente el uso de especias como alcaparra, laurel, cilantro y perejil entre otros (Ob.cit.)

El uso del trigo y de la vid, desde los orígenes de la cristiandad asociado con la religión, eran otras de las características más resaltantes de los colonizadores. Otro número importante de rubros como la avena, el centeno, la cebada, los aguardientes, la mantequilla y el queso también tenían, aunque en menor grado, importancia en la dieta hispana (Lovera, 1988; Sanoja y Vargas, 2002).

Sin embargo, a pesar de las marcadas diferencias entre la dieta española y la aborigen; la culinaria y la gastronomía aborígenes fueron adoptadas por los conquistadores y colonos castellanos después del siglo XVI, este hecho les permitió mantenerse con vida, ya que de no ser así no disponían de ningún otro recurso de supervivencia (Sanoja y Vargas, 2002).

Esclavo Africano

A principios del siglo XVI comenzaron a llegar a territorio venezolano los primeros esclavos africanos para reponer la violenta exterminación de indígenas y fortalecer los recién introducidos cultivos de cacao y explotación de perlas.

En la dieta de la raza negra venida de África predominaba el consumo de vegetales, en detrimento de la carne. Al igual que los aborígenes del nuevo mundo, practicaban el cultivo itinerante. Sus principales cereales eran el mijo (*Pennisetum typhoideum*), el sorgo (*Sorghum vulgare*) y una clase de arroz silvestre (*Oriza glaberrima*). En cuanto a otros vegetales se encuentran con especial importancia el ñame (*Dioscorea alata*), varias leguminosas como alubias, habas, garbanzos y lentejas. Disponían de un variedad de frutas como: melones, granadas, limones, tamarindos, dátiles, higos y naranjas (Lovera, 1988).

Como edulcorantes empleaban la miel, y en menor escala, el azúcar de caña, cuyo cultivo fue introducido en ese continente por los árabes, y posteriormente (siglo XV) ampliado por los portugueses. Dentro de su predominante dieta vegetariana resaltaba el uso del aceite de palma (*Elais guineense*), el sésamo y una margarina vegetal proveniente de una planta denominada Karité (*Butyrospermum parkii*). No obstante para los africanos, la carne no dejo de ser elemento importante de algunas tribus que practicaban la cría de ganado. La fortaleza y buena complexión de la raza negra, considerados aptos para los más duros trabajos, hacen pensar que su régimen alimentario era de alto valor nutritivo (Ob.cit.).

Cabe destacar que los esclavos fueron sometidos a un régimen alimentario compulsivo por parte de los traficantes para lograr el "engorde" de las piezas. Este hecho originó la alimentación de un gran número de esclavos negros con especies vegetales ricas en carbohidratos y de fácil cultivo como por ejemplo el banano (*Musa sapientum*) y su tradicional ñame (*Dioscorea alata*) (FP, 1998).

«En vísperas de la configuración del régimen alimentario criollo, tuvo gran influencia el incremento de la importación de esclavos negros provenientes de África, la cual mantuvo una tendencia ascendente por casi todo el siglo XVIII» (Lovera, 1988).

Ya para el siglo XVI, el consumo de maíz parece haber aumentado considerablemente, desplazando quizás el consumo de yuca. De igual forma el crecimiento de los rebaños de ganado en los llanos centrales de Venezuela permitió que existiese una mayor oferta de carne de vacuna. De igual manera, el consumo del maíz parece haber aumentado considerablemente, desplazando quizás a la yuca, la cual pasó -al parecer- a convertirse en un alimento de "segunda clase", más propio de las comunidades rurales. A partir del siglo XVII, el auge de la producción del café, del cacao, de las melazas de caña de azúcar, la exportación de cueros, huesos y sebo de ganado, así como de cecina o carne salpresa en las plantaciones y hatos creó finalmente un excedente de dinero, en manos de los mantuanos, que no existía antes cuando la región tenía una economía predominantemente autárquica. Mientras las clases populares conservaban su estilo de vida habitual, adicional, la clase mantuana comenzó a importar para su uso elementos que cambiarían sus hábitos culinarios y gastronómicos (Sanoja y Vargas, 2002).

A fines del siglo XVIII se puede comprobar la existencia de un régimen alimentario típico de la naciente sociedad venezolana, cuyas estructuras se venían fraguando desde el siglo XVI. Paralelamente al proceso de fraguado social corrió la formación de un régimen alimentario cuyos elementos constitutivos incluían desde el maíz, la carne vacuna, el azúcar, la yuca y los frijoles -alimentos básicos- hasta el cacao, y el café, como alimentos complementarios (FP, 1998).

Hacia 1628, se instala en la región andina la Compañía de Jesús. Conquistadores y jesuitas impulsan la agricultura y la ganadería. Cuando finaliza el siglo XVIII ya se había creado la mayoría de los centros urbanos que se consolidaron luego al ritmo expansivo de la economía del café y de la caña. Tras la espada de los conquistadores y la cruz de los jesuitas llegaron a la región muchos nuevos productos, especialmente el trigo, el ganado vacuno y porcino, las aves de corral y algunas hortalizas, modificando el escenario económico y alimentario (Cartay y Dávila, 1997).

En la corografía del fraile capuchino José Antonio Domínguez, fechado en 1775, los elementos básicos del régimen alimentario de entonces eran: la carne, la arepa, el casabe, los "potajes" (arroz, frijoles, caraotas, quinchonchos, arvejas, guisantes, etc.), el cacao, la sal y el papelón. Llama la atención en estos datos, el alto consumo de carne por lo que vale la pena transcribir la explicación que al respecto da el autor: «En la inteligencia de que todas las personas de esta provincia, sin distinción de edad ni sexo, comen carne lo menos tres veces al día, así por la costumbre como por valer barata, pues en todos los llanos vale a dos reales la fresca y a cuatro la curada» (FP, 1998).

Es cierto que la carne, el papelón, los potajes, el cacao y la sal, pueden considerarse alimentos comunes a toda la población en la época colonial. Sin embargo, no sucedió lo mismo con el maíz, el casabe y con un gran ausente de la lista: el trigo. Por tal razón salvo en materia de panes, no puede pensarse en la existencia de un régimen alimentario típico de la sociedad venezolana de la colonia (Ob.cit.).

El relativo aislamiento de la metrópoli, que fue sufriendo en el siglo XVII la Provincia de Venezuela, contribuyó a reforzar el proceso de formación de un régimen alimentario típico que se vio enriquecido por el intenso intercambio intercolonial, registrado en la misma centuria, con las antillas, y en particular con el Virreinato de la Nueva España en ocasión del comercio del cacao. Por otra parte, el uso de servidumbre indígena para los servicios domésticos que incluían el encargo de la cocina en las casas de los encomenderos, hacia mediados del siglo XVII, fue originando el gusto por parte de sus descendientes hacia las comidas precolombinas, en especial por el maíz. Este uso de guisanderas evidentemente aceleró el mestizaje culinario (Lovera, 1988).

En el ámbito de las bebidas se observa cómo el vino de los europeos mantuvo su prestigio de bebida superior, aun cuando su uso no pudo llegar a generalizarse por el hecho de su alto costo y por la existencia de otra bebida cuya baratura la hizo imperante: el guarapo. Esta competencia entre los derivados de la uva y los de caña de azúcar se vivió intensamente en tiempos coloniales (FP, 1998).

La época colonial puede considerarse como un período de tiempo en el cual se fusionaron la gran variedad de regimenes que convergieron en ese momento. Es una etapa en la historia de la alimentación del país donde la marcada división social, originada por la aparición de las clases, ocasionó profundas desigualdades en los regímenes alimentarios de cada uno de los estratos que componía la sociedad en la colonia. Esta *conducta social* llegó incluso a jerarquizar los alimentos como: "superiores" aquellos consumidos por los europeos e "inferiores" para designar a los ingeridos por indios y negros. No obstante, la constante interacción entre las clases fue dando paso a la consolidación de regímenes claramente definidos.

Para ilustrar lo anterior, es preciso citar a Lovera (1988) en cuanto a la diferenciación social que para los distintos tipos de panes existían en esa época:

> En este sentido pudo establecerse una jerarquía de los panes en cuya cúspide se situaba el de trigo, "pan blanco", como se le llamaba, pan del conquistador militar y religioso, cuyo prestigio se mantuvo hasta los tiempos republicanos y al que se atribuían propiedades nutritivas asociadas con la civilización y el progreso. Inmediatamente después estaba colocado el pan de maíz, nuestra "arepa", que si bien no podía igualarse al pan de trigo, llegó a difundirse hasta en las capas socioeconómicamente altas de la población. Seguidamente venía el pan de yuca, "el casabe indígena", sobreviviente precolombino cuyo consumo y preparación se remonta por lo menos al tercer milenio antes de Cristo, pan predominante en el ámbito rural y especialmente en las regiones de Oriente y Guayana, y que, aun cuando figuró entre los productos de expendio corriente en el mercado de Caracas durante el siglo XVIII, siempre conservó su connotación de alimento inferior. Finalmente habría que señalar el pan de plátano, en forma de tajadas o de tostones, mantenimiento fundamental de los esclavos, tradicionalmente asociado a nuestra negritud, al que se atribuían propiedades favorecedoras de la pereza e

indolencia. Alejandro de Humboldt coincide con muchos funcionarios coloniales en advertir que siendo el plátano de cultivo extremadamente fácil, fomentaba la flojera, siendo por ende enemigo del progreso y de la civilización.

Régimen Criollo Rural

(Tradicional)

Más de dos siglos llevó la formación de los regímenes alimentarios que se han denominado criollos, a cuya base común contribuyeron predominantemente indígenas y españoles. La dieta criolla se formó entre 1500 y 1750, etapa durante la cual acaeció una intensa transculturación cuyo resultado fue la aparición de dos regímenes alimentarios, conocidos como rural o tradicional y el urbano (Lovera, 1988).

El régimen denominado *criollo rural o tradicional* se consolidó a mediados del siglo XVIII, experimentó su mayor auge en el siglo XIX y se mantuvo vigente hasta la década de los cuarenta del siglo XX. Sin embargo, debe aclararse que en las ciudades donde vivían la mayoría de las clases dominantes prevalecieron las prácticas culinarias de inspiración europea y en este sentido se originó la coexistencia de éste último hábito con el régimen criollo tradicional ampliamente difundido en el medio rural (Ob.cit.).

Esta expansión de un régimen tradicional se encontró marcada por las características del sistema agroalimentario de aquel entonces, el cual se basaba fundamentalmente en la hacienda, el hato y el conuco. Cabe destacar que dicho sistema estuvo vigente hasta la tercera década del siglo XX. En paralelo también se establece una fuerte dependencia de las importaciones para poder suplir los insumos de la dieta europea dominante en el sector urbano.

Al respecto Sanoja y Vargas (2002) sostienen que «Mientras las clases populares conservaban su estilo de vida habitual, tradicional, la clase mantuana comenzó a importar para su uso elementos que cambiarían sus hábitos culinarios y gastronómicos».

Como elementos dominantes del Régimen Criollo Rural se encuentra en primer lugar el consumo de maíz bajo la forma de la tradicional "Arepa" que no era otra cosa que una torta en su mayoría asada al fogón de maíz "raspao" o "pilao". En algunas regiones del oriente de Venezuela también se uso el maíz bajo la forma de gachas conocidas corrientemente con el nombre de funche probablemente inducidas por el intercambio frecuente de esta zona con las antillas. En los llanos y zona central del país, mayormente, se consumía la pasta de maíz obtenida de su molturación de 2 maneras: la primera era envolviéndola en su propia hoja y cociéndola por inmersión en agua hirviendo y la segunda formando una torta fina que se asaba directamente en una plancha al fogón (Cachapa). En segundo lugar se encontraba la carne, en su mayoría de res, la cual se consumía fresca en aquellas poblaciones cercanas a los lugares de sacrificio. Cabe destacar que para ese momento aún se sacrificaban las reses y otros animales en lugares públicos como mercados y plazas, siendo esto una de las principales preocupaciones de las autoridades de aquella época en materia sanitaria. Para aquellas localidades distantes de los lugares de sacrificio, se consumía la carne salada o "cecina". Esta carne era preservada por largo tiempo, gracias a la aplicación de métodos de conservación que iban desde el salado con sal gruesa, el secado directo al sol hasta el ahumado en fogón, previamente envuelta en hojas.

Otro elemento importante del régimen criollo rural fue la yuca, la cual se consumía en forma de casabe. Debe acotarse que con la yuca no se llegó a obtener la variedad de preparaciones comparable a la lograda con el maíz (Lovera, 1988). La yuca servía para elaborar el casabe y durante su preparación se obtenía el yare que era un jugo venenoso, usado por los aborígenes en las puntas de sus lanzas para actividades de caza, el cuál perdía su nocividad al ser hervido y se empleaba como aderezo de carnes especialmente en la región de Guayana. Además con la yuca se fabrican dulces de gran aceptación como la "naiboa", el "gofio" que era un alfajor obtenido por su mezcla de maíz con papelón, los "buñuelos" y los "almidoncitos".

Para completar la dieta criolla rural, se consumían casi en iguales proporciones, las leguminosas (básicamente frijoles, quinchonchos, arvejas y caraotas) que se preparaban mediante cocción en agua con sal y manteca de cerdo; y el arroz con cáscara que además podía generar una harina fácilmente combinable con la del trigo o maíz. Seguidos por el azúcar bajo la forma común de papelón, obtenido por la cocción del jugo de la caña bajo condiciones específicas y de la cual podían derivarse además cuatro productos más: la raspadura que se envolvía con vástago de plátano, el alfondoque o arropía, el alfeñique y la melcocha que era una masa fibrosa. La importancia del papelón en la Venezuela del siglo XVIII llegó al punto de que fuera usado como moneda para el pago de pequeñas transacciones o para el pago de los jornaleros de hacienda. Esta relevancia no disminuyó en siglo XIX pues "la panela" como se conocía el papelón continuó siendo un fuerte puntal en la dieta de peones y soldados. Por último se encontraban el cacao que se ingería bajo la forma de chocolate como bebida no alcohólica o "chorote", muchas veces "cerrero" (sin papelón), y la sal cuyo consumo era considerablemente alto debido a que se empleaba para salar y conservar pescados y carnes (Lovera, 1988).

En el cuadro 4 se exhiben los alimentos básicos consumidos en la provincia de Venezuela en 1775 de acuerdo a lo señalado por el cronista Fr. José A. Henríquez y en el cuadro 5 se muestra la lista de víveres importados entre mediados del siglo XVIII y principios del siglo XIX.

Algunos alimentos fueron cobrando cada vez mayor popularidad en especial el arroz y el plátano, asiáticos de origen, los cuales habían sido, un siglo atrás introducidos, por los españoles. Del Asia también se trajo otro alimento que llegaría a

Cuadro 4

Alimentos básicos consumidos en la Provincia de Venezuela en 1755

Rubro Alimenticio	Consumo diario *per capita* en gramos[1]	Valor Calórico[2]
Maíz (en forma de arepa)	616,96	1129
Carne	409,67	600
Yuca (en forma de casabe)	252,10	865
Legumbres (predominantemente frijoles y caraotas)	107,3	333
Arroz (sin mondar)	107,3	350
Azúcar (en forma de papelón)	63,02	224
Cacao	28,99	124
Sal	26,82	-
Total Calorías		**3.625**

1. Los datos fueron convertidos en valores actuales mediante el *Consultor Métrico Decimal* (Almenar, 1925).
2. Obtenidos al aplicar la Tabla de Composición de Alimentos (INN, 1950) con las debidas precauciones al respecto

Nota. Tomado de Historia de la Alimentación en Venezuela por Lovera, 1988.

Cuadro 5

Lista de víveres importados vendidos en las pulperías urbanas de la Provincia de Venezuela 1764-1818

1. Aceite de Oliva	11. Bacalao	20. Ginebra holandesa
2. Aceitunas	12. Canela	21. Harina de trigo
3. Aguardientes de uva (español y francés)	13. Cerveza	22. Jamón
4. Alcaparras	14. Cidra	23. Manteca del norte (de América)
5. Almendras	15. Ciruelas Pasas	24. Nueces
6. Anchoas	16. Clavos de especia	25. Queso de Flandes
7. Anís	17 Embutidos (chorizos, morcillas, salchichas, etc.)	26. Pimienta
8. Arenques	18. Fideos	27. Salmón
9. Atún en salmuera	19. Garbanzos	28. Sardinas
10. Avellanas		

Nota. Tomado de *Historia de la Alimentación en Venezuela* por Lovera (1988) obtenido de Boletín del Archivo histórico de la Localidad de Valencia, cuaderno I (1943); Archivo Histórico del Consejo Municipal del Distrito Federal, sección archivos capitulares, Expediente Nº 6 (1818).

tener importancia en la dieta venezolana: el coco. Caraotas y arroz, junto con plátanos y carne frita, constituían los ingredientes del "pabellón" uno de los platos más típico y emblemático del venezolano que data probablemente del siglo XVIII (FP, 1998; Sanoja y Vargas, 2002). Aunque no se consideran como elementos primordiales de la dieta, ya que su aporte calórico es bajo o nulo, deben considerarse a efectos del régimen alimentario el consumo de las bebidas alcohólicas entre las que destacan el guarapo de caña que era una bebida levemente fermentada que podía variar en grado alcohólico y el aguardiente de caña, destilado en alambique, de consumo difundido debido a lo económico de su precio. Ambas bebidas eran populares entre las clases sociales más bajas, ya que la opulenta oligarquía mantuana solo consumía el fruto de la vid y otras bebidas espirituosas importadas. Sin embargo, al transcurrir el tiempo el aguardiente de caña, el cual siempre había sido victima de señalamientos y vejámenes en contraposición con la tolerancia excesiva que se le daba al aguardiente español de la uva, comienza a popularizar su ingesta quizás atribuida a la creciente industria de la caña que se desarrollaba en el país.

Las domésticas negras, en su mayoría venidas de las islas antillanas, que paulatinamente sustituyeron a las indígenas, fueron penetrando en la mesa de los amos las prácticas culinarias de los esclavos. A pesar de esto puede afirmarse que privaron los ingredientes indígenas en la dieta típica tradicional de Venezuela (Lovera, 1988).

La dieta tradicional no constituyó en realidad un todo absolutamente homogéneo pues sus elementos constitutivos se encontraban diseminados a todo lo largo del territorio nacional debido a la disímil distribución de las especies animales y vegetales, en función de sus distintos hábitat. Así mismo la falta de comunicaciones que impedía superar el aislamiento entre núcleos poblados, favoreció el fortalecimiento de la diversidad regional. En la gráfica 2 se puede apreciar una regionalización alimentaria para el siglo XVIII, fundamentada en el tipo de pan consumido.

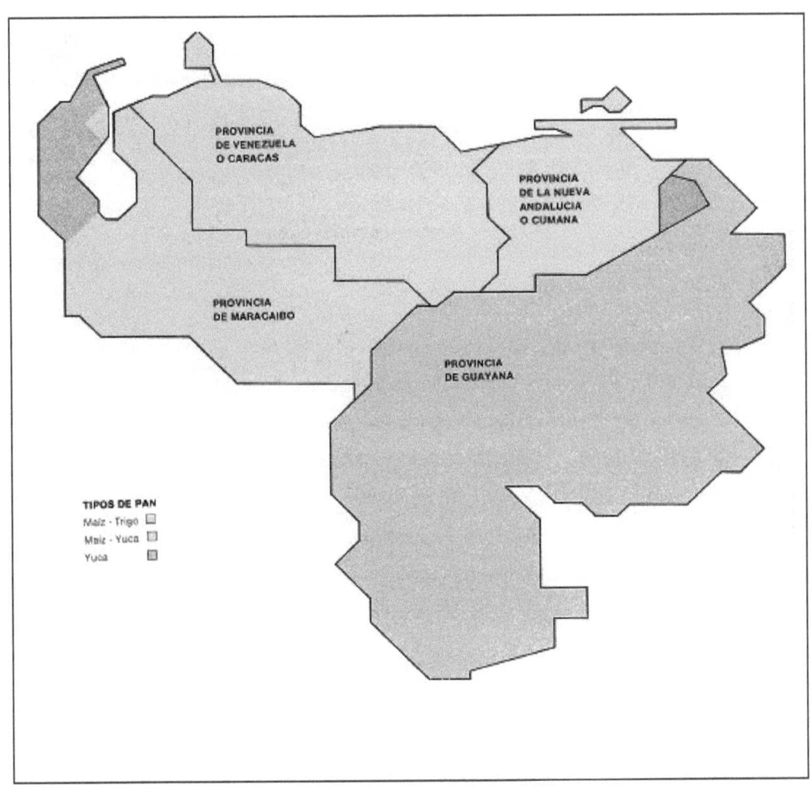

Gráfico 2. **Zonas Alimentarias para la Capitanía General de Venezuela en el siglo XVIII.** Tomado de *Historia de la Alimentación en Venezuela* por Lovera, 1988.

En el ámbito rural se realizaban solo dos comidas al día, un pequeño condumio, generalmente de casabe -con algún aditamento- y guarapo o café, muy temprano en la mañana y una cena cargada para reponer las energías perdidas en las duras faenas del campo ya que por mucho tiempo estas últimas fueron la única forma de medir el tiempo. En algunos casos solo llegaba a efectuarse una sola comida posterior a la jornada laboral.

Régimen Criollo Urbano

El consumo de la ciudad fue en crecimiento, en tanto y cuanto lo fueron haciendo sus límites, así como el número de sus habitantes. El mantenimiento y variedad de la despensa era distinto, según la posición que se ocupase en la escala social. Que determinaba, claro es, el poder adquisitivo de cada quien y el acceso o no a algunos alimentos y otros productos. En este punto, conviene advertir que lo que se podría denominar cocina venezolana de entonces, fue el entrecruce de viandas y sabores propios de un mestizaje que no regateaba nada: algunos dulces y comidas de origen africano, traídos acá por vía de la esclavitud, podían estar al lado de platos autóctonos o de origen español. En este sentido, quizás sea la hallaca la que represente con mayor precisión lo que se afirma (Cartay, 2005).

Como se mencionó anteriormente, la realidad del campo con respecto a la ciudad en la Venezuela de los siglos XVIII y XIX era hasta cierto punto completamente diferente. Por lo general, las urbes y más aún aquellas que se encontraban aledañas a los puertos, como Maracaibo, Puerto Cabello, Carúpano y Caracas; recibían constantes influencias de viajeros y comerciantes. Este clima permitió que el régimen criollo o tradicional se nutriera de elementos foráneos que lo harían más diverso y opíparo.

Estos nuevos elementos que se incorporaban a la dieta, se percibían fundamentalmente en los medios urbanos, pues en el campo persistió casi invariable el régimen criollo rural fraguado durante la colonia. No obstante, es necesario establecer que existieron algunas diferenciaciones en este régimen las cuales variaban   según los estratos sociales y la ubicación geográfica existentes; pues situándose en la Caracas de la Época, la alimentación de los mantuanos no era igual a la de los parroquianos de La Candelaria, y menos aún a la de los peones y esclavos de las haciendas próximas a la capital (FP, 1998; Cartay, 2005).

Ciertas incorporaciones vinieron a enriquecer el régimen tradicional, por la afluencia desde fines del siglo XIX de inmigración europea aunado a la importación y difusión que tuvieron algunos alimentos venidos del norte de América (FP, 1998). No obstante, es preciso señalar que solo una pequeña porción de la población, en especial las clases dominantes, tenían acceso a tales vituallas y costumbres.

Es preciso acotar que aunque el régimen criollo urbano destacó en los más grandes y suntuosos banquetes de la era republicana, no se debe crear una visión deformada que confunda las ocasiones excepcionales con la normalidad de la vida cotidiana (Lovera, 1988).

Los banquetes del siglo XIX se caracterizaron por la ausencia de los elementos básicos del régimen criollo rural, a excepción de la carne y los plátanos. Así mismo, se nota en éstos una fuerte inclinación hacia los gustos ibéricos que pretendía lograr la máxima complacencia de los agasajados. El ferviente clima socio-político reinante en ese siglo, especialmente a partir de su cuarta década, rápidamente hizo que se adoptara el viejo adagio romano de "al pueblo pan y circo" (*panem et circenses)* festejando públicamente las victorias bélicas y los triunfos políticos. Esta situación llevó a que los festines públicos aunque copiosos, donde no faltaba el "guarapo`e caña" y la carne, se asemejaran más a lo que habitualmente el "populacho" estaba acostumbrado a comer. En el cuadro 6 se puede apreciar una comparación entre las

Cuadro 6

Contraste de oposición binaria entre un banquete oligárquico y otro popular dentro del régimen criollo urbano

Campo de la Oposición	Banquete Palaciego	Banquete Popular
Pan	de trigo	de Yuca (Casabe)
Bebida	Vino	Guarapo
Preparaciones culinarias	variedad	Monotonía
Presentación de los Alimentos	Refinada	burda
Patrón de Gusto	europeo	criollo
Sitio	techado	al aire libre
Posición Corporal Predominante de los participantes	sentado	De pie
Carácter	Urbano	rural
Jerarquía Socio-Económica de los Participantes	dominantes	dominados
Valor Social	superior	inferior

Nota. Tomado de Historia de la Alimentación en Venezuela por Lovera, 1988.

modalidades de banquetes existentes para el siglo XIX dependiendo de la clase social al que se destinase.

Los cambios originados en el mundo a partir de la Segunda Revolución Industrial, hicieron énfasis en la producción de bienes de consumo masivo, La evidencia arqueológica indica que para mediados del siglo XIX, las comidas en Venezuela eran acompañadas con cervezas inglesas, como la de marca *Patten*, o vinos franceses como el *Chateau Laffitte*. Es a partir de ese momento cuando la sociedad venezolana -y en particular la caraqueña- comienza a experimentar una clara diferenciación en clases sociales con gustos culinarios y posibilidades económicas muy distintos (Sanoja y Vargas, 2002).

El régimen criollo urbano, en esencia contenía buena parte de los ingredientes del régimen rural. Muchas de las rusticas preparaciones de este último, fueron refinadas en las cocinas urbanas mediante una elaboración más cuidadosa. En el mismo orden de ideas, el hábito de consumir vegetales bajo la forma de ensaladas solo se hacia presente en las esferas urbanas, reforzado por un proceso de transculturación paulatina. El común denominador de la población, en su mayoría rural, tenía animadversión hacia la ingesta de especies vegetales crudas, eso lo demuestra el dicho popular que afirmaba: "La gente no come monte".

Entre la lista de los víveres importados por las casas comerciales de finales del siglo XIX se encuentran muchos alimentos como: carnes secas y ahumadas de res y de cerdo, bacalao, anchoas, manzanas, diversos quesos (de Flandes, Edam o de bola; Patagrás, etc.), harina de trigo, mantequilla, embutidos, jamones, galletas, aceitunas, uvas pasas, alcaparras, aceite de oliva, especias, y diversas bebidas alcohólicas: cervezas de varias marcas y orígenes, vinos italianos y franceses, sidras españolas, brandy o cognac, etc. (Cartay, 2005).

Las cocinas, urbana y rural, del régimen criollo empleaban como grasa fundamental la manteca animal, específicamente de cerdo, solo en las ciudades se evidenciaba el uso del aceite de oliva para añadirse a la ensalada y la mantequilla como acompañante obligatorio del pan blanco. El cacao que se bebía "cerrero" en el campo comenzó a endulzarse con azúcar blanca y se aderezó con especias aromáticas como Clavo y Canela para darle un toque de exquisitez. Sin embargo, aunque el azúcar refinado era la preferida de la ciudad, esto no significó el rechazo por el papelón o la azúcar prieta (negra) que formaban parte de muchas recetas. Como afirma Lovera (1988) «era más urbano comer azúcar y más campesino gastar papelón».

En cuanto a las palabras "pan" y "harina", en sentido genérico, designaron siempre con exclusividad los productos del trigo, llegando incluso a ser consagrado por la ley de manera expresa e inequívoca tal y como lo comprueban los reglamentos sobre alimentos de 28 de febrero de 1921 y el 17 de marzo de 1941. El pan blanco era un producto exclusivo de la mesa urbana, solo algunas sobras que se "enfriaban" eran distribuidas entre los menos favorecidos, quienes las tostaban y consumían como "tostones o bizcochos".

Entre los siglos XVIII y XIX se experimentó una transición paulatina de las bebidas basadas en el cacao (chorotes) por una más refinada y exótica venida desde tierras árabes conocida como café. El café era una infusión más fina y aromática con amplio potencial de exportación que poco a poco llegaría a ser el principal rubro de cultivo y exportación. Tal difusión e importancia hizo que el "cafecito" fuera imprescindible tanto para el habitante de la capital como para el del campo sin distingo de zona geográfica.

En cuanto a las bebidas alcohólicas, la vieja costumbre colonial de beber vino y alcoholes importados, como los de ginebra y brandy, se mantuvo incólume en las mesas citadinas de las principales metrópolis del país. Por su parte, en el campo siguieron privando el guarapo y el aguardiente de caña. Es importante señalar que a partir del siglo XIX, durante el septenio de Guzmán Blanco, se comienza a popularizar el consumo de la cerveza que era en su totalidad importada en botellas desde Norteamérica, Gran Bretaña y Alemania. A partir de 1884 se experimenta tal incremento en el consumo de esta bebida que por todos los puertos del país se comienzan a recibir importaciones provenientes además de orígenes no tradicionales como Noruega, Dinamarca y Holanda.

La relativa homogeneidad de la dieta se fue perdiendo paulatinamente al incorporarse nuevos alimentos y bebidas y al formarse nuevos gustos alimentarios en los sectores urbanos y de manera especial en sus grupos dominantes, mientras que la población rural y urbana de bajos recursos, mantuvieron los elementos básicos de la dieta colonial, propia de una sociedad agraria. Era natural que fuese así, pues los alimentos foráneos, las nuevas preparaciones culinarias y las bebidas importadas, generalmente de precios elevados, sólo podían consumirlas los estratos económicamente superiores. Al entrar la sociedad venezolana en el siglo XIX, concluida la guerra de emancipación e iniciándose la República definitivamente independiente en lo político, la escisión señalada se fue acentuando y pese a que cuantitativamente la dieta típica se reducía a los mismos elementos del régimen alimentario colonial, provenientes del binomio productivo hacienda-conuco, cualitativamente se ahondaron las diferencias entre dominantes y dominados, entre población urbana y población rural (FP, 1998).

La generalización progresiva de algunos alimentos de la dieta de los grupos dominantes, se difundió en las ciudades tendiendo a uniformarse, enriqueciéndose con las novedades foráneas que se iban agregando. Una lectura atenta de la prensa decimonónica permite apreciar una evolución alimentaria caracterizada por la importación de comestible, el transplante del restaurante europeo, la adopción de gustos franceses e ingleses y la institucionalización de las buenas maneras del "Viejo Continente". Al lado de este despliegue de exquisiteces, novedades y buenos modales, el grueso de la población, sobre todo en los campos, continuó practicando los hábitos alimentarios coloniales, con muy pocas salvedades. Una de ellas fue la popularización del consumo de pan de trigo entre los sectores urbanos de bajos recursos. De allí que se asiente en los documentos y publicaciones de la época el hecho de que se fabricaran 2 clases de harinas, siendo la de «segunda» obviamente la empleada en esta difusión (Ob.cit.).

Durante el régimen criollo urbano el número de comidas al día era variado. En el siglo XVIII se realizaban 3 comidas: el almuerzo a las 8:00 de la mañana, la comida a las 12:00 en punto y la cena a las 8:00 de la noche. Luego para finales de esa centuria y principios del siglo XIX se incrementó el número de comidas en las familias "económicamente acomodadas" a 4: el desayuno, servido entre 6 y 7 de la mañana, el almuerzo a las 11:00 AM, la comida a las 5:00 de la tarde y la cena a las 9:00 de la noche. Por supuesto en el entorno rural siguió prevaleciendo la ingesta típica de 2 comidas, a excepción de los domingos donde podía compartirse una comida central en grupo o familiar.

Finalmente como señala Lovera (1988), «El régimen criollo urbano terminó por extenderse a todo el país, reduciendo el régimen criollo rural o tradicional a la categoría de curiosidad folklórica». Todavía en 1914 la crónica periodística criticaba el hábito arraigado en la población urbana de darle mayor importancia al vestuario que a la alimentación.

Régimen Urbano Moderno

«Por muchos años nuestros principales productos de exportación fueron el cacao y el café, mientras que la producción agrícola verdaderamente comestible nunca dejó de ser menor. La Venezuela petrolera nos haría después consumidores de alimentos importados sin que disminuyera la desigualdad de su distribución» (Lovera, 2003).

Es sólo a partir de 1940, aproximadamente, con la violenta transformación del país de agropecuario en petrolero que se manifiesta el proceso triunfante de la urbanización, se produce un vertiginoso éxodo rural y se incrementa el poder adquisitivo de los grupos dominantes Tales circunstancias comienzan a afectar la dieta típica (FP, 1998).

Es posible afirmar que el régimen alimentario tradicional, sufrió a lo largo del siglo XIX progresivos deterioros. Puede señalarse como ilustración, y a título meramente indicativo, que el consumo de carne (de ganado vacuno) por parte del venezolano disminuyó durante el siglo XIX. En efecto, de las estimaciones de Agustín Codazzi, se deduce que para 1839 el consumo diario *per cápita* era de 103,42 g, aproximadamente. Por contraste, para 1873, basándose en los datos que suministra Miguel Tejera, se obtendría un consumo por cabeza de apenas 37,32 g. No ha sido mayor el consumo de carne hasta mediados del siglo XX, como se evidencia de las estadísticas oficiales que permiten establecer para 1939 un consumo diario por habitante de 33,96 g y para 1950 de 38,41 g. La vigencia del régimen alimentario criollo tradicional, común a la mayoría de la población venezolana, se prolonga hasta bien entrado el siglo XX (Ob.cit.).

Las diferencias en las costumbres alimentarias de cada región están relacionadas con las características ecológicas que condicionan la producción local de alimentos y van disminuyendo a medida que evoluciona el sistema de comunicación y transporte. Por su parte, el proceso de urbanización ha contribuido a crear un patrón alimentario venezolano cada vez más moderno (Dehollain, 1993).

La región andina, especialmente en sus zonas altas, donde se concentró gran parte del poblamiento, estuvo prácticamente aislada por mucho tiempo, al no contar con un solo camino carretero hasta la segunda década del siglo XX. Al ponerse en servicio la carretera Trasandina, en 1925, los productores agrícolas merideños fueron estimulados por el acceso a mercados más amplios, como el de Maracaibo. Así se desarrollan nuevos centros de producción hortícola como el de Timotes, en 1924, gracias a la iniciativa de 2 alemanes que introdujeron en la zona nuevas técnicas de cultivo y maquinarias. Más tarde en las décadas de 1930 y 1940, los agricultores de Mucuhíes imitaron las técnicas agrícolas practicadas en Timotes. Al final de la década de 1940 la horticultura se había extendido hasta Bailadores, y por todas partes en las zonas altas de los estados Mérida y Táchira el paisaje mostraba, además de papa y el trigo, los cultivos de lechuga, zanahoria, repollo, remolacha, coliflor, acelga y, en menos proporción, de espárrago y alcachofa. El paisaje alimentario era ya otro. Además, los estados andinos destacaban como productores de: papa, trigo, arvejas, cacao, yuca, cambur, caña de azúcar, carne de res y leche. Estas circunstancias influyeron decisivamente sobre el régimen alimentario dominante (Cartay y Dávila, 1997).

Entre 1941 y 1946 prevalecen algunos hábitos alimentarios en diversas regiones que las caracterizan: el consumo de pescado y productos marinos se encuentra más desarrollado en la región costera, mientras que el consumo de carne de res predomina en las regiones interiores y grandes centros poblados. Por su parte, el consumo de leche es elevado en la zona ganadera pero tendiente a difundirse por todo el país. En cuanto a las leguminosas, su consumo es generalizado pero prevalece la ingesta de caraota y fríjol en la región llanera (Dehollain, 1993).

El éxodo petrolero originó una desigualdad notable en la distribución de las poblaciones rurales y urbanas del país. La movilización de grandes contingentes de personas, motivadas por la esperanza de encontrar una mejor vida, causó toda una problemática social debido a la falta de planificación urbanística y todas las consecuencias que esta acarrea. La densidad poblacional en la periferia de las ciudades, en espacios poco aptos para el hábitat como cerros escarpados, orillas de lagos, cuencas y desembocaduras de quebradas. Originó todo un problema de salubridad e higiene pública. La seguridad social y alimentaria de los venezolanos que emprendieron esta arriesgada empresa no escapó de esta nueva realidad que vivió el país y comenzaron a proliferar las enfermedades de carencia y malnutrición, sobre todo a nivel de infantes. El conuco que proveía, en la ruralidad del sustento mínimo, fue sustituido por el consumo de alimentos industrializados y de aquellos económicamente rendidores que podían prepararse en la improvisación de una vivienda poco digna y generalmente insalubre.

En 1963 el consumo era deficitario en todos los nutrientes con excepción de las proteínas y el hierro (ver cuadro 7). Luego con los incrementos habidos en el volúmen de consumo y la reestructuración de la dieta venezolana que modifica la ingesta nutricional en el país, 20 años más tarde la situación era otra y se comienzan a apreciar niveles satisfactorios de adecuación -ver cuadro 8- (Dehollain, 1993).

La urbanidad y el desarrollo industrial lentamente condenaron a las pulperías y almacenes a una desaparición, dando paso al surgimiento de los automercados donde una extensa gamas de productos "made in Venezuela" fabricados en su mayoría en el país por grandes consorcios trasnacionales, abarrotaban los estantes junto a diversos productos importados que se ofrecían como una alternativa asequible y práctica. De esta forma, el viejo régimen criollo se fue solapando con la incursión en la dieta de nuevas alternativas alimenticias que progresivamente fueron reafirmando la conducta de país dependiente de las importaciones para garantizar el sustento diario de su población. En el gráfico 3 se puede apreciar el número de rubros o productos importados desde los años 80 hasta finales del siglo XX. En esta etapa, también se popularizó el uso de ciertos rubros que anteriormente habían sido confinados exclusivamente a las mesas de los más pudientes. Un ejemplo de esto, sería la popularización en el consumo de trigo bajo la forma de pan "frío" y pastas de sémola, y la sustitución de los difundidos guarapo y licor de caña por la ingesta de bebidas refrescantes y gaseosas con o sin licor como el caso de los "refrescos" y la cerveza.

Cuadro 7

Consumo y adecuación nutricional de la población venezolano, año 1963

Consumo y adecuacion nutricional **Venezuela, 1963**			
Nutrientes	Requerimientos (1) ponderados (p/d)	Cantidad consumida (p/d)	Adecuación (%)
Calorías	2 300,00	1 840,00	80
Proteínas (g)	63,00	66,00	105
Calcio (mg)	1 121,00	498,00	44
Hierro (mg)	11,66	16,03	137
Vitamina A (UI)	4 135,00	2 685,00	65
Tiamina (mg)	1,26	1,13	90
Riboflavina (mg)	1,68	1,06	63
Niacina (mg)	16,76	12,16	73
Vitamina C (mg)	72,39	66,70	92

1. Basado en los valores usados para calorías y proteínas en la *Encuesta de Chile* y del *National Research Council* (EEUU), para vitaminas y minerales.

Fuente: inn-icnnd: *Encuesta de nutrición de la población civil y de las Fuerzas Armadas de la República de Venezuela*, inn, 1963 (mimeo).

Nota. Tomado de *El Consumo de alimentos en Venezuela* por Dehollain, 1993.

Cuadro 8

Consumo y adecuación nutricional de la población venezolano, 1981-1982

<table>
<tr><td colspan="4" align="center">CUADRO N° 7

REQUERIMIENTO, CONSUMO Y ADECUACION DE ENERGIA Y NUTRIENTES
VENEZUELA, 1981-82</td></tr>
<tr><td>Nutrientes</td><td align="center">Requerimiento (1)
(p/d)</td><td align="center">Consumo (2)
(p/d)</td><td align="center">Adecuación
(%)</td></tr>
<tr><td>Energía (Kcal)</td><td align="center">2 521,8</td><td align="center">2 363,6</td><td align="center">93,7</td></tr>
<tr><td>Proteínas (g)</td><td align="center">55,9</td><td align="center">81,0</td><td align="center">144,9</td></tr>
<tr><td>Calcio (mg)</td><td align="center">581,9</td><td align="center">817,8</td><td align="center">140,5</td></tr>
<tr><td>Hierro (mg)</td><td align="center">16,3</td><td align="center">18,9</td><td align="center">115,9</td></tr>
<tr><td>Vitamina A (mcg ER)</td><td align="center">717,3</td><td align="center">803,1</td><td align="center">111,9</td></tr>
<tr><td>Tiamina (mg)</td><td align="center">1,0</td><td align="center">1,1</td><td align="center">110,0</td></tr>
<tr><td>Riboflavina (mg)</td><td align="center">1,4</td><td align="center">1,5</td><td align="center">107,1</td></tr>
<tr><td>Niacina (mg)</td><td align="center">16,5</td><td align="center">18,6</td><td align="center">112,7</td></tr>
<tr><td>Vitamina C (mg)</td><td align="center">29,7</td><td align="center">65,9</td><td align="center">221,8</td></tr>
</table>

(1) Valores promedios ponderados basados en el documento *Requerimientos de Energía y de Nutrientes de la Población Venezolana.* CONICIT / INN, 1976.

(2) Cálculos propios (promedios ponderados) basados en resultados de la ENN - INN y % de la población en distintos estratos socio-económicos, según datos de la misma encuesta.

FUENTE: Luna, A. y Bracho, M.: *Encuesta Nacional de Nutrición* 1981 - 82, INN, 1985 (mimeo).

Nota. Tomado de *El Consumo de alimentos en Venezuela* por Dehollain, 1993.

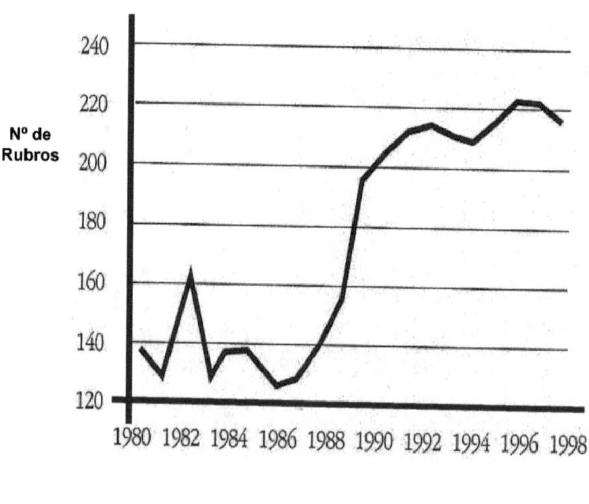

***Gráfico 3.* Número de Rubros o Productos Importados 1980-1999.** Fuente FAO (2003). Tomado de *La Gerencia del Hambre* por Machado-Allison, 2004.

Para ilustrar el caso de la cerveza, surge en Caracas para 1893 la Cervecería Nacional y en 1896 la Cervecería de Maracaibo, ya para esta fecha se perfila un incremento considerable en las ventas de este producto. En 1912 aparece la Cervecería de Maiquetía y en 1925 la Cervecería de Caracas. Debido al auge de la bebida fermentada y con la inyección de importantes recursos para el desarrollo tecnológico se constituye la Cervecería Polar (cervecera modelo) quien absorbe a las empresas de Maiquetía y Caracas. Por su parte la Cervecería Nacional adquiere la de Maracaibo quien en 1945 había cambiado su denominación a Cervecería Zulia y años más adelante traslada su planta a Barquisimeto, estado Lara (Melody, 2007).

Con lo anterior se puede notar cómo rápidamente el país se convirtió en un importante productor y consumidor de cerveza. Sin embargo, la dependencia a las importaciones no cambió; en lugar de importar cerveza ahora se debía importar materia prima para su elaboración (lúpulo y cebada). Esta característica prevalece aún hasta el presente, ya que según cifras oficiales de la Organización para la Alimentación y la Agricultura -FAO de sus siglas en ingles- (2007) la cebada malteada ha sido desde la década de los 90 y principios del siglo XXI, uno de los 6 rubros más significantes de importación después del trigo, el maíz, y la soya (Cuadro 9).

En un estudio sobre la alimentación del venezolano, en 1938, se concluía que la ingesta promedio familiar en el medio urbano presentaba carencias notables, el 33 % de las familias encuestadas para esa investigación bromatológica sólo comían caraotas y maíz. El predominio de la población urbana con un poder adquisitivo muy bajo para el año 1945 demostró una dieta caracterizada por el subconsumo de carne, pescado, leche y sus derivados, verduras y frutas cítricas con marcado predominio del maíz, arroz, tubérculos, leguminosas, musáceas, grasas y azúcar. La nutrición venezolana de las siguientes décadas (años 50 y 60) mantiene las mismas características de los años anteriores; predominio de cereales, tubérculos y raíces, y del azúcar en la dieta (Lovera, 1988).

Cuadro 9

Principales rubros de importación y sus volúmenes en la República Bolivariana de Venezuela entre los años 1997 y 2004

AÑO	2004	2003	2002	2001	2000	1999	1998	1997
RUBRO (tm*)								
Trigo	1.160.158	1.148.222	1.126.397	1.297.381	1.241.140	1.231.768	1.190.600	992.605
Torta de Soya	708.246	600.543	474.628	635.448	556.347	495.645	533.292	371.675
Maíz	488.822	604.263	366.337	910.867	1.322.735	1.038.959	1.143.717	1.157.762
Aceite de Soya	270.422	236.291	226.612	171.506	209.422	223.685	174.395	143.239
Malta de Cebada	232.205	178.451	211.660	248.695	232.728	174.267	259.800	186.465
Azúcar en Bruto (centrifugada)	223.379	168.624	247.039	339.523	314.981	171249	335274	242865

*tm: Toneladas Métricas

Nota. Tomado de Estadísticas FAO (2006).

Ya en los años 40 del siglo pasado se buscaba una tecnología para procesar el maíz blanco, solamente alcanzada en la década posterior con el consorcio de ingenieros alemanes que vinieran a Caracas para desarrollar la industria cervecera de la empresa Polar que fabrica la harina de maíz P.A.N. que es la abreviatura de Producto Alimenticio Nacional y que se presenta como signo de la nacionalidad venezolana (Ferreira, 2004).

Entre 1940 y 1945 se encuentra un patrón de consumo alto en glúcidos aportados por alimentos como: arepa, caraota, yuca, ñame, arroz, fríjol, quinchoncho y papelón pero deficiente en proteínas de origen animal. Estos fenómenos producen el desarraigo de la población rural que viene a engrosar la urbana, perdiendo rápidamente su identidad cultural para ser presa fácil del modo de vida citadino, negador de sus tradiciones, destructor de sus hábitos, uniformador de la vida cotidiana en aras de la generalización de la conducta que imponen las grandes concentraciones urbanas. Tal proceso incide en la organización y funciones del grupo familiar modificando paulatinamente la división tradicional del trabajo que se daba en su seno: la mujer sale de la casa a trabajar y restringe, cuando no elimina, el tiempo que antes dedicaba a las labores domésticas, con el consiguiente deterioro de la calidad de la dieta, que cede cada vez más ante el ahorro de tiempo y esfuerzos que significan los alimentos congelados, semielaborados o ya listos para consumir. Esta invasión de los alimentos industrializados en el ámbito doméstico y la falta de un control de calidad verdaderamente eficiente traen ciertos peligros para la salud, entre los cuales habría que destacar los efectos nocivos producidos por ciertos preservativos empleados en los procedimientos de enlatado (FP, 1998; Bengoa, 2003).

No fue sino a partir de la década de los cincuentas del siglo XX, cuando la clase media, particularmente la caraqueña, comenzó a insertarse en un proceso de modernización y cosmopolitización de su culinaria, su gastronomía y sus maneras de mesa, influida por la intensa ola inmigratoria llegada de Europa. Las clases populares han variado también su gastronomía y su culinaria: los bajos ingresos y los índices de pobreza crítica han alejado a las familias venezolanas de la culinaria tradicional criolla, derivándola hacia un consumo masivo de alimentos de producción industrial, donde sobresalen la pasta, la harina precocida de maíz (harina P.A.N), los embutidos, etc. dentro de una concepción alimenticia totalmente utilitaria y de supervivencia (Sanoja y Vargas, 2002).

En la segunda mitad del siglo XX el consumo de plátano y tubérculos disminuyó, las legumbres fueron sustituidas por los productos cárnicos a medida que se incrementaba el poder adquisitivo en el hogar. El consumo de grasa visible también se modificó: la manteca vegetal o animal, que predominaba en el régimen alimentario tradicional, es desplazada por el aceite vegetal en un 80%. El consumo de frutas y hortalizas, exceptuando cambur, tomate y cebolla, se mantiene tradicionalmente bajo (Bourges y otros, 2000).

Durante el período de 1958-1998, a pesar de la defectuosa información que se tiene sobre la materia, se perciben desigualdades importantes entre el valor calórico y proteínico de la dieta de los venezolanos según los estratos socioeconómicos, evidentemente en perjuicio de una gran mayoría con bajos ingresos. La ingesta nutricional inadecuada afecta a sectores importantes de la población en los primeros años de la década de los 80; en este sentido los estratos de mayores recursos ingieren cantidades muy superiores de energía, proteínas y micronutrientes de las que necesitan, las poblaciones marginales se ven seriamente afectadas por las deficiencias en el consumo y en menor grado sufre los embates de esta situación la clase obrera (Dehollain, 1993; FP, 1998).

El impacto positivo sobre la situación alimentaria del venezolano entre 1963 y 1987, producto de las condiciones económicas generalmente favorables, como consecuencia de la abundancia petrolera, tuvo su mayor auge entre 1980 y 1982, a partir, de entonces los acontecimientos negativos o socialmente desfavorables de la economía nacional, provocaron un deterioro de la dieta que afectó principalmente, a los grupos poblacionales de menores recursos (Ob.cit.).

La alimentación venezolana dentro del urbanismo moderno tiene poca variedad, la monotonía de la dieta usual, se manifiesta por la alta proporción del consumo de energía y nutrientes aportada por un número relativamente reducido de alimentos básicos. Los cuales están presentes en el régimen alimentario, independientemente del sector, la región o el estrato social. En este grupo se encuentran: la harina de maíz precocida, el aceite vegetal, el arroz, el plátano, las caraotas negras, las pastas secas, el pan de trigo, la carne de res, la carne de aves (pollo), los huevos, la leche en polvo y la sardina (Bourges y otros, 2000). El gráfico 4 muestra los grupos de alimentos predominantes en el patrón de consumo del venezolano de los años 80 del pasado siglo XX. Nótese como predominaba el consumo de cereales, seguido de los azúcares y la carne como principales fuentes de energía.

En la transición alimentaria de Venezuela de la mitad del siglo XX se pueden considerar como factores influyentes, en los cambios, la sustitución de la manteca de cerdo por aceite vegetal y el cambio tecnológico que hizo posible la elaboración de la harina precocida de maíz que propició el aumento en su consumo los años subsiguientes (Bourges y otros, 2000). La alimentación tradicional se mantiene casi intacta en el medio rural y bastante sofisticada en el medio urbano. El cuadro 10 muestra los alimentos principales fuentes de energía por sector urbano y rural para el país en 1981-82. Se puede observar las marcadas diferencias específicamente en el consumo de pan y carne de aves para el régimen urbano frente al consumo de leguminosas y maíz en grano en el caso del rural.   Entre 1981 y 1982, los cereales conjuntamente con al azúcar, productos azucarados y los alimentos cárnicos aportaban mas del 50% del consumo total estimado en g/ persona/ día. En esas fecha más de la mitad de los 30 productos de mayor consumo eran procesados

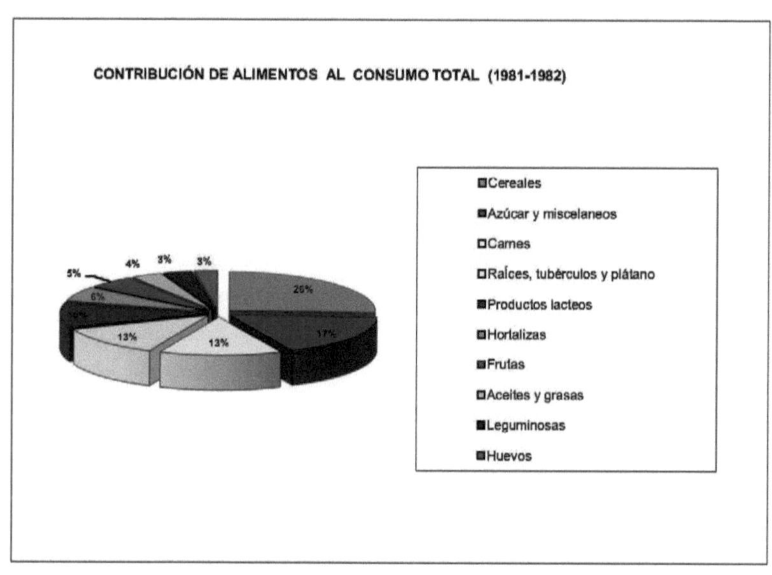

Gráfico 4. **Contribución (%) de grupos de alimentos al consumo total (en peso)
de Venezuela, 1981-1982.** Tomado de *El Consumo de Alimentos en Venezuela.*
Autor: Dehollain, 1993.

Cuadro 10

Los 10 principales alimentos fuentes de energía por sector urbano y rural para la República de Venezuela, 1981-1982

URBANO

Alimentos	Cal/p/d	% del Req.
Harina de maíz precocida	401,76	15,7
Aceite vegetal	294,90	11,5
Arroz	217,81	8,5
Leche en polvo	142,38	5,6
Pastas secas	142,02	5,5
Azúcar	109,03	4,3
Carne de res	104,60	4,1
Pan de trigo	103,72	4,1
Plátano	94,14	3,7
Carne de aves	86,33	3,4
Total	1 696,69	66,4
Requerimiento energético	2 554,50	100,0

RURAL

Alimentos	Cal/p/d	% del Req.
Harina de maíz precocida	462,35	18,9
Aceite vegetal	240,32	9,8
Pastas secas	168,21	6,9
Arroz	146,78	6,0
Caraotas negras	103,44	4,2
Azúcar	99,10	4,1
Leche en polvo	96,83	4,0
Plátano	76,55	3,1
Maíz en grano	74,54	3,1
Carne de res	64,71	2,6
Total	1 532,83	62,7
Requerimiento energético	2 443,40	100,0

Nota. Tomado de *El Consumo de alimentos en Venezuela* por Dehollain, 1993.

(ver gráfico 5) y se notaba una persistencia de ciertos hábitos regionales de consumo (ver Cuadro 11): maíz en centro occidente, abundante carne en los sectores urbanos de Zulia y Guayana, plátanos en el Zulia rural y Los Andes así como un mayor consumo relativo de pescado en Oriente. Sin embargo, la alimentación se sigue caracterizando más por su homogeneidad que por sus diferencias regionales (Dehollain, 1993).

Venezuela en las últimas décadas del siglo XX se ha urbanizado; por tal motivo la dieta de sus habitantes se ha modificado en comparación a la del siglo pasado, existiendo un grupo específicos de alimentos (ver cuadro 12) que aportan entre el 50 a 85% de nutrientes y energía requeridos por la población. Ese conjunto de alimentos se consideran la columna vertebral de la dieta y su relevancia estratégica es evidente; razón por la cual asegurar su disponibilidad en cantidades adecuadas y a precios relativamente estables es de fundamental importancia para la seguridad alimentaria nacional (Dehollain, 1993).

La masificación de los medios de comunicación especialmente los audiovisuales, aunado al bombardeo publicitario que se presentó con la televisión inevitablemente modificaron los hábitos y comportamientos de la población. Tanto el régimen alimentario general como los sistemas de producción agroalimentaria no escaparon de esa influencia y subsecuentemente también sufrieron reformas profundas. Para algunos investigadores como Bengoa, Jaffe, Cartay y Lovera, tales cambios fueron más en detrimento que a favor del nuevo régimen urbano moderno que se consolidaba, ya que disminuía o reemplazaba elementos fundamentales, desde el punto de vista nutricional, de la típica dieta criolla.

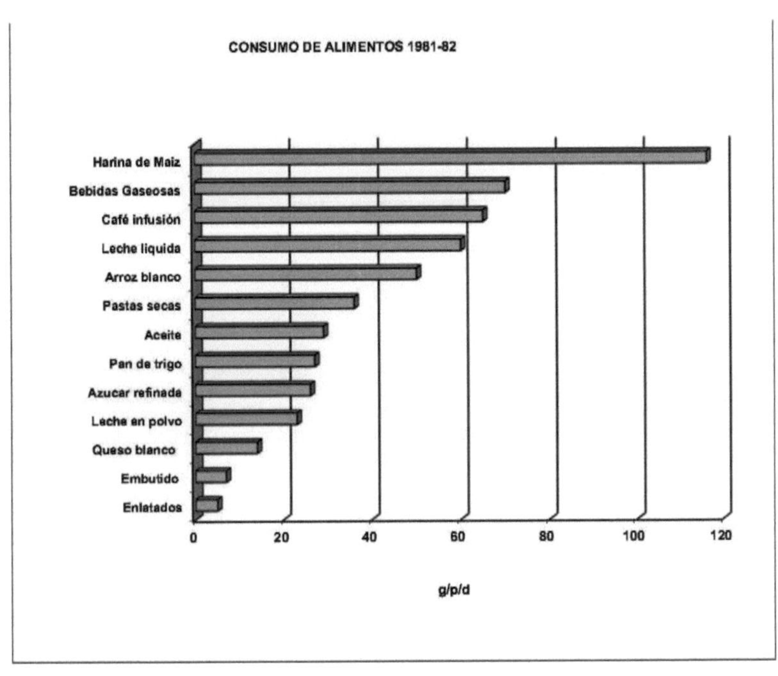

Gráfico 5. **Alimentos procesados de mayor consumo en Venezuela, 1981-1982.**
Tomado de *El Consumo de Alimentos en Venezuela*. Autora: Dehollain, 1993.

Cuadro 11

Cambios (%) en el consumo de alimentos en los sectores urbano y rural de 3 regiones de Venezuela entre los años 1981 a 1987.

	REGION Y SECTOR					
Alimentos	Capital		Andina		Centro-Occidental	
	Urbano	Rural	Urbano	Rural	Urbano	Rural
Harina de maíz prec.	-50	-60	-14	-31	+17	+124
Arroz	-55	+18	-20	+1	+6	+2
Pastas secas	-20	-25	+54	-11	-15	+19
Pan de trigo	+48	-13	+152	+504	+89	+29
Arepas y hallaquitas	SI	SI	SI	SI	SI	SI
Maíz	-9	SI	-7	+170	-55	+39
Bebidas gaseosas	SI	SI	SI	SI	SI	SI
Café infusión	-53	-82	+224	+106	+166	+179
Azúcar	+69	+19	+92	+66	+99	+118
Carne de res	-72	-28	-27	-31	-35	-15
Carne de aves	+6	+60	+44	+29	+16	+41
Pescado	+34	-48	+419	+13	-46	-67
Embutidos	+28	+5	+30	-32	+108	-79
Carne de cerdo	+7	SI	+39	-35	-53	+13
Enlatados	SI	SI	SI	SI	SI	SI
Vísceras	-90	-100	-96	-100	-96	-100
Plátano	-54	+41	-32	-12	+14	-55
Papa	-51	-79	-13	-39	-13	-11
Yuca	+10	SI	-30	-31	-36	-96
Ocumo	SI	SI	SI	SI	SI	SI
Tomate	-59	-37	+99	-35	+47	+95
Cebolla	-56	-52	+24	+56	-11	-18
Cambur	+209	+322	+299	-53	+493	+46
Naranja	+57	SI	+91	-43	+392	-100
Leche líquida	+30	+382	-24	+63	-32	-41
Leche en polvo	-55	-64	+1	+6	-23	-32
Queso blanco	-42	-65	+34	-49	-39	-15
Aceite vegetal	-16	-23	+38	+65	+72	+42
Caraotas negras	-53	-81	-57	-19	-38	-15
Huevos de gallina	-58	-63	+16	-72	-17	-40

Nota. Tomado de *El Consumo de alimentos en Venezuela* por Dehollain, 1993.

Cuadro 12

Principales alimentos fuentes de energía y nutrientes en la dieta del venezolano, año 1993

ALIMENTO	Energía	Proteina	Vit. A	Vit. B1	Vit. B2	Vit. B6	Vit. C	Calcio	Hierro
Aceite	X								
Harina de maíz precocida	X	X		X	X	X		X	X
Arroz	X	X		X		X			X
Leche	X	X	X	X	X			X	
Pastas secas	X	X		X	X	X		X	X
Carne de Res	X	X		X	X	X			X
Pan de trigo	X	X			X	X		X	X
Plátano	X		X	X		X	X	X	X
Carne de aves	X	X		X	X	X			X
Caraotas negras	X	X		X	X	X	X	X	X
Huevos		X	X		X			X	X
Sardinas		X		X	X	X		X	

Nota. Tomado de *El Consumo de alimentos en Venezuela* por Dehollain, 1993.

El régimen venezolano posmodernista se enmarca dentro del surgimiento del relativamente novedoso concepto de "globalización". Este último término se emplea para designar el proceso mediante el cual se pretende internacionalizar la política, las relaciones económicas y financieras y el comercio (Diccionario Larousse, 2005).

Los defensores y promotores de las ideas globalizadoras, especialmente para América Latina, durante la década de los ochenta (del pasado siglo XX) fueron primordialmente 2 instituciones: el Banco Mundial (BM) y el Fondo Monetario Internacional (FMI), ambas identificadas abiertamente con los intereses del imperialismo norteamericano y europeo.

Un sistema de producción agroalimentaria enmarcado en las directrices establecidas por el FMI y el BM, aplicado durante largos años en el país, así como controles de precio y divisas, crecimiento demográfico y posiciones monopólicas generó pocos incentivos para diversificar la oferta alimentaria. Como no se generó empleo y riqueza, ni se intentó acceder a los mercados foráneos, el sector privado quedó condenado a trabajar para un mercado reducido, cautivo de una oferta limitada y con una capacidad de compra en continuo deterioro (Machado-Allison, 2004).

La situación anterior se denominó *crecimiento hacia adentro* y sus principales síntomas aparecieron en 1976 cuando el mercado nacional se saturó y el gobierno se endeudó para financiar el crecimiento de industrias y servicios del Estado; creció el aparato burocrático y comenzó a disminuir el poder adquisitivo del ciudadano. En 1989 este modelo desencadena una enorme crisis para el país debido al desabastecimiento; muy a pesar de existir aún cierta fortaleza en la capacidad de compra de los consumidores. El crecimiento hacia adentro afrontó serios obstáculos como fueron: el problema estructural de la economía, las grandes necesidades insatisfechas de los consumidores y un vigoroso crecimiento de la población (Ob.cit.).

En el año 1989 el entonces presidente Carlos A. Pérez continuó adoptando las políticas económicas sugeridas o "impuestas" por el FMI, las cuales venían desde 1983 haciendo estragos en la ya maltratada economía nacional. Frente a esta situación las masas populares profundamente afectadas por la depresión social y económica se lanzan a las calles desaforadamente en señal inequívoca de repudio.

Al respecto Lucero (2003) afirma que:

La Venezuela de finales de los 80 tenia una deuda social de más de cuatro décadas de despilfarro, equivocaciones y pérdida de la soberanía graficada en la que algunos demógrafos denominaron como un fenómeno de "ruralización" de las zonas urbanas y de una economía centrada en la monoproducción petrolera y en el sector de servicios, con graves problemas urbanísticos, sanitarios, sociales y de salud.

No obstante, no todo en la globalización fue malo; esta coyuntura permitió en el país el establecimiento de nuevas megatendencias entre las que destacan la introducción de franquicias y la difusión de las comidas rápidas o *fast food* en el ámbito alimentario. Un hecho que evidencia lo anterior fue la inauguración en el año 1985 de la primera tienda McDonald´s de Venezuela con sede en la urbanización el Rosal de la ciudad de Caracas.

En la década de los 90 ya sería difícil establecer la dieta típica del venezolano, pero no habría dificultad en afirmar que el régimen criollo tradicional pareciera estar en vías de extinción. En medio de esta compleja situación, las diferencias nutricionales, entre los distintos estratos sociales, se han hecho mayores. Paralelamente al avance del proceso de urbanización, ha ido mermándose la relativa autonomía que permitía el conuco, hoy casi desaparecido. Por otra parte, la complicación de la distribución de los alimentos a escala nacional, caracterizada por una creciente intermediación comercial, y la dependencia cada vez mayor de las importaciones, han encarecido los comestibles en tal medida que dentro del marco de las desigualdades económicas existentes se corre el grave riesgo de que se estanque el ya lento proceso de crecimiento económico y mejoramiento social de Venezuela (FP, 1998).

También en la última década del siglo XX, se produjo en el país un repunte en las enfermedades de la nutrición, y las carencias nutricionales se concentran en los grupos más vulnerables y con menores recursos. En forma paralela comenzaron a aparecer las enfermedades del exceso, en lo que se ha dado en llamar la *transición epidemiológica* (Bourges y otros, 2000).

En el país como reflejo de la agudización de la crisis socioeconómica, ha venido decreciendo la disponibilidad de calorías, así como de otros nutrientes, En consecuencia la satisfacción de las necesidades energéticas se ha reducido en los últimos años. La disponibilidad energética, en más del 75 %, se concentra en cuatro grupos de alimentos: cereales, azúcares, grasas visibles, leche y derivados. Esta tendencia durante los años 90 se ha acentuado evidenciando una disminución paulatina que atenta contra la seguridad alimentaria. En la alimentación del venezolano los cereales han tenido una importancia fundamental, que adquiere mayor relevancia a partir de 1993, cuando se inició por decreto gubernamental la fortificación de la harina de maíz con fumarato ferroso (50 ppm), vitamina A, tiamina, riboflavina, niacina, y de la harina de trigo de uso en panaderías y doméstica con hierro (20 ppm de fumarato ferroso), tiamina, riboflavina y niacina (Ob.cit.).

Es indudable que en la República Bolivariana de Venezuela, la autonomía alimentaria presenta una alta vulnerabilidad como consecuencia de la fuerte dependencia externa. En promedio para el período de finales del siglo XX y principios del XXI, el 56,12 % de las Cal diarias *per capita* provienen de la producción nacional mientras que el resto amerita ser importada (ver gráfico 6). Entre

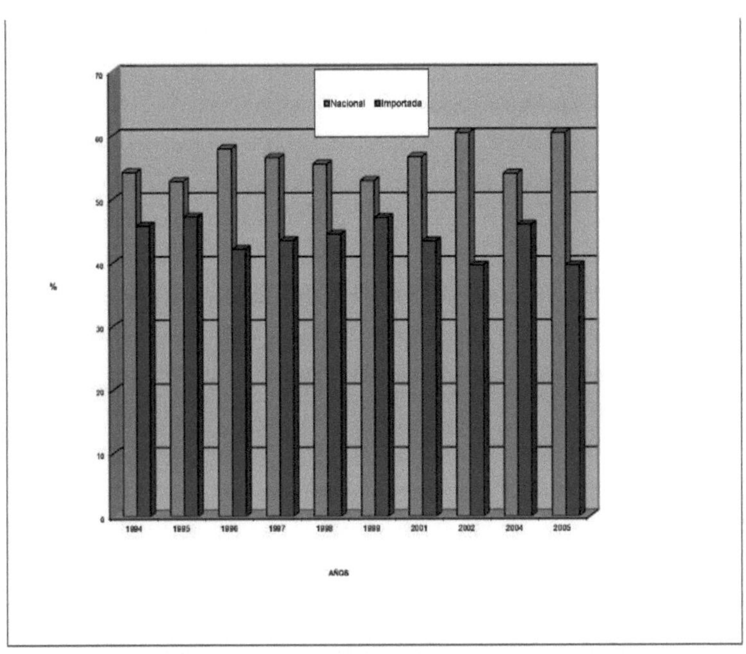

Gráfico 6. **Procedencia (%) de las calorías aportadas por la disponibilidad alimentaria en la República Bolivariana de Venezuela para el período 1994-2004.** Fuente: INN, Boletines SISVAN.

1998 y 2002 la producción industrial de los principales 30 rubros básicos se mantuvo estable, en la mayoría de los casos apenas ajustada al crecimiento demográfico de un mercado empobrecido (Bourges y otros, 2000; Machado-Allison, 2004).

Este panorama introdujo cambios importantes en el estilo de vida especialmente en lo que se refiere a la alimentación, cuyos hábitos fueron influenciados considerablemente por las perversiones publicitarias de las llamadas "cadenas de comida rápida" haciendo mella en la población más joven que, con el paso de las generaciones, fueron perdiendo sus tradiciones culinarias de origen , adquiriendo nuevos hábitos alimenticios, a la vez que se empezaron a engrosar las estadísticas de morbi-mortalidad, con enfermedades asociadas a la malnutrición por exceso -diabetes, hipertensión, accidentes cerebro-vasculares, enfermedades isquémicas, etc.-(Lucero, 2003).

Dentro de este clima de conflictos y transformaciones socio-económicos, el sector agroalimentario no fue una excepción pero el venezolano promedio, con base a la disponibilidad alimentaría (ver gráfico 7), muestra un *consumo aparente* de fácil delimitación para la transición del siglo XX al siglo XXI.

Es necesario aclarar que se habla de consumo aparente, ya que entre el nivel de venta al detal y la boca del consumidor, ocurren una serie de acontecimientos que inciden en lo que será la ingesta real de alimentos, el mismo está referido al habitante promedio del país pues no es estimado a partir de datos como: entidad federal, estrato social, edad, sexo u otro parámetro de segmentación (Machín, 2003).

El consumo aparente del venezolano de la época postmoderna exhibe primordialmente una considerable ingesta de leche y derivados lácteos, así como de cereales específicamente maíz y trigo. Ambos rubros vienen exhibiendo una tendencia moderadamente estable con leves fluctuaciones, en cantidades relativamente cercanas y predominantes con respecto al resto de los grupos

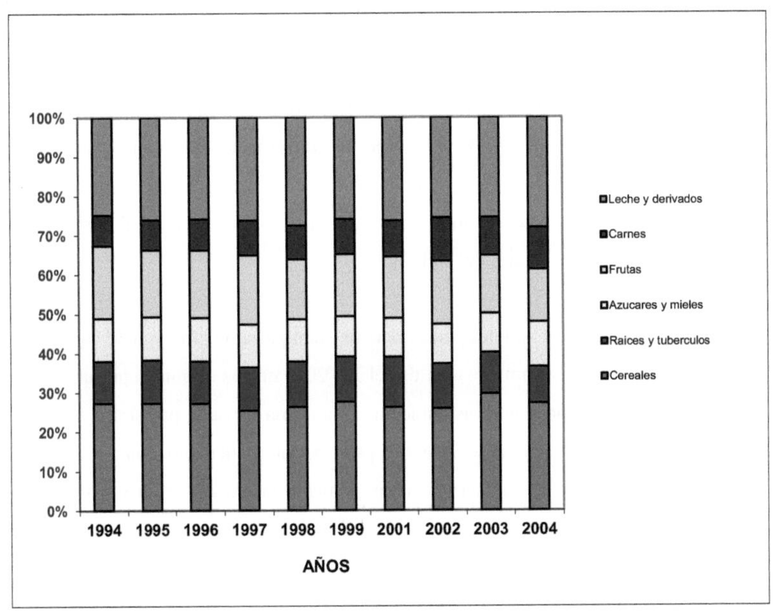

Gráfico 7. **Proporción (%) de disponibilidad alimentaria (g)** *per capita* **de los rubros de mayor importancia para el período 1994-2004.** Fuente: INN, Boletines SISVAN.

alimentarios. Seguidamente se ubican las frutas como parte importante de la dieta; se engloban en este renglón tanto las frutas criollas o cultivadas en el país como aquellas otras exóticas disponibles gracias a las importaciones. Sin embargo, se puede apreciar una tendencia gradual a la disminución en su consumo. Continúa en orden de importancia las raíces y tubérculos, donde destacan principalmente la yuca y la papa sin menoscabo de otras especies. En este caso, su consumo fue bastante uniforme hasta finales de los 90 donde sufrió un incremento repentino que comienza a atenuarse luego de los 2 primeros años del nuevo milenio. En cuanto al consumo de azúcar y mieles, este se disputó con las raíces y tubérculos el quinto lugar de importancia hasta finales del siglo XX.

Los azúcares y mieles muestran un comportamiento estable que tiende a incrementarse abruptamente a partir del año 2003 quizás originado por un aumento en la demanda debido a una disminución de la oferta causada por serios problemas de desabastecimiento como secuela del paro petrolero del año 2002. Por último, se observa el grupo de las carnes como elemento de interés en la dieta que viene, a pesar de todas la problemática general del país, experimentando un aumento progresivo que lo ubica ya para el 2004 como el quinto rubro en importancia con un consumo promedio de 98,5 g diarios *per capita*. En cuanto a la carne, resalta el fenómeno de migración del consumo de carnes rojas hacia el de carnes de aves especialmente pollo.

Para los años 2004-2005, alrededor de la mitad de la población tiene en la arepa (de maíz) y sus diversos acompañantes el plato principal del desayuno y la cena. En el caso de los desayunos, la arepa y sus acompañantes (48%) y las empanadas (16,2%) son las preferencias. En el caso de las cenas, un 47,7% de los venezolanos opta por la arepa. La preferencia por el pan de trigo es predominante en las familias de mayores ingresos, mientras que el gusto por el café, sea negro o con leche, es compartido por todos los estratos socioeconómicos del país (Banco Central de Venezuela -BCV- , 2007).

Es importante resaltar que, a pesar de estas tendencias generales, persisten en la población venezolana ciertos hábitos regionales de consumo. El maíz en Centro Occidente, abundante carne en los sectores urbanos del Zulia, Guayana y Llanos, plátano en las áreas rurales del Zulia y en los Andes, así como un mayor consumo de pescado en la región Nororiental. Sin embargo, en términos generales, está presente una alimentación caracterizada más por su homogeneidad que por sus diferencias regionales (Bourges y otros, 2000).

En cuanto a los hábitos de consumo, puede afirmarse que el hogar es el lugar que los venezolanos prefieren para hacer sus comidas y, una vez más, esto es un rasgo común a todas las clases sociales. Un 60% de la población ocupada almuerza fuera del hogar, 39% lo consume en su vivienda y un 21% lo llevan a sus oficinas. Sin embargo, durante los fines de semana, las familias prefieren comer fuera del hogar, y son los restaurantes la principal selección (30,9%), seguido de vendedores ambulantes (18,3%), otro hogar (15,6%), y establecimientos de comida rápida (5,9%) De las 3 comidas, la cena aparece como la ocasión que más valoran las familias ya institucionalizadas en el país para reunirse y compartir (BCV, 2007).

En el gráfico 8 se presentan los hábitos de consumo del venezolano de comienzos del siglo XXI en lo referente a número de comidas que realiza en el día, alimentos preferidos durante el almuerzo y distribución de gastos según tipos de nutrientes.

El postmodernismo, floreciente movimiento del último cuarto del siglo XX que aprovecha la globalización como vehículo para la difusión y enriquecimiento del conocimiento. Se destaca por su eclecticismo que pretende tomar lo mejor de cada ámbito para generar las novedosas y más perfeccionadas formas. Esta corriente del pensamiento humano se ha hecho presente en el siglo XXI y ha tenido profunda influencia tanto en los hábitos como en la forma de consumo de los alimentos. Independientemente de qué rubros alimenticios sean los más sobresalientes en

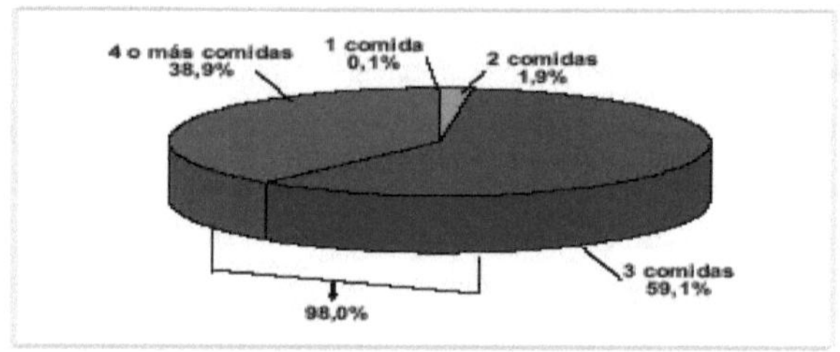

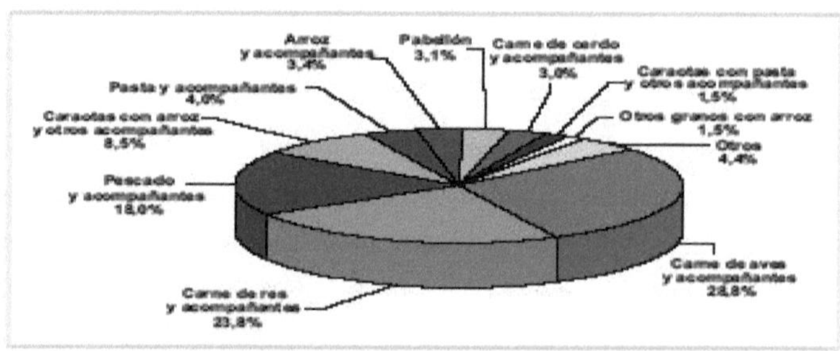

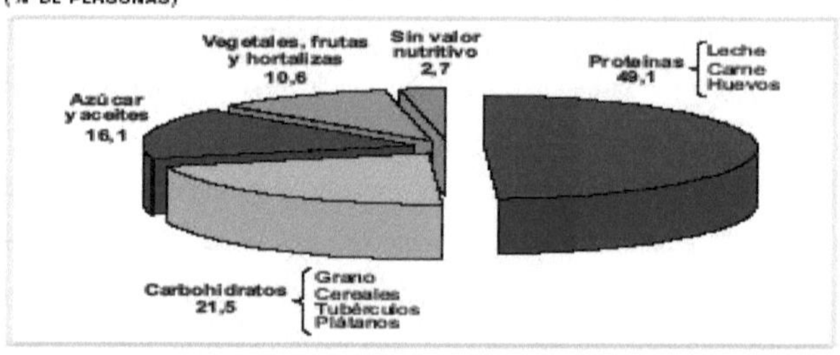

Gráfico 8. **Hábitos Alimenticios del venezolano posmodernista de comienzos del siglo XXI (años 2004 a 2005).** Fuente: *Boletín Económico Informativo*, Banco Central de Venezuela (2007).

99

cuanto a su disponibilidad y consumo, la forma en que son preparados, servidos e ingeridos se encuentra profundamente influenciada tanto por la *Globalización Culinaria* como por el *Mestizaje de la alimentación*.

Los beneficios y condiciones propiciados por la globalización entre los que destacan: la gran cantidad de información acerca de nutrición, la diversidad de tipos de comida ofrecidas por el mercado y los patrones de alimentación del individuo, favorecen en el sector de la población perteneciente a los estratos socioeconómicos medios y altos del medio urbano que el acto de comer sea una decisión cada vez más personal, sin dejar de lado la cultura alimentaria y los hábitos alimentarios. La cultura alimentaria de las sociedades no tiene un comportamiento estático; su dinámica va a depender de factores socioeconómicos, entre ellos, el nivel de ingreso y el poder adquisitivo tanto individual como colectivo, los estilos de vida, la oferta de bienes agroalimentarios y las necesidades del medio rural y urbano, fundamentalmente (Quintero, 2003).

En la actualidad los científicos sociales, se encuentran alarmados por la globalización, que muchos ven como una especie de monstruo devorador que uniforma sus víctimas antes de tragárselas. La gastronomía y culinaria tradicionales han persistido hasta la actualidad, a pesar de que en los últimos decenios de la pasada centuria se vieran seriamente amenazadas, hasta el punto de existir temores de que pudiesen ser barridas y sustituidas por modos foráneos de alimentación. Afortunadamente esos temores han ido desapareciendo a medida que ha ido resurgiendo el gusto por el modo antiguo venezolano de comer (Lovera, 2005).

En cuanto a la globalización alimentaria, Quintero (2003) señala que:

> En el actual proceso de globalización, con la apertura comercial y el incremento de los flujos de comercio en la economía mundial, el consumidor dispone de mayores alternativas de elección según su ingreso, gustos, nivel educativo, ubicación geográfica y variables demográficas. Así

mismo, se trata de un consumidor más informado que puede elegir entre las distintas alternativas posibles, con preferencia en alimentos sanos o que denoten características naturales, privilegiando aquellas opciones que representen menores riesgos para la salud. A medida que se producen cambios significativos en el proceso de urbanización, la creciente incorporación de la mujer en el mercado laboral, la distribución del ingreso, los cambios en los estilos de vida, el menor tiempo disponible para la preparación de los alimentos en el hogar, el incremento de la población soltera de ambos sexos, la dinámica del consumo de alimentos fuera del hogar, entre otros factores, se van generando una serie de transformaciones en la gestión agroindustrial en función de lograr una mayor eficiencia a través de la innovación en el manejo de los productos y la tecnología, lo que se traduce en mayores costos que conducen a la segmentación de los mercados o diferenciación de los productos, resaltando la calidad de los mismos. Sin embargo, los consumidores pertenecientes a los estratos socioeconómicos de bajos ingresos, generalmente quedan excluidos debido a su escaso poder de compra. Paralelamente, se evidencia una creciente intervención de instituciones de control sobre la calidad de alimentos en términos de su inocuidad derivado de una mayor normativa sobre la manipulación y sanidad de los alimentos, lo que ha implicado una evolución del concepto de seguridad alimentaria.

Sin embargo, no hay que olvidar que precisamente en este nuevo siglo y con las ventajas ofrecidas por la globalización, más que nunca, han rebrotado con fuerza las diferencias culturales y que ellas, usando la tecnología cibernética, pueden reafirmar su presencia en el ámbito mundial y desarrollarse con mayor rapidez y fuerza que en tiempos pasados, lo cual contribuiría a reforzar y difundir la cultura alimentaria venezolana, específicamente de su dieta criolla (Lovera, 2005).

Con el mestizaje de la alimentación, se mezclan así los alimentos y usos culinarios indígenas con los traídos por los españoles y otros europeos, y las modas alimentarías del *fast-food*, que representa los avances de la postmodernidad alimentaría en un mundo de aperturas y globalizaciones, que penetra en todos los ámbitos de la vida social, y especialmente en el de la alimentación (Cartay y Dávila, 1997).

En la Venezuela de la V República, la *Soberanía Nutricional Alimentaria* se ha convertido para el Estado en uno de sus principales objetivos. El INN (2006) ha definido este termino como «Derecho de los pueblos a consumir una alimentación que satisfaga sus necesidades nutricionales, desde una perspectiva de desarrollo humano, con el aprovechamiento real de los nutrientes, sustentada en la producción endógena (agrícola sostenible) y en la distribución apropiada, oportuna, balanceada de alimentos y de agua potable, extensiva a toda la población, sin que se encuentre supeditada al ingreso económico».

En este sentido el Estado Venezolano ha adelantado una campaña social a través del INN que pretende rescatar los valores de la culinaria criolla estimulando el consumo de *Alimentos tradicionales*. Se entiende por este término el grupo de alimentos y su forma de preparación que han sido desplazados por la transculturación alimentaria, especialmente aquella proveniente de servicios de comida rápida a través de medios de comunicación de alcance masivo. Este cambio en el régimen alimentario posmoderno del país ha sido el origen de una precaria alimentación que ha contribuido al incremento de enfermedades crónicas no transmisibles como diabetes, hipertensión arterial, sobrepeso y obesidad, etc. que se originan por la ingesta de la bien llamada "comida chatarra". Por otra parte, ha sido esta situación la causante de la relegación de los valores y costumbres autóctonos, siendo pues otra consecuencia del neocolonialismo que dominó el país en el siglo XX.

En cuanto a las razones que fundamentan el retorno a los alimentos venezolanos de tradición, caben destacar las siguientes (INN, 2006):

a) Son más económicos y ajustados al presupuesto familiar.

b) Ofrecen nutrientes en forma equilibrada que el organismo humano requiere.

c) Son más saludables y adecuados a los hábitos y preferencias de la familia venezolana.

d) Son ricos en vitaminas, minerales, fibras y otros nutrientes.

e) Permiten la opción de escoger el método de cocción más acorde con las preferencias y gustos criollos.

f) Favorecen la producción agrícola interna al promover el uso de nuestros suelos.

g) Disminuye la dependencia alimentaria de otros países.

El gráfico 9 ilustra el mapa gastronómico propuesto por el INN (2006) para el país donde diferencia básicamente 6 regiones alimentarias que difieren de aquella división hecha para la Capitanía General de Venezuela (siglo XVIII). En dicho mapa queda tácito el mestizaje alimentario que caracteriza al país del siglo XXI.

Para concluir sobre el régimen alimentario postmoderno, cabe citar a Lovera (1988), quien casi una década atrás afirmó:

La actual generación ha crecido en la práctica de hábitos alimentarios de estilo urbano. Las bebidas gaseosas, la cerveza y el whisky se han vuelto comunes; los perros calientes y las hamburguesas, los helados industriales y las frutas exóticas (uvas, peras, manzanas, melocotones, etc.) se han convertido en alimento universal. Para ellos, esos condumios son tan familiares que le sorprendería una mesa servida con los platos tradicionales".

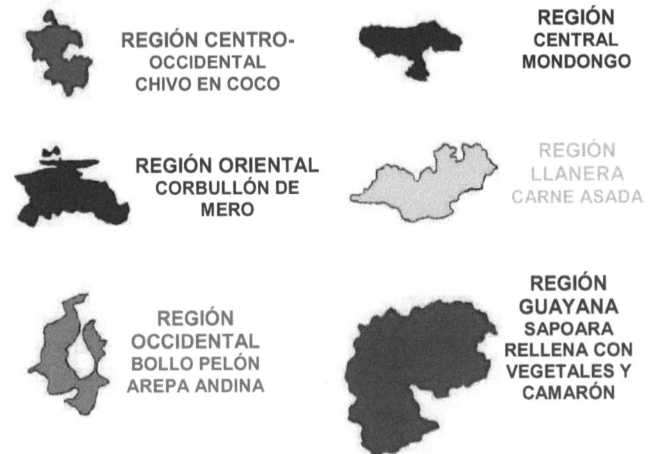

Gráfico 9. **Mapa gastronómico y plato representativo de la República Bolivariana de Venezuela.** Fuente: *Folleto Informativo*, INN (2006).

Influencias Resaltantes en el Régimen Alimentario del Venezolano

Es muy difícil que exista hoy en día, especialmente dentro del marco de la creciente globalización en que se vive, una cocina original o pura, sin influencias externas, porque éstas siempre, afortunadamente, existen para diversificar y enriquecer la dieta alimentaria. Los intercambios son tan frecuentes entre las sociedades humanas que la autarquía prácticamente no existe en el mundo alimentario (Cartay, 2005).

Existen y han existido, a través del tiempo, distintas influencias que contribuyeron en todo momento a la consolidación de los distintos regimenes alimentarios del país. Algunos de ellos han sido tan significativos que vale la pena considerarlos por separado para poder entender su influencia sobre la cultura alimentaria y gastronómica del pueblo venezolano.

Por ejemplo, se pueden citar a las importaciones de alimentos quienes ganaron terreno y comenzaron rápidamente a cambiar los hábitos alimentarios del venezolano; la sustitución de los rubros, tal es el caso del papelón por azúcar refinada, manteca de cochino por aceites vegetales y carnes por embutidos. Así mismo, las frutas criollas tradicionales comienzan a ser desplazadas por uvas, peras y manzanas bien frescas o en jugos enlatados. En las ciudades el pan y las pastas, hasta ahora reservados a pequeños grupos, comienzan a sustituir al maíz y a la arepa de la alimentación de vastos sectores de la población (Lovera, 1988).

En lo sucesivo se describirán aspectos resaltantes como: el mestizaje alimentario, el aporte de los inmigrantes, la transculturización y los avances tecnológicos que influyeron en la conformación de los distintos regimenes alimentarios en el país.

El régimen aborigen se fundaba en el maíz y la yuca, complementados con alguna proteína animal producto de la caza y de la pesca, y con el edulcorante natural de la miel. No incluía grasas en sus preparaciones culinarias y el condimento por excelencia era el ají. Al depender la mayoría de las tribus de la caza, la pesca y la recolección, no existía entre ellas un horario fijo de comidas, ni se hacían preparaciones culinarias sofisticadas. Por el contrario, el patrón de consumo europeo, que era el que caracterizaba a las huestes conquistadoras, tenía como base la carne (vacuna, porcina y ovina), el trigo, el vino y las grasas vegetales (aceite de oliva) o animales (manteca de res o de cerdo) y empleaba el azúcar de caña, la sal y las especias de uso tradicional en el Viejo Continente (FP, 1998).

No obstante, la necesidad, más poderosa que la costumbre, obligó a los europeos a adoptar ciertos alimentos aborígenes para asegurar su supervivencia en tierras que les eran desconocidas. Tal es el caso del consumo de casabe por parte de los conquistadores, quienes a pesar de considerarlo insípido y de difícil ingestión, comparándosele incluso con las virutas, no sólo lo consumieron sino que también aprendieron rápidamente su proceso de preparación. No podía ser de otra manera, dado lo fácil del cultivo de la yuca y lo duradero del casabe, pues éste a diferencia de las galletas de trigo, resistía por mucho más tiempo los efectos de la humedad. En este sentido, puede decirse que el casabe contribuyó notablemente al éxito de la conquista en las tierras calientes (Ob.cit.)

Por otra parte, si bien en un comienzo, los aborígenes rechazaron de plano el consumo de azúcar, carne y el vino, pronto tomaron el gusto de los 2 primeros hasta hacerlos parte de su dieta. El dominio que rápidamente ejercieron los europeos sobre los aborígenes a causa de la superioridad de su armamento y organización, hizo que tal poder se extendiera a sus alimentos, que fueron colocados en una jerarquía superior a la de los comestibles indígenas. Así el alimento por excelencia del conquistador, el trigo, fue considerado superior al maíz y a la yuca, y el pan del europeo fue identificado con el prestigio derivado de la dominación por él ejercida, lo que fue consagrado por el hecho de ser el único que la religión cristiana admitía en la práctica de uno de sus sacramentos. Esta circunstancia hizo que se buscase imitar al europeo, creyéndose que mediante tal actitud podía participarse de sus cualidades, consideradas superiores (Lovera, 1988; FP, 1998).

Los aborígenes sometidos al proceso de "evangelización" que no era más que el "europeizamiento" de la población autóctona en su modo de vida y alimentación. Una vez convertidos al cristianismo no solo renegaban de su propia religión sino además de su propia étnia y cultura (Pereira, 2004).

Las tropas conquistadoras que desembarcaron en el continente (Tierra Firme) habían vivido su adaptación americana en las Antillas o en Mesoamérica, de allí que ya estuviesen familiarizadas con los alimentos básicos del régimen aborigen, constituyéndose así en portadores de ciertos hábitos alimentarios que no existían en el territorio de lo que hoy es Venezuela. Ejemplo de ello fue la costumbre de beber chocolate. Si bien se sostiene que el cacao crecía silvestre en algunas regiones del país, no se conoce testimonio alguno que atribuya a los aborígenes de esta zona el consumo de la bebida preparada con dicha almendra, cuyo foco de difusión fue la región mesoamericana y cuyos difusores culturales fueron los españoles quienes de inmediato se aficionaron grandemente a ella, llevándola no sólo a las Antillas y a Sur América sino también a Europa. Origen parecido debe atribuirse al uso del tamal, una de cuyas variedades constituye típica "hallaca". Sin duda alguna el español trajo consigo sus tradiciones culinarias que sirvieron de base, junto con la cocina indígena, para la formación de los modos de consumo criollo, de tal manera puede afirmarse que el período de formación del régimen alimentario típico de la sociedad venezolana revela, por una parte, la presencia de elementos básicos de la dieta aborigen, como el maíz y la yuca, en forma de arepa y casabe respectivamente, y por otra, la introducción de elementos europeos y americanos, realizada la mayoría de las veces a partir de las regiones antillana y mesoamericana (FP, 1998).

Las dificultades de aclimatación de ciertas especies europeas (trigo) o el éxito del transplante de otras (ganado, aves, y hortalizas), unidos al rico intercambio intercolonial, llevaron a la formación del patrón alimentario típico de la sociedad tradicional del país. Algunos de los elementos básicos del régimen europeo entraron de lleno en el patrón criollo; tal es el caso de la carne, el azúcar y la grasa, esta última sólo en su forma animal, pues el vegetal europeo oleaginoso por excelencia, el olivo, no prosperó en tierras venezolanas. Otros sufrieron una gran disminución en su uso, como el trigo, que fue sustituido casi totalmente por el maíz. En cambio, los elementos básicos aborígenes entraron a formar parte del patrón criollo casi sin alteraciones, tal es el caso la arepa y el casabe (Ob.cit.).

Cabe destacar que elementos autotócnos del nuevo continente también se incorporaron rápidamente a las dietas de Europa para mejorar en gran medida su situación alimentaria. Por ejemplo, la papa (*Solanum tuberosum*) y el maíz (*Zea maíz*), alimentos de origen americano, fueron introducidos en la gastronomía europea desde el siglo XVII, salvando a numerosos pueblos de la hambruna tradicional que generaba la onerosa tarea de cultivar suficiente trigo para alimentar a rebaños y personas (Sanoja y Vargas, 2002).

La culinaria y la gastronomía aborígenes fueron adoptadas por los conquistadores y colonos castellanos después del siglo XVI, hecho que les permitió mantenerse con vida, ya que de no ser así no tenían ningún otro recurso de supervivencia. Es interesante resaltar que los hábitos culinarios y gastronómicos de los castellanos de origen campesino que vinieron a "hacer a América", eran muy pobres y sencillos: castañas, col, habas, papillas de cereal, poca carne de vacuno, quesos, huevos, aceite y vino. El mestizaje étnico no sólo se realizó a nivel biológico, sino también cultural. Los elementos de la culinaria y la gastronomía aborigen fueron complementados con el trigo y la avena, cultivos traídos de Europa, conjuntamente con el aceite de oliva, el vino y los aguardientes, así como el queso y la mantequilla fabricados con técnicas también introducidas desde Europa. Estos últimos alimentos parecen haber hecho, desde entonces, una excelente combinación visual, gustativa y olfativa con las arepas y las cachapas de tradición indígena (Ob.cit.).

De esta fusión de culturas alimentarías se originó en el viejo continente la conocida "Dieta Mediterránea" compuesta de: trigo, cebada, centeno, café, olivos, ovejas, vacas, cerdo, gallinas y caballos, además claro está, de las técnicas como la fermentación y destilación de alcoholes, pan, etc. De acuerdo con esto, se cita una reflexión que establece «Si la actual cocina española es impensable sin tomates, pimientos, alubias y patatas ¿cómo sobrevivirían hoy los pueblos americanos sin cerdo, pollo, arroz, café con azúcar y ron? que son la base de su mesa y hasta de su vida» (Taninos, 2007).

Aporte de las Inmigraciones a través del Tiempo

Otro elemento importante en la consolidación de los regimenes alimentarios en el país ha sido el gran número de inmigraciones que éste ha sufrido, a lo largo de toda su historia, desde los más diversos confines del mundo. Las inmigraciones aportaron aspectos particulares que han contribuido al incremento de la variedad gastronómica así como de la diversidad en los hábitos de consumo.

La mayoría de los cambios en el régimen alimentario, fueron beneficiosos para la nutrición y seguridad alimentaria. Sin embargo, algunas modas o tendencias venidas con grupos específicos de inmigrantes, eventualmente fueron en menoscabo de la salud de aquellos venezolanos que la asumían como propias. Esta situación se ha venido presentando desde el período Indohispánico hasta tiempos recientes y en algún momento de la historia amenazó con erradicar el típico patrón de consumo criollo.

Los 2 grupos inmigratorios más importantes en la conformación de la población venezolana después de la época del descubrimiento, conquista y colonización, cumplida entre los siglos XV y XVIII, fueron los españoles y los negros africanos, intensificándose la presencia de estos últimos con el desarrollo creciente de las plantaciones de cacao en el siglo XVIII. Ellos, junto con los indígenas, poblaron el territorio nacional e influyeron decisivamente en la gastronomía regional y nacional; luego durante el siglo XIX, se registraron otras inmigraciones de distintas procedencias (Cartay, 2005).

En el transcurso de las 2 primeras décadas del siglo XIX, se produjeron inmigraciones desde orígenes diversos. Comienzan a establecerse en el país algunas casas comerciales extranjeras, mayormente alemanas, inglesas, francesas e italianas. Además, tras la independencia (entre 1830 y 1841), llegaron al país unos 3000 inmigrantes, en su mayoría canarios. Es posible estimar que entre 1832 y 1900 ingresaron al país unos 67.000 extranjeros, principalmente de las Islas Canarias y la España peninsular, seguidos, muy de lejos, por italianos, alemanes y franceses corsos. Para ese momento, ocurría un intercambio comercial de la isla danesa y caribeña, de Saint Thomas con el norte de Venezuela y Europa introduciéndose un importante saber culinario, gracias a la inmigración de mujeres de las islas antillanas que se desempeñaron en el país como cocineras de la aristocracia extranjera y criolla caraqueña. Durante la segunda mitad del siglo XIX y especialmente a partir de 1870, cuando se intensificó la explotación aurífera en las minas de Caratal y de El Callao, en el estado Bolívar, y atraídos por la riqueza petrolera recién descubierta desde 1914, vinieron a los estados Zulia y Falcón muchos extranjeros, mayormente caribeños, que también dejaron su huella en las gastronomías zuliana y falconiana (Ob.cit.).

En las postrimerías del siglo XIX con el triunfo de Guzmán Blanco comienza en el país una época de fuerte influencia europea, específicamente francesa. Esta tendencia de la élite urbana, cautivada por los patrones de consumo europeo daba la espalda a la realidad agraria del país de aquel entonces y estaba seducida por el comercio de importación que además de introducir nuevas formas y tipos de alimento, trajo consigo la llegada a territorio nacional de "Chefs" franceses que transmitieron parte de sus enseñanzas a las cocineras criollas e introdujeron los primeros recetarios para el uso de las damas de la oligarquía criolla (Lovera, 1988).

En el siglo XX la situación en relación con la inmigración cambia de manera notable. Debido a los problemas vividos por la economía europea, arruinada durante el período de la postguerra y luego por los estragos causados por la Guerra Civil Española (1936-1939) y la II Guerra Mundial (1939-1945), la corriente inmigratoria europea volvió a aumentar, especialmente a partir de la década de 1940. Durante ese período el país se benefició de manera notoria de estos movimientos inmigratorios. Hasta 1941 el grupo más representativo de extranjeros en Venezuela era el colombiano. Una segunda oleada inmigratoria de importancia durante el siglo XX fue la inmigración procedente de los países sudamericanos que superó en número a la europea además de haber ingresado de manera ilegal. A ella se agregaron, primero, los argentinos, chilenos y uruguayos, expulsados por las dictaduras militares que gobernaron de manera cruel esos países y, luego, los inmigrantes peruanos, ecuatorianos y dominicanos, en procura de empleo y mejores condiciones de vida (Cartay, 2005).

Ambas corrientes, la europea y la suramericana, están vinculadas muy estrechamente con la urbanización y la modernización del país y su contribución al desarrollo de tales procesos ha sido invalorable. La primera dejo huella en los aspectos urbanísticos, en los comportamientos demográficos, en la producción de bienes industriales, en la construcción, en el desarrollo de la agricultura empresarial, en la agroindustria y en la modernización de los servicios públicos y privados, en la difusión de corrientes artísticas, especialmente en el campo de la literatura y de la música, y en el desarrollo y enriquecimiento de la gastronomía venezolana. La segunda ofreció al país una mano de obra de enorme valor en la prestación de los servicios públicos urbanos y en la producción y comercialización de bienes agrícolas, en la artesanía, en el desarrollo de una economía informal que no ha podido ser integrada productivamente a la economía nacional y en el desarrollo y enriquecimiento de la cultura popular (Ob.cit.).

El período comprendido entre 1940 y 1950, específicamente durante el período del gobierno militar de 1948 a 1958, llegó al país un importante contingente de inmigrantes europeos, en su mayoría españoles, italianos y portugueses. que hicieron una gran contribución a la alimentación del pueblo venezolano, ampliándola, diversificándola y enriqueciéndola. Los españoles enseñaron, por ejemplo, a preparar y amar la paella o a apreciar la tortilla de papa y los "pasapalos", que es la manera venezolana de llamar a las famosas tapas españolas. Los italianos, por su parte, enseñaron el consumo de los «espaguetis» con sus distintas salsas, la polenta o el bistec a la milanesa. Por último, los portugueses en sus panaderías, hicieron que se apreciara aún más las distintas posibilidades de preparar y presentar el pan salado de trigo, que fue y aún sigue siendo durante mucho tiempo, uno de los alimentos urbanos por excelencia (Ob.cit.).

La gastronomía venezolana se origina de la mezcla, de la hibridez que aportaron españoles, portugueses, italianos, y ahora acentuada por el gusto de la cocina china y japonesa. Los condimentos y especias de la gastronomía africana; los guisados y bacalaos de la portuguesa, y las preparaciones a base de río y mar de la indígena, se combinan para formar platos representativos (Hernández.-D´Jesus, 2001).

Como es lógico pensar, las modificaciones en los aspectos culinarios de la población afecta su régimen alimentario, en términos de producción y consumo. Las influencias particulares por región o por grupo de consumidores, marcan diferencias notables que le atribuyen identidades propias; a pesar de que en la mayoría de los casos los componentes básicos de sus respectivas dietas sean siempre los mismos.

Al respecto Cartay (2005) señala ciertas influencias notorias para algunas regiones:

En el caso particular de la subregión del Zulia, se puede comprobar que la cocina zuliana se presenta como la síntesis de un largo, rico y complejo proceso de influencias culturales. El empleo frecuente y variado de los subproductos del coco, tales como el agua, la pulpa y la leche, en la confección de muchas recetas (mojito en coco, conejo en coco, majarete o manjarete, tequiche, conserva, arroz con coco, etc.) testimonia la influencia de la tradición alimentaria del Caribe y por esta vía, de la cocina de varios países africanos y asiáticos. Lo mismo sucede con otra cocina de la región de la costa, como es el caso de la sucrense, cuyo sincretismo alimentario es más complejo, diverso y armonioso que el de las otras regiones costaneras del país. La llegada de negros africanos esclavizados a la zona estimuló la incorporación de algunas técnicas culinarias y la afición por algunos rubros farináceos como el ocumo, el ñame y el quimbombó. El posterior arribo de los catalanes de la Real Compañía de Comercio de Barcelona, en el siglo XVIII, y de los inmigrantes corsos, a partir de la tercera década del siglo XIX, dejó huellas en la cocina carupanera en platos como el corbullón de mero, los mejillones a la bordelesa o en una bebida como la horchata, que los nativos adaptaron a su manera, incorporándole la leche de coco. La influencia de los intercambios frecuentes con los habitantes de la isla de Trinidad, con mayoría de ascendencia hindú e indonesia, está presente en platos como el calalú de Paria, elaborado principalmente con carne de chivo o de gallina, diversas verduras -en especial quimbombó- y leche de coco (encontramos variaciones de ese plato en todo el Caribe y en Brasil, ligadas a comidas rituales inscritas en las creencias religiosas afroamericanas), o el talkarí de chivo, hecho con carne de chivo, especias, vinagre, leche de coco, berenjena, vino dulce y sazonado con masalá (recordemos que la palabra «talkarí» procede de «kary», curry, y de «khura», voz hindú que significa comestible). El empleo frecuente en esa cocina de dos elementos tan característicos como el masala o masalá, que es un condimento en polvo parecido al curry elaborado a partir de una mezcla de hierbas y especias aromáticas y picantes, entre las que sobresale el jengibre, o del quimbombó (Hibiscus esculentus), también conocido como ocra, gumbo o gambo, nos recuerdan, respectivamente, las influencias trinitaria y afrocaribeña. Los nombres de los dulces populares en Güiria y en otras partes del estado Sucre, denotan claramente los aires de la India. Entre los «patés», recordamos el paté-banán (empanada de harina de trigo rellena con jalea de plátano maduro) o el paté-cocó (empanada rellena con coco), y entre los «gatós», al gatomí (con harina de maíz), al gatotán (con harina de trigo) o al gatochac (con harina de batata o chaco).

La cultura alimentaria puede entenderse como el resultado del comportamiento de los grupos sociales vinculado principalmente a factores económicos, sociales, históricos y culturales. De modo que el acto de comer se lleva a cabo para satisfacer una necesidad biológica tomando en cuenta formas y códigos cambiantes, las costumbres, las innovaciones en la transformación de alimentos y el poder de compra alimentario (Quintero, 2003). En este sentido, las inmigraciones juegan un papel sumamente importante al transformarse en vasos comunicantes intersociales que fomentan cambios y adopciones.

Transculturación en la Dieta del Venezolano

La transculturación alimentaria puede definirse como la adopción por parte de un pueblo o grupo social de los rasgos alimentarios y culinarios propios de otro grupo social. Lógicamente tales adopciones, implican un cambio tanto en los hábitos y forma de consumo de los alimentos así como en la manera en que estos sean obtenidos.

Es posible que una transculturación alimentaria origine la migración de un tipo de dieta específica a otra completamente distinta o con muy pocos elementos en común. Este fenómeno no se presenta de forma aislada y por lo general se asocia a procesos culturales, económicos y sociales. Por ejemplo, un grupo de presión social puede ocasionar una sustitución en el consumo específico de algún tipo de rubro e incluso su erradicación total.

La alimentación entendida de 2 maneras, la primera como el conjunto de alimentos con que se nutre el hombre y la segunda como el comercio e industria de los productos alimenticios. Es una de las actividades humanas más vulnerables a la transculturación. Este hecho ha permitido que a través de toda la existencia del hombre sobre la tierra, éste haya ido adaptándose a los cambios que se la han presentando constantemente, garantizando así la subsistencia de la raza humana. Como ejemplo de lo anterior, se puede hacer referencia a la adopción del maíz (de origen americano) por parte de los europeos; hecho que le permitió superar sus típicas hambrunas. Otra situación que ilustra esto, fue la incorporación en la dieta de los aborígenes africanos de la yuca, que rápidamente se difundió por todo ese continente, como consecuencia de su introducción por parte de los mercaderes de esclavos.

La historia alimentaria de la República Bolivariana de Venezuela se ha caracterizado por la presencia constante de transculturaciones que van desde sus orígenes hasta los tiempos actuales. Muchos de los cambios introducidos por el fenómeno transculturizador tuvieron vigencia durante determinadas épocas históricas tal y como se ha expuesto con anterioridad. En otros casos las adopciones fueron tan profundas que se fusionaron con las propias para generar nuevos modelos y culturas, tal y como quedó demostrado con el estudio de los diversos regimenes alimentarios por lo que ha atravesado el país.

La transculturación alimentaria en el país, ha adquirido en tiempos relativamente recientes un gran auge debido al creciente fenómeno de la globalización y todo lo que ella representa. El proceso de globalización tiene un carácter multidimensional, esto es, que involucra aspectos económicos, sociales, políticos, financieros, ambientales y culturales; donde los hechos locales y regionales se ven influenciados cada vez más por acontecimientos o eventos que ocurren en otros lugares del mundo y, viceversa. Se trata entonces de un"sistema pluricéntrico" conformado por los Estado-nación, actores subnacionales y supranacionales, destacando el protagonismo de las empresas transnacionales. Los cambios que se producen como resultado de la globalización tienen incidencia en los sistemas de producción, en la organización empresarial y las decisiones de productores agrícolas, agroindustriales, comercializadores y consumidores; en otras palabras, en los agentes o actores de los distintos componentes que conforman un sistema alimentario determinado (Quintero, 2003).

La comida ha sido incorporada a los modos de producción industrial y su consumo ha sido potencializado por el uso de maquinarias y procesos propios de la industria. La preparación de algunas comidas tradicionales que anteriormente se realizaba artesanalmente y con herramientas rústicas pasó a ser elaborada con utilización de máquinas y aplicando estrategias que aumentaron la capacidad productiva individual de cada trabajador sin discriminación del tamaño de la empresa. En este sentido, la tecnología ha impactado considerablemente en la producción de comida y ha propiciado que platos tradicionales, muchos de ellos aún producidos en un sistema familiar, pudieran ser consumidos en gran escala. La propia presentación comercial de algunos de los productos alimenticios guarda esta ambigüedad: son hechos con nuevas tecnologías pero son asociados al cuidado de las cosas hechas a mano, o sea una por una (Ferreira, 2004).

A partir de los años 80 la introducción en el país de cadenas de comida rápida, mejor conocidas como *"fast-food"* provenientes de países industrializados, especialmente de los Estados Unidos de América, potenció el concepto y difusión del término "alimento limpio" pero no necesariamente saludable. El *"fast-food"* o comida rápida, es un sistema de alimentación que explicita los cambios del concepto de alimentación tradicional para una fase industrial de la comida, en la cual su procesamiento es hecho propiamente en los moldes tecnológicos que imprimen esa característica. Un caso típico de la influencia de esta tendencia, por ejemplo, estaría representado por las areperas que se presentaban como negocios de "comida tradicional" que han redireccionado su misión además de invertir capital para convertirse en cadenas de comida rápida con lo cual han agregado tecnología a su producción y en la presentación visual de sus tiendas, imprimiendo en ellas ese doble carácter de modernidad (Ob.cit.)

En este sentido puede afirmarse que el pan típico del venezolano, la arepa representación fiel de la tradición que prevalece. Representa un único y peculiar caso para Venezuela de los esfuerzos tecnológicos contemporáneos destinados a salvar el patrimonio alimentario en un mundo de notable aceleramiento de la vida cotidiana (Lovera, 2005).

Al respecto, cabe citar a Ferreira (2004), quien sostiene que:

> La arepa es la comida "tradicional" y al mismo tiempo la inserción en el futuro y en la economía de tiempos globalizados, la expresión venezolana presentada con aspecto global, conciliando este "entre-lugar" franqueado a las culturas nacionales en un mundo más mediático. La arepa cumple un doble movimiento, pues es la filiación a una tierra de cultura precolombina; de música y gastronomía particulares y es un paso al proyecto de modernidad de tiempos de globalización. Este lugar en la alimentación cotidiana aparece en una propaganda de una marca de whisky que retracta una rubia en trajes de noche, en un ambiente que parece ser una arepera tradicional con los diceres: "10:00 p.m. caviar ruso / 5:00 a.m. reina pepeada".

Esta transculturación alimentaria del "*fast-food*" ha generado un nuevo paradigma conocido como el modelo "McDonald´s". La política de la corporación que dirige esta cadena es que sus tiendas sean iguales y ofrezcan los mismos productos en un vecindario rico o pobre. Además, en sus espacios internos los consumidores se mezclan y son atendidos de la misma forma. Lejos de ser esta la realización de la utopía socialista, la cadena ejecuta la utopía capitalista en que la sociedad industrializada podrá impartir sus productos a todos y todos podrán pagar por ellos (Ob.cit.)

La masificación y difusión de la información acaecida con el vertiginoso desarrollo que tuvieron los medios de comunicación, especialmente audiovisuales e impresos, en el pasado siglo, caso de la televisión, el periódico y otros. Han contribuido a la transculturación en todos los sentidos incluyendo lo alimentario.

Chastre (2005) afirma que, «así como sin anunciantes no hay publicidad, sin los medios de comunicación social tampoco se logra la promoción publicitaria de cobertura masiva como se conoce en la actualidad. Sin satélites, cine, televisión, radio, diarios y revistas de grandes tirajes, no se estaría presenciando la magnitud e importancia alcanzada por la industria publicitaria mundial. Ni tampoco el auge mundial que tiene hoy en día el sector gastronómico».

Es usual para este siglo XXI observar la presentación de programas dedicados exclusivamente a gastronomía, culinaria y alimentación. Donde se enseñan no solo las diferentes culturas culinarias del globo terráqueo si no que también hay variedad en cuanto a la programación dedicada a rescatar las diferentes tradiciones y culturas culinarias de cada país. La gastronomía y la culinaria gracias a los diferentes medios ha traspasado las fronteras de cada país dando a conocer sus secretos. Como expresión de libertad del hombre contemporáneo surge la necesidad de respetar los gustos, sabores y preferencias en un mundo que, diverso y multicultural por naturaleza, resiste y rechaza la homogeneidad y la globalización a la hora que, para alimentarse y disfrutar, se sienta a la mesa.

En este sentido la transculturación alimentaria entendida como un proceso inevitable del mundo multipolar, representa ahora una fuente de inspiración para expandir los limites del régimen alimentario de cualquier habitante del planeta que disponga de acceso a la información y poder de adquisición de los insumos requeridos. La República Bolivariana de Venezuela., no escapa a esta realidad y tanto su población urbana como rural ha sido tocada por este avasallador fenómeno. Al respecto la Fundación Polar (1998) afirma que la transformación alimentaria del venezolano de la época actual, finales de los años 90, ha sido reforzada por los mensajes publicitarios de los diferentes medios de comunicación, que cobran cada vez más importancia.

Con base en lo anterior también se ha desarrollado en ciertos sectores del país el modismo de apreciar lo exótico lo cual aparece manifiesto en artículos de periódicos que divulgan las "exquisiteces" de las culturas lejanas (Ferreira, 2004).

Dentro de este proceso de transculturación, se hace necesario el rescate de los valores propios del país; sus ingredientes autóctonos, sus sazones, sus aromas y por supuesto sus sabores. Dicha causa inicia con la positiva apreciación pública de la comida criolla respaldada por un nacionalista discurso acerca de las bondades y tradiciones de la culinaria venezolana, en general; que además sea difundido y reforzado tanto por los medios de comunicación como por restaurantes, para erradicar la antigua tendencia republicana de considerar la comida del régimen criollo como cosa ordinaria, maltratada o grosera. Las primeras iniciativas formales para reivindicar la trascendencia del acervo alimentario venezolano comenzaron durante los años 80, donde surgió en el país el movimiento de valorización gastronómica, liderizado por el profesor José Rafael Lovera, máximo exponente de este fenómeno en Venezuela que se caracterizó como un "gran boom" socio-cultural.

A pesar de lo anterior tal y como afirma Balza (2000) «Quizás no existan recetas "venezolanamente puras". La inventiva en este país tiene el gusto del mestizaje de sabores y la sabiduría necesaria para reinterpretar recetas o ingeniar platos con ingredientes de las fronteras más diversas».

Al respecto, a continuación se expone un fragmento de Ferreira (2004) que demuestra la posición de algunas personalidades de la actualidad con propiedad en la materia:

> Profundizando la explicación, Helena Ibarra afirmó: "Yo reto a cualquiera a que me diga cuáles son los ingredientes venezolanos y cuáles los extranjeros en nuestra sempiterna hallaca. ¿De dónde salen las aceitunas y las pasitas? Para mí, lo que es venezolano es lo que crece en estas tierras, de *calida*d." Continuando, Sumito Estévez afirma: "Yo soy venezolano, me crié y me formé aquí, trabajo con productos venezolanos y si me da la gana de hacer un

plato con curry y jengibre, el plato es venezolano. El problema con la cocina es que la gente le cuesta separar la parte étnica, la tradicional y la popular". (El Nacional, 28/10/2001). Las respuestas de los cocineros apunta para la dificultad de elección de lo que compone "los productos culinarios nacionales" tal como es difícil decir lo que es nacional o no. Ibarra opta por elegir como criterio "calidad", un valor construido como otro cualquiera.

Los platos típicos venezolanos más afamados, son fieles representantes del fenómeno transculturizador. La hallaca, por ejemplo, icono de la navidad es la más perfecta expresión del barroquismo culinario de la Colonia. Es la conjunción sibarítica del maíz de América con las finas carnes y los saporíficos aliños venidos de Europa: pasas, alcaparras, aceitunas, almendras, aceite, carne de vaca, carne de puerco, etc. Por su parte, el plato nacional, el aclamado pabellón criollo, da una visión mucho más completa del mestizaje gastronómico. De sus 4 ingredientes principales, 3 (arroz, carne y plátano maduro) son de origen asiático y sólo uno (las caraotas negras) es americano. De los 13 ingredientes accesorios, 2 (agua y sal) son universales, 6 provienen del Asia (cebolla, ajo, pimienta, comino, orégano y papelón de caña de azúcar), 3 de América (ají dulce, pimentón y tomate) y 2 de Europa (aceite vegetal y salsa inglesa), que se adscriben aquí debido al procedimiento empleado en su elaboración (Cartay, 2005).

Así mismo la modernidad en el país dio paso, como se estudio con anterioridad, a la entrada de alimentos procesados a la dieta del venezolano como parte de su régimen normal. Como ejemplo de esto se puede citar el particular caso de la ciudad de Maracaibo, cuyo repentino auge petrolero cambió radicalmente su aspecto pareciendo estar sumergida en un torbellino de "actividad anglosajona"que logró ampliar el mercado para toda clase de productos de fabricación norteamericana. Paralelamente surgieron entonces, periódicos en inglés, salones de belleza, salones de lectura, clubes sociales, espacios deportivos y otros lugares de esparcimiento y también comisariatos (The commisary) que eran una especie de gran almacén provisto de víveres nacionales e importados por las compañías petroleras para vender a bajos precios a sus trabajadores en los campamentos petroleros. De esta forma, se constituyeron en la principal vía de introducción de muchos productos, antes desconocidos o poco conocidos, como los cereales para el desayuno (Corn Flakes), el Toddy, la Ovomaltina, los jugos de frutas a partir de concentrados de pulpa, la Avena "Quaker" en hojuelas, distintos tipos de te, algunas clases de mermeladas, algunas bebidas alcohólicas como el whisky, etc. Lo que antes se traía para un selecto grupo, ahora se ofrecía en mayores cantidades y a menores precios para una considerable cantidad de gente (Ob.cit.)

La aceptación del concepto de diversidad cultural, aplicable al ámbito alimentario, es hoy en día algo imposible de desconocer dentro del criterio de identidad nacional. La opinión pública en general y, muy particularmente, el sector oficial deben manejar muy bien esta situación para no profundizar las diferencias, sino más bien crear una identidad nutrida y nacionalista caracterizada por los valores éticos, el respeto hacia los demás seres humanos y hacia el medio ambiente.

Lovera (2005) manifiesta que:

> Los afanes conservacionistas en el ámbito de la cultura pueden conducir a que se obtenga un considerable banco de datos sobre preparaciones vigentes, pero es vano pensar que se pueda atrapar la cultura, como se hace con una presa de cacería. La cultura es más ágil que un venado o una lapa, pues por esencia es dinámica, cambiante y esta última nota debe llevarnos a la convicción de que el registro del desarrollo culinario no puede suspenderse más sino que es necesario continuarlo indefinidamente. Puede eso sí servirnos de orientación el conocer a fondo la tradición, el haber definido para un momento dado un aspecto de nuestra cultura, y creo que esa especie de función de guía que presenta la tradición en la modernidad es labor impostergable pues sin ella perderíamos el rumbo, seríamos fácil presa de culturas foráneas y quedaríamos en una especie de situación de incapacidad para desarrollar lo nuestro desde adentro, con nuestros propios recursos.

Como lo señala Silva (2000): «Si asumimos lo que somos ahora y reconocemos el desarraigo como forma de vida, tendremos una ventaja comparativa para acoplarnos al nuevo orden mundial impuesto, como es la globalización, permitiéndonos transformar los anti-valores de las conductas cotidianas en valores éticos de convivencia y la incertidumbre en la ilusión de una nueva promesa».

Avances Tecnológicos en la Preparación y Conservación de Alimentos

Un aspecto importante asociado al consumo de los alimentos, es la manera en que estos pueden ser preparados y almacenados. Lo anterior va a depender del nivel de desarrollo tecnológico, en cuanto a herramientas y maquinarias, que posea esa sociedad en particular. En los párrafos siguientes se realizará una breve cronología de la evolución de 2 aparatos que transformaron la economía alimentaria y los hábitos de consumo del venezolano a través de sus respectivas evoluciones en el tiempo.

Las Cocinas y Estufas

La forma de preparar el alimento previo a su consumo y la manera de celebrar el acto de comer han variado con el tiempo. Los rasgos distintivos en cuanto a preparación e ingesta de las comidas, han sido incorporados a los regímenes alimentarios de las distintas épocas que componen la evolución alimentaria del venezolano.

Los indígenas preparaban sus comidas en fogones de leña y consumían los alimentos tendidos desde su chinchorro. En la Venezuela de los siglos XVIII y XIX la sala destinada a la preparación de alimentos o sea la cocina era un lugar semiabierto apartado del resto de la vivienda que disponía de fogones y hornos, construidos en barro (bahareque), ladrillos o mampostería, adosados a las paredes. Solo tenían acceso a ella, los practicantes propios del oficio cuyo trabajo era considerado inferior. Durante mucho tiempo, por lo menos hasta las primeras décadas del siglo XIX, el acto de comer no tuvo asiento fijo ni mobiliario propio en el ámbito doméstico. Esta situación permaneció inalterable hasta 1950 cuando se comienzan a construir en la ciudad de Caracas, edificios de apartamentos que modificaron la arquitectura usual ubicando a la cocina en un lugar entre los dormitorios y las sala-comedor. El comedor en ambos sentidos, sala y mobiliario, fue otro de los rasgos distintivos del modo de comer urbano (Lovera, 1988).

En los recintos de ciudades se usaba generalmente el utillaje de cocina elemental que correspondían al régimen criollo rural o tradicional. En el campo, las herramientas para preparar alimentos eran básicas y rudimentarias confeccionadas en barro o metal moldeado como hierro y hoja de lata (Lovera, 1988; Sanoja y Vargas, 2002).

La presencia de aparatos para la actividad culinaria es una de las características que diferencia el régimen alimentario citadino del rural. Estos toman importancia vital y significativa a partir de 1930 y generalmente eran importados y bastante costosos (Lovera, 1988).

Las primeras máquinas económicas para cocinar (estufas) estaban confeccionadas en hierro, por esa razón se conocían como "económicas de hierro" y llegaron a Caracas en 1840; se alimentaban con carbón vegetal o leña. No fue sino hasta 1917 que se introdujeron cocinas que funcionaban con kerosén. Tal es el caso de las cocinas marca *Dixie*, que llegaron a Caracas y a Maracaibo ese año, siendo anunciadas en el diario *Panorama* importante y difundido periódico de esta última ciudad. Los argumentos publicitarios que promovían su uso obedecían a razones de economía y limpieza (Abreu y otros, 2001; Cartay, 2005).

La introducción de cocinas que funcionaran con combustible, en este caso kerosén, recibió el apoyo del gobierno nacional del Gral. J. V. Gómez quien a través de un decreto había prohibido la explotación de los bosques para obtener leña como una medida de protección forestal y una disimulada estrategia por incentivar el uso de combustibles fósiles, fabricados por la pujante empresa petrolera (en manos extranjeras) que mostraba un franco crecimiento para ese momento (Lovera, 1988; Cartay, 2005).

En abril de 1926 se conseguían en el comercio caraqueño las cocinas *Quick Meal* (Diario El Universal, 1926) y en julio de 1929 las cocinas *Kerogas* (Diario El Universal, 1929), ambas funcionaban con gasolina. Las primeras cocinas eléctricas fueron introducidas al país en el mes de septiembre de 1930. Se trataba de las cocinas eléctricas marca *Hotpoint* de la casa *General Electric* y un año más tarde, en marzo de 1931, arribaron a la capital del país las primeras cocinas a gas, marca *Clark Jewel,* que funcionaban con gas "*Shellane*" suministrado por Shell Co. (Diario El Universal, 1931). Sin embargo, las cocinas de leña, de kerosén, gasoil y gasolina seguían siendo utilizadas por los hogares rurales y los urbanos de menores recursos. Años más tarde, se estaba imponiendo una nueva realidad: el inicio de una fuerte competencia entre las cocinas eléctricas y las de gas por el control del mercado de las cocinas en la Venezuela urbana (Cartay, 2005).

El cuadro 13 muestra la evolución histórica de las cocinas como instrumentos que cambiaron la forma de preparar los alimentos y la repercusión que tuvieron en cuanto a su disposición dentro del hogar como una pieza más de la vivienda urbana con el consecuente establecimiento del área de comedor como parte de los hábitos domésticos que marcan el inicio de la urbanidad en lo referente a la alimentación.

Cuadro 13

Evolución de las cocinas y algunas de sus características en la República Bolivariana de Venezuela

ARTEFACTO	FUENTE DE ENERGÍA	AÑO	UBICACIÓN EN LA VIVIENDA	MARCAS DESTACADAS
Fogón y Asador	Leña o madera	Antes de 1840	Al aire libre fuera del hogar	No específica
Plancha y Asador	Carbón	1840	Espacio semiabierto aledaña al hogar	*Remington*
Cocina*	Kerosén	1917	Fuera o dentro del hogar	*Dixie* *Red Star*
Cocina	Gasolina	1926	Fuera o dentro del hogar	*Quick Meal*
Cocina	Gasolina	1929	Fuera o dentro del hogar	*Kerogas*
Cocina	Eléctrica	1930	Dentro del hogar	*HotPoint (General Electric)*
Cocina	Gas licuado del Petróleo (GLP)	1931	Dentro del hogar	*Clark Jewel*
Cocina	GLP / eléctrica	A partir de 1950	Dentro del hogar	*General Electric Mabe Condesa LG*

* Se entiende por cocina el dispositivo o aparato en el que se hace fuego o produce calor para cocer los alimentos. Puede constar de un conjunto hornillas-horno o también estar ambos componentes por separado.

Nota. Elaborado con datos tomados de *Aporte de los Inmigrantes a la Conformación del Régimen Alimentario Venezolano en el Siglo XX* por Cartay, 2005; *Entre Campos y Puertos* por Abreu y otros, 2001 e *Historia de la Alimentación en Venezuela* por Lovera, 1988.

En los países tropicales, como Venezuela, era, a principios del siglo XIX, difícil obtener hielo, a menos que se importara de otras partes. El hielo se traía en barco, desde 1825, importado de Estados Unidos hasta el puerto de La Guaira, para transportarlo luego en carretas hasta Caracas, principal centro de consumo. La única excepción era la gente que vivía en los pueblos más altos de la Cordillera de Mérida. El viajero alemán Anton Goering, que visitó la ciudad de Mérida hacia 1870, se quedó asombrado de que en esta se vendieran helados de fruta, utilizando el hielo del sitio de La Aguada, ubicado en la Sierra Nevada (Cartay, 2005).

Un importante paso de avance en la historia de la conservación de los alimentos se dio en Venezuela cuando en agosto de 1924 llegaron al país las primeras refrigeradoras. El diario El Universal (17/08/1924) de circulación capitalina refería la llegada de las modernas refrigeradoras marca Frigidaire. Poco después otras casas comerciales lo imitaron, trayendo aparatos de otras marcas como Jewel. Pero, en realidad, la mayoría de estas refrigeradoras no eran tales, sino simples «neveras», es decir, unas cajas hechas con madera de nogal que traían varios departamentos independientes. En esas cajas, el hielo se depositaba en el departamento superior y, al derretirse el hielo, el agua salía por un desaguadero. Tenían, por tanto, el problema de que debía agregársele todos los días hielo, porque eran incapaces de producirlo. Para 1926 ese problema ya estaba resuelto: el Almacén Americano presentó otro modelo de refrigeradora Frigidaire que funcionaba con electricidad y producía automáticamente hielo (El Universal, 31/07/1926). En 1929 aparecieron en el mercado caraqueño otras refrigeradoras un poco más perfeccionadas: la General Electric, sin correas ni ventiladores ni tubos de desagüe, que producía abundante escarcha y ameritaba su deshielo frecuente y otras marcas, como Electrolux, Westinghouse, Admiral, que ofrecían similares maravillas. Comenzó así desde los años 1930 la transferencia tecnológica, en cuanto a refrigeradores y cocinas se refiere, favoreciendo los intereses foráneos con la protección oficial del Estado que fomentaba su uso y difusión (Lovera, 1988; Cartay, 2005).

Hacia la década de 1950 la refrigeradora, que los venezolanos llaman corrientemente «nevera», se parecía mucho a la que existe en la actualidad: tenía un compartimiento superior de congelación, separado del resto, al que llamaban «frisin», y distribuía automáticamente cubitos de hielo. Pero esos artefactos no estaban al alcance del presupuesto de la mayoría de los hogares venezolanos y su posesión era un lujo y un símbolo de prestigio social. No fue sino hasta mediados de los años 60 e inició de los 70 que se masificó el uso de neveras domésticas (Cartay, 2005).

El desarrollo de la tecnología del frío, mediante la fabricación de equipos para refrigeración y congelación autoalimentados por energía fósil (kerosén) y posteriormente electricidad, supuso un cambio importante en la manera de conservar y consumir los alimentos en la sociedad venezolana. Con la proliferación de la nevera doméstica, a mediados del siglo XX, también se hizo posible el almacenamiento de los productos lácteos, los embutidos y los vegetales por un tiempo mucho mayor al acostumbrado; se incorpora el hábito de consumo por ración en varios eventos que permite la disposición de productos congelados y se sustituye en buena parte el ya tradicional consumo inmediato de los rubros perecederos. Así mismo se incorpora el hielo, fácilmente disponible, a las bebidas en general o simplemente se ingieren líquidos fríos (refrigerados) cuyos consumos se incrementan a un ritmo acelerado, como ejemplo de esto se tiene el caso de las bebidas gaseosas y la cerveza. Todos estos avances ayudaron a consolidar el régimen alimentario urbano moderno.

CAPÍTULO V

**ALIMENTOS CON MAYOR INFLUENCIA EN LA DIETA DEL
VENEZOLANO A TRAVÉS DEL TIEMPO**

Cada cultura dispone de un cierto número de alimentos de base. Cada sociedad posee su "pan cotidiano", constituído generalmente por un carbohidrato, proveedor de lo esencial de su régimen calórico. Ese alimento básico, que puede ser uno o unos pocos alimentos, está asociado a su nicho ecológico y monopoliza la mayor parte de las actividades agrícolas de esa sociedad, y conforma, además, el núcleo de su gastronomía. Con ese alimento básico, la comunidad prepara sus platos emblemáticos, en torno a los cuales se organiza su sociabilidad, es decir, los encuentros más notables de su vida social. Por eso ese alimento tiene un valor simbólico profundo. Da al grupo una sensación de seguridad, a la vez que lo asocia a la divinidad y a la madre naturaleza nutricia (Cartay, 2004).

En la "Histories de la Cuicines" citado por Cartay (2004) se afirma que:

> El alimento de base, estrechamente vinculado a la vida cotidiana de cada miembro del grupo, contribuye a formar el sentido del gusto y la idea de la textura en los individuos. Se comporta como un referente alimentario esencial y un símbolo de la cotidianidad asegurada, es decir, actúa como un soporte material privilegiado de la cultura, don de dioses, mágicamente inofensivo, cuyo consumo tiene implicaciones morales. Por tanto, su consumo consolida la alianza social, constituyéndose en el núcleo organizador de los rituales de la cocina y la gastronomía del colectivo. Para que un alimento se convierta en un alimento de base no basta con que sea comestible, pues su consumo mayoritario va más allá de la simple satisfacción de una necesidad alimentaria, sino que se inscribe en lo más profundo de su cultura, regido por una serie de condicionamientos culturales, entretejido con leyendas y mitos. Su consumo está determinado no sólo por las contingencias agrológicas, ambientales y económicas, sino que está también, en una gran parte, determinado por la mentalidad del grupo, por sus ritos sociales, por el valor de los mensajes intercambiados cuando es consumido en compañía, por los

128

valores éticos y religiosos que representa, y por la posición individual y colectiva que determinan sus factores.

La alimentación derivada de la actividad agrícola determina de manera directa la cotidianeidad de una sociedad, sus costumbres y nivel de vida, su salud y tradiciones. De hecho, en el caso de la historia venezolana, muchos de los fenómenos sociales de mayor relevancia están determinados por fenómenos que tienen que ver con la producción agroalimentaria: la pobreza urbana, la precariedad de la vivienda, la delincuencia, el hambre y la transculturación alimentaria son fenómenos que no pueden ser comprendidos sin una amplia reflexión sobre el fenómeno agroalimentario (Pérez, 2007).

En lo sucesivo se tratarán, de forma general, algunos de los rubros más importantes pertenecientes a la agroindustria que han marcado hitos dentro de la historia alimentaria venezolana pues han sido y siguen siendo considerados como "alimentos bases" mientras que otros llegaron a ser en tiempos pasados las mayores fuente de ingreso para el país por concepto de exportación.

Alimentos Nutricionalmente Importantes

La evolución socioeconómica del país, a través de su historia, ha experimentado cambios sucesivos. La transición desde la agricultura tradicional familiar hasta las empresas agroindustriales modificó el sistema alimentario, tanto como los patrones nutricionales (Dehollain, 1993).

A continuación se describirán aspectos relevantes para aquellos alimentos que en diversos momentos tanto solos como combinados, ocupan o han ocupado un sitial importante dentro del Patrón Alimentario de los venezolanos de todas las épocas y que incluso llegaron a constituirse como "alimentos base" de una época histórica específica así como de grupos sociales en particular.

La Yuca

La yuca (*Manihot esculenta*), de origen americano, es uno de los cultivos más extendidos en el mundo, aunque su comercialización es muy reducida a escala mundial. Es, básicamente, un producto vegetal dedicado al autoconsumo en los países productores, en su casi totalidad países del Tercer Mundo (Cartay, 2004). Esta planta en Venezuela nunca ha sido cultivada de forma sistematizada y mucho menos se ha considerado como un rubro tentativo de exportación, a diferencia de algunos países de África y Asia donde ha llegado a constituirse como su principal fuente de exportación.

A pesar de lo anterior y en virtud de la importancia y trascendencia que este tubérculo tuvo tanto para la supervivencia de los pobladores autotócnos del territorio venezolano como para la empresa de la conquista del "nuevo continente". Aunado al hecho de que ha sido uno de los pocos rubros cuyo procesamiento y consumo se ha mantenido incólume a través de la historia del país, se ha considerado necesario contemplarla como uno de los alimentos emblemáticos de la cultura venezolana.

La difusión de la yuca en el continente africano y el asiático, se produjo a partir del siglo XVII, a pesar de los problemas asociados a su consumo debido a la presencia de un componente tóxico, la linamarina un glicosido cianogénico que converge a ácido cianhídrico, en la porción comestible. Una vez introducida, en un tiempo relativamente breve, se convirtió en un alimento de base de amplias poblaciones del África Central, debido a las facilidades de producción y procesamiento así como a los elevados rendimientos productivos que aportaba.

La yuca, mandioca, manioc, mañoco, cassava o tapioca (*Manihot esculenta Crantz*), perteneciente a la familia de las *Euphorbiaceae,* es un arbusto de 2 a 3 m de altura, con tallo arborescente, nudoso, hueco, de color verde, de inflorescencias paniculadas y con hojas anchas y palmeadas que tienen de 3 a 7 lóbulos. Las raíces, la parte comestible de la planta (en algunas regiones se consumen también las hojas), irradian desde el tallo hasta la parte interna del suelo. Su número por planta difiere de acuerdo con la variedad, de las muchas existentes, o de las condiciones agroecológicas del lugar de cultivo. Por lo general, el peso de las raíces es de 3 a 7 kg por planta (Schnee y Pittier citado en Cartay, 2004).

Las plantas de la yuca contienen ácido cianhidrico, mejor conocido como prúsico debido a la acción hidrolítica de la enzima linamarasa, pudiendo existir distintos grados de concentración de dicho ácido. Por eso se pensaba que existían 2 plantas de yuca completamente distintas: la yuca dulce y la yuca amarga. Ahora se ha comprobado que se trata de variedades o clones de la misma planta. El carácter dulce o amargo de una variedad de yuca, determinado mayormente por su contenido de ácido cianhídrico, depende básicamente de las condiciones agroecológicas existentes en la zona de cultivo. Es decir, una yuca dulce puede convertirse en amarga dependiendo de los factores ambientales (Carrizales, 1984).

En cuanto al origen de la Yuca, Cartay (2004) afirma que:

> La *Manihot esculenta Crantz* tiene, probablemente, dos áreas de origen, ambas en América: en la parte norte de América del Sur y en la amplia región comprendida entre México y América Central. La historia más remota registrada de la planta comienza hace unos 2.700 años a.C. en Venezuela, o hace unos 1.200 años a.C. en los "hornos" de casabe de Colombia, su cultivo fue primero que el cultivo del maíz en muchos lugares del norte de América del Sur. Extendido su cultivo en América del Sur y Central, comenzó su largo periplo hacia el continente africano llevado por los navegantes y comerciantes portugueses y por distintos misioneros y viajeros. Los portugueses la introdujeron en el delta del río Níger, a través de Warri y Benin (Alagoa, 1970: 319). John Barbot (1746) documenta su presencia en Warri a finales del decenio de 1600: La yuca fue, pues,

introducida en el África un poco tardíamente, si la comparamos con el maíz, que llegó a tierras africanas, específicamente al Congo, entre 1548 y 1580. La harina de la yuca es utilizada, a su vez, como ingrediente en muchas preparaciones culinarias americanas y africanas. Así, es usada para elaborar panes, sopas, alimentos dietéticos para enfermos, bebés y ancianos, salsas, postres, bebidas alcohólicas y no alcohólicas, etc.

En tiempos de la colonia con la Yuca no se logró una variedad de preparaciones comparable a las proporcionadas por el maíz. Su consumo mayoritariamente se hizo en forma de "casabe" que se confeccionaba en delgadas tortas con un peso aproximado de 600g. Aún en el siglo XX, la forma más generalizada y tradicional de consumo de esta planta sigue siendo como una galleta cocida, seca, circular y delgada, conocida como "casabe o cazabe" de cuya harina además, se elabora cerveza y bebidas alcohólicas muy populares en algunas regiones de los bosques húmedos tropicales de América y de África. El casabe es un producto alimenticio de alto valor energético, especialmente por su elevado contenido de carbohidratos. La escasez de proteínas, que es una limitación desde el punto de vista nutricional, junto con su reducida humedad, le otorga una gran estabilidad en el almacenamiento, pudiendo permanecer varios meses sin deterioro alguno (Carrizales, 1984; Lovera, 1988).

El INN (2001) define casabe «como un pan en forma de torta redonda, plana y delgada, elaborado con harina de Yuca». En el gráfico 10 se pueden apreciar los pasos necesarios para la elaboración del casabe.

En la elaboración del casabe, desde tiempos ancestrales, se debe transformar la raíz de la yuca en pulpa, exprimir la masa resultante para extraer el jugo tóxico y transformarla en una harina que se asa en platos de barro o budares para producir el pan o torta. En el caso de los aborígenes tanto prehispánicos como indohispánicos cuya ingesta de este alimento como condumio diario era y sigue siendo emblemático,

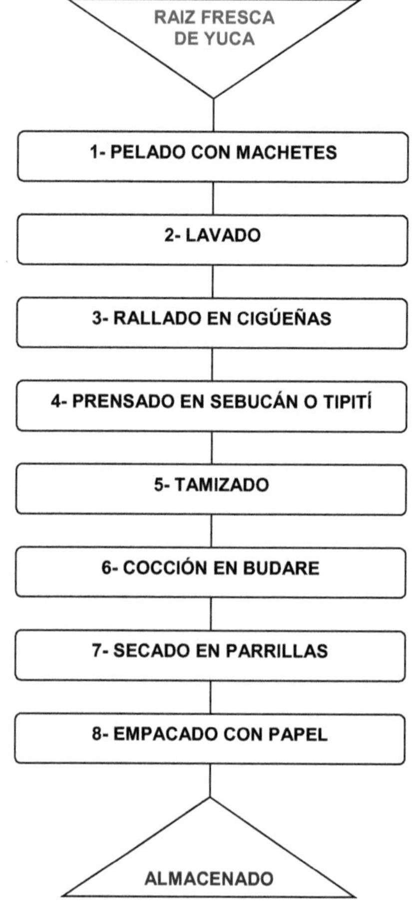

Gráfico 10. **Proceso de elaboración de casabe (especialmente en el Caribe y Sudamérica) - modificado-.** Tomado de Difusión *y comercio de la yuca (Manihot Esculenta) en Venezuela y en el mundo.* Cartay (2004).

empleaban en la preparación del casabe del cacique o señor budares que tenían en ocasiones motivos antropomorfos o geométricos grabados en bajo relieve, los cuales se imprimían en un tono oscuro sobre la superficie blanca del cazabe; de esa manera el alimento era, simultáneamente, una creación artística, un objeto utilitario y un símbolo de estatus social. El cazabe servía, al mismo tiempo, como plato y como alimento. Los trozos de carne se colocaban sobre la torta de cazabe, empapándose con sus jugos, de manera que el comensal podía ingerir ambos simultáneamente. Es posible que también se consumiera mojado en las salsas picantes que se confeccionaban con el jugo tóxico de la yuca, o en los cocidos hechos con carne, ocumo, batata, ñame y otras raíces y tubérculos tropicales (Sanoja y Vargas, 2002).

En el cuadro 14 se exhibe la composición nutricional de la yuca tanto fresca como cocida y se contrastan con los valores aportados por el casabe. Se puede apreciar que el proceso para la elaboración de este último, genera en el producto final mejores características nutricionales en comparación con el tubérculo crudo o cocido, La disminución del contenido de humedad favorece el aumento de la materia seca y por ende incrementa el aporte de nutrientes importantes para la salud humana como lo son los carbohidratos disponibles, la fibra dietética y los macroelementos, dentro de los que destacan el calcio y el fósforo. Cabe resaltar que su aporte proteínico es muy pobre pero también lo es su contenido de grasa con lo cual se presenta como un alimento significativo para complementar en la dieta, la ingesta de proteínas.

En cuanto a la producción agrícola de la yuca en el país para el lapso 1984-1986 la producción anual promedio fue de 317.966 TM, permaneciendo casi inalterable una década después. A partir de 1997 la situación cambió, registrándose un aumento considerable en la producción, quizás por el impacto que puede haber tenido la instalación de varias plantas procesadoras de yuca en la introducción de variedades mejoradas y en el aumento del rendimiento.

Cuadro 14

Composición porcentual de nutrientes para la yuca cruda, cocida y su derivado el casabe

	YUCA CRUDA	YUCA COCIDA	CASABE
ENERGÍA (Cal)	143	129	<u>333</u>
HUMEDAD %	61,6	65,3	12,5
PROTEÍNA %	1,1	0,8	1,3
GRASA %	0,2	0,2	0,6
CARBOHIDRATOS DISPONIBLES %	34,2	30,9	<u>80,6</u>
CARBOHIDRATOS TOTALES %	36,5	33,3	84,7
FIBRA DIETÉTICA %	2,3	2,4	<u>4,1</u>
CENIZAS %	0,6	0,4	0,9
CALCIO mg%	29	20	<u>60</u>
FÓSFORO mg%	53	38	<u>78</u>
HIERRO mg%	0,7	0,5	3,1

Nota. Datos tomados de *tabla de Composición de Alimentos para Uso Práctico. Revisión 1999* por INN, 2001.

El cultivo de yuca en Venezuela ha estado históricamente concentrada en la región oriental, principalmente, así como en los llanos occidentales y en los estados Zulia y Bolívar, aunque se observan plantaciones de menor significación en el resto del país. Para los años 1990, esta planta continuaba siendo sembrada en un 57% del área del país, en los estados Apure, Portuguesa, Barinas, Zulia y Monagas. La producción nacional de dicho rubro sufrió un incremento aproximado del 84,9% desde la última década del siglo XX hasta principios del siglo XXI. No obstante, continúan registrándose los mismos problemas del cultivo, que han impedido un aumento más significativo de la producción, muy a pesar de que los rendimientos se hayan incrementado. El más importante de estos problemas o limitaciones, es la rudimentaria tecnología utilizada en el cultivo y procesamiento (Cartay, 2004).

La yuca ha venido aumentando su participación porcentual en la producción mundial de tubérculos y raíces. Entre 1982 y 1989 su cuota se mantuvo entre 22 y 25%, para incrementarse en el período 1990-2002, a niveles variables entre 24 y 27%. La importación de la yuca, por su parte, está estrechamente vinculada con los requerimientos crecientes de yuca por la Unión Europa para complementar la alimentación de su enorme plantel animal y para la producción de almidón. No obstante, el volúmen del comercio internacional de la yuca (exportaciones o importaciones) no supera el 7% de la producción mundial, con claras tendencias a la baja en la medida en que la crisis alimentaria se ha acentuado en algunos países productores (Ob.cit.). En el cuadro 15 se muestra los principales países productores de yuca en el mundo donde destaca la República Federativa del Brasil como líder en la producción.

Cuadro 15

Los mayores países productores de yuca en el mundo

Los cinco países mayores productores de yuca en el mundo Años 1982, 2002 (en miles de tm)					
	1982		1992		2002
Mundo	128.944	Mundo	152.218	Mundo	180.077
Brasil	24.492	Brasil	22.862	Nigeria	34.476
Tailandia	21.000	Tailandia	21.130	Brasil	23.108
Zaire	13.173	Zaire	20.000	Tailandia	16.870
Indonesia	12.800	Indonesia	18.300	Indonesia	16.723
Nigeria	11.500	Nigeria	16.318	Congo R.D.	14.929
Total 5	82.965	Total 5	98.400	Total 5	106.106
% 5 Mundo	64	% 5 Mundo	65	% 5 Mundo	60

Nota. Tomado de *Difusión y Comercio de la yuca (Manihot Esculenta) en Venezuela y en el mundo*. Estadísticas FAO en Cartay (2004).

El Maíz

«El maíz es el único cereal de origen americano. Su consumo está extendido por todo el mundo. Es un alimento con buen valor nutritivo, de fácil cultivo y cocción» (INN, 2006). Es un elemento característico de la dieta venezolana de todos los tiempos.

El maíz se originó en una parte restringida del territorio mexicano. Su primera mención se encuentra en una crónica denominada "las décadas" escrita por Pedro Martín de Angleria en 1942 y publicada en 1511. Existe una fuerte teoría, respaldada por muchos estudios científicos, que sostiene que este cereal fue desarrollado por los antiguos mexicanos a partir de una planta silvestre nativa de esa región denominada *teosinte* cuyo nombre significa "el grano de Dios" (Bejarano y Segovia, 2000). En tiempos precolombinos se le consideró de origen divino, se mantuvo durante la colonia y prolongó su permanencia hasta el presente siglo (Lovera, 1988).

En Venezuela el maíz se originó de introducciones antiguas que tienen conexión con las razas Nal Tel, Zapalote Chico, Tepecintle y Salvadoreño. La intercomunicación de las tribus indígenas permitió la llegada del maíz al país en diferentes momentos históricos. No obstante, el maíz de las zonas del país que antes fueron dominadas por las tribus de habla Caribe, específicamente los estados Sucre, Anzoátegui y Guárico, es típico. Todos los estudios indican que las especies de nudos grandes como la Nal Tel y Zapalote, se introdujeron al país desde la vía sureste de México y Guatemala. En otro momento, maíces de nudos pequeños provenientes de Guatemala se difundieron hasta las costas orientales de Centroamérica que mantenían un estrecho contacto con las islas caribeñas desde donde pudieron pasar al territorio nacional (Ob.cit.).

Paterniani (2000) resalta que dentro de todas las plantas cultivadas, es el maíz el único en cuanto a su elevado nivel de domesticación. Tal fenómeno de este cereal, logrado a través de la selección, resultó en una especie totalmente dependiente del hombre, pues la transformación le eliminó por completo las características ancestrales de supervivencia en la naturaleza.

El maíz es un cereal que, según la nomenclatura linneoliana pertenece a la familia *Gramínea*, tribu *Maydae*, género *Zea* y especie *mays*. En 1937 se pensaba que el género tenía una sola especie botánica *Zea Mays* con 2 parientes cercanos que son *Tripsacum* y *Euchlaena* (teosinte). En la actualidad se incluyen al teosinte anual (*Zea mexicana*) y al teosinte perenne (*Zea perennis*) dentro del género (Bejarano y Segovia, 2000).

La planta del maíz está compuesta de un tallo cilíndrico, con nudos compactos, que termina en un penacho que constituye la inflorescencia masculina o panoja. En la parte baja del tallo se encuentra el sistema radical que desempeña funciones de anclaje y mantenimiento (Ob.cit.).

El clima constituye el factor de producción más importante para el maíz. El cultivo de este cereal se desarrolla en condiciones de secano y su distribución geográfica depende de la cantidad y localización de las lluvias que determinan en buena parte los factores: temperatura, insolación, radiación y humedad relativa (Rodríguez, 2000).

El maíz se encuentra ampliamente distribuido y se produce en todas las regiones agrícolas del país, sin embargo, el 70 % de su cultivo se ubica en los Llanos Centrales, en el valle medio del río Yaracuy y en los Llanos Occidentales. La mayor parte de su producción comercial se realiza a través del sistema de "Cultivo Anual Mecanizado" (Abreu y otros, 1997; Rodríguez, 2000).

El cultivo de maíz es realizado por pequeños, medianos y grandes productores mediante el uso de semillas de híbridos mejorados genéticamente y en la mayoría de sus explotaciones se hace un control poco eficiente de malezas, plagas y enfermedades, mediante el uso de pesticidas. La fertilización es de uso generalizado y junto con los pesticidas, su utilización tiene un impacto significativo sobre el medio ambiente (Abreu y otros, 1997).

La producción es fundamentalmente de maíz blanco, destinado en un 80% aproximadamente a la fabricación de harina precocida y el 20% restante para consumo fresco y las empresas que procesan maíz pilado. En cuanto a la producción de maíz amarillo bien sea para el consumo directo (bajo la forma de "jojoto" y "cachapa") o para el consumo animal, se ha incrementado en los últimos años pero aún sigue siendo menor que la de maíz blanco. Los residuos de su cosecha se emplean en la alimentación de ganado bovino durante las épocas de sequía fortaleciendo el sistema mixto agricultura-ganadería (Ob.cit.). En el cuadro 16 se pueden apreciar las magnitudes de las cosechas de maíz en Venezuela para casi la totalidad del siglo XX. Aquí se nota cómo durante los años 50 y 60 la producción se diezma atribuida en buena parte al floreciente auge petrolero del país durante esa época. Cabe destacar cómo a través del tiempo los estados occidentales y orientales fueron siendo desplazados por los estados centrales y llaneros en cuanto a producción de este cereal se refiere.

La política comercial para el maíz y el apoyo estatal para su desarrollo deben tomar en cuenta, la gran importancia social que representa en todas las regiones agrícolas del país, así como su importante contribución a la dieta del venezolano donde aporta el 17% del total de sus calorías y participa con un 6,6% en el valor total de la producción agrícola (Abreu y otros, 1997).

La fuerte influencia que ejerce el maíz en la dieta del venezolano se ha hecho presente constantemente en toda la historia del país incluso llegando hasta la

Cuadro 16

Magnitud de la cosecha nacional de maíz y principales estados productores para el período 1937-1997

	1997	1988	1978	1968	1958	1937
orden						
1	Portuguesa	Guárico	Portuguesa	Portuguesa	Portuguesa	Lara
2	Guárico	Portuguesa	Yaracuy	Yaracuy	Zulia	Sucre
3	Barinas	Yaracuy	Guárico	Guárico	Guárico	Falcón
4	Yaracuy	Barinas	Barinas	Sucre	Anzoátegui	Miranda
5	Monagas	Bolívar	Bolívar	Zulia	Cojedes	Portuguesa
Producción parcial (tm)	1066417	956592	396303	362255	180435	196737
Producción Total (tm)	1242317	1281370	591364	735670	357614	361330
% aporte	85,84	74,65	67,02	49,24	50,46	54,45

Nota. Tomado de *El Maíz en Venezuela* compiladores Fontana y Gonzáles, 2000.

actualidad. El gráfico 11 presenta el consumo aparente en Venezuela de algunos cereales en base a su disponibilidad alimentaria para mediados de los 90 y principios de los años 2000. Como se puede notar el % correspondiente al maíz permanece casi constante, esto se debe a que es un elemento determinante del patrón de consumo alimentario y se encuentra fuertemente arraigado a aspectos socio-culturales. El gráfico 12, muestra viejas etiquetas de principios del siglo XX de productos derivados de la industrialización del maíz fabricados en Venezuela.

En lo referente al consumo de maíz y sus formas habituales de utilización, Sanoja y Vargas (2002) afirman que:

> La papa *(Solanum tuberosu*m) y el maíz *(Zea maiz)*, alimentos de origen americano, fueron introducidos en la gastronomía europea desde el siglo XVII, salvando a numerosos pueblos de la hambruna tradicional que generaba la onerosa tarea de cultivar suficiente trigo para alimentar los rebaños de ganado, a los señores y a la gente de las ciudades y —de paso— dejar algo para alimentar también a los campesinos que lo producían. El maíz comenzó a ser utilizado como forraje para el ganado, lo cual determinó que una mayor cantidad de trigo quedara libre para ser comercializado a mejor precio y ser consumido por las poblaciones urbanas. Como alimento para los humanos, nunca llegó a ser aceptado plenamente en la gastronomía, tanto de la pequeña burguesía y la gran burguesía como de la nobleza europea, pero sí generó una cadena de aceptación muy amplia en la clase de campesinos y proletarios urbanos. La adopción del maíz y la papa dentro de los sistemas agropecuarios europeos permitió elevar el nivel de vida de las masas campesinas, asoladas por hambrunas cíclicas, al liberar grandes excedentes de trigo que podían venderse a mejor precio en las ciudades. Al mismo tiempo, el maíz no solamente mejoró la dieta de los campesinos y las clases populares urbanas con alimentos nutritivos como la polenta, sino que se utilizó como forraje para el ganado vacuno, los caballos, los cerdos y las aves de corral, aumentando la producción de carne, leche y mantequilla.

Una de las ventajas del maíz es la versatilidad que ofrece para su preparación y formas de consumo. Existen no menos de 10 formas conocidas y habituales de consumir este cereal que van desde su cocción para consumo directo, la obtención de

Alimentos	1996	1997	1998	1999	2000	2001	2002	2003	2004
Trigo	29,6	31,7	37,3	35,6	36,2	39,4	29,6	36,0	34,8
Maíz	40,6	36,6	33,8	33,3	39,6	36,2	34,1	39,3	41,1
Arroz	19,7	13,9	13,4	14,9	11,3	15,4	15,1	15,7	16,2

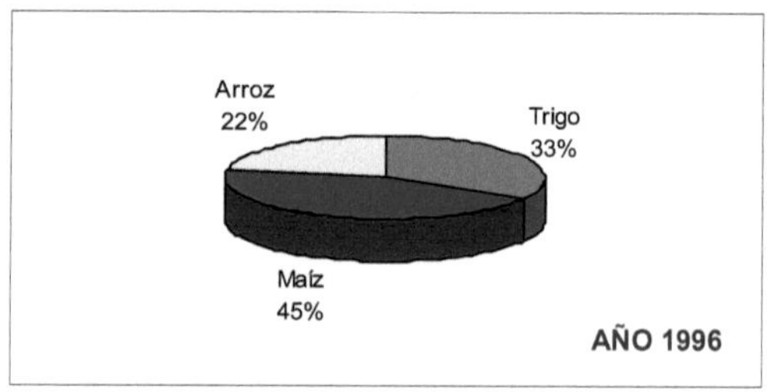

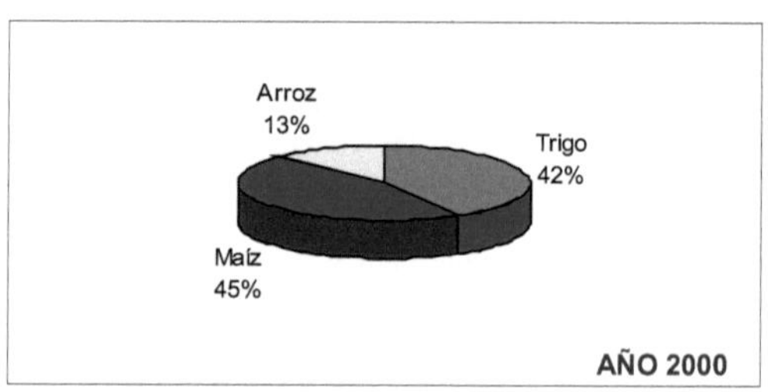

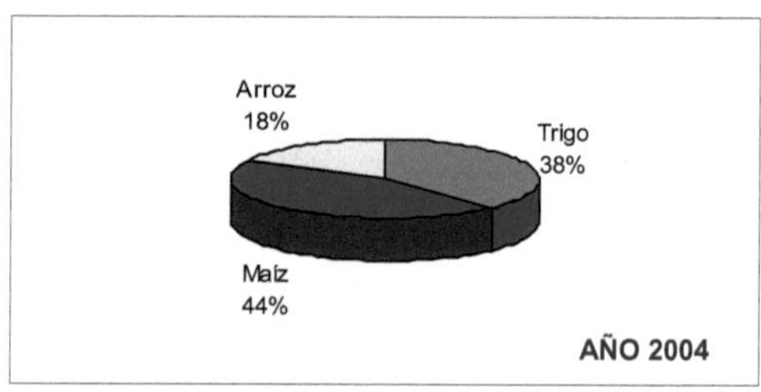

Gráfico 11. **Disponibilidad *per capita* (%) de los principales cereales de la dieta del venezolano entre 1996 y 2004.** Elaborado por el autor a partir de la Base de Datos del Ministerio del Poder Popular para la Planificación y Desarrollo -MPPPD- (2007).

PRODUCTOS DEL MAÍZ

FECULA DE MAÍZ

1902

HARINA DE MAIZ DISOLUBLE

1901

Gráfico 12. **Etiquetas de productos obtenidos del maíz en Venezuela a comienzos de 1900.** Tomado de "Inicios de la Modernidad". Autor: Abreu y otros (2000).

masas hasta la refinación para elaborar harina y extraer aceite. No obstante, dentro de esa amplia gama de preparaciones prevalecen algunas como formas habituales de consumo. A continuación se presentan las definiciones establecidas por el INN (2001) para ciertos alimentos tradicionales elaborados a partir de maíz:

Arepa: Pan de forma redonda hecho de harina de maíz, agua y sal; cocido sobre budare o al horno.

Cachapa: Torta o bollito de maíz tierno (jojoto). Se le denomina de budare cuando se hace en forma de torta redonda y se cuece en budare y cachapa de hoja cuando se le da forma de bollito y se salcocha en hojas de jojoto.

Empanada: Pastelito frito de masa de maíz rellenos con guiso de carne, cochino, caraotas preparadas, queso blanco o pescado guisado (cazón).

Hallaca: Plato tradicional navideño venezolano. Consiste en un pastel salcochado de masa de maíz relleno con guiso de carne de res, cochino y gallina envuelto en hojas de plátanos. Aderezado con cebollas, pimentón, aceitunas, tocino y pasas.

Hallaquitas: Bollito de masa de maíz blanco con manteca de cerdo y según el gusto se agrega anís, ají, chicharrón o queso. Se envuelve en hojas de maíz y se salcocha.

Manjarete o majarete: manjar de masa de maíz, coco molido, papelón y canela.

Pan de Horno: Rosca a base de harina de maíz cariaco, melado de papelón, manteca de cerdo y anís.

Panela de San Joaquín: Bizcocho dulce, seco, elaborado con harina de maíz cariaco.

Pelota: Dulce en forma de bollito hecho a base de maíz fermentado y papelón envuelto en hojas de plátano.

En el cuadro 17 se presentan las composiciones nutricionales tanto para los maíces crudos como para alguno de los productos a partir de ellos elaborados.

El maíz como se ha podido notar forma parte de los hábitos del venezolano. El mayor consumo de este cereal es en forma de harina precocida, utilizada para la elaboración de arepas, hallaquitas y otros. También se emplea en la preparación de natillas en forma de maicena y otra gran cantidad de dulces (INN, 2006).

La arepa puede definirse como el pan americano por excelencia. Su materia prima, el maíz como se estableció con anterioridad es autóctono de América. Ya durante los siglos XIV y XV de la era cristiana, era común la utilización de pequeños budares de forma oval con asas laterales que presentan en su superficie restos de masa de maíz calcinada. Ello podría asociarse con la fabricación de arepas de maíz, cuya manufactura y consumo tendría una antigüedad mínima de 7 siglos (Sanoja y Vargas, 2002).

En la época republicana la arepa recibió el espaldarazo de la dignificación al ser incluida en el famoso Manual de urbanidad de Manuel Antonio Carreño, en el cual se indicaba la corrección que debía observarse al consumirla en la mesa (Lovera, 1988).

El consumo de arepa, el pan popular del venezolano, hecha con harina de maíz, exhibió durante mucho tiempo una tendencia a la disminución debido a lo engorroso de su preparación. La introducción de tecnología foránea permitió la aparición de la harina precocida de maíz que hizo más fácil y rápido la elaboración de la arepa. Así se revertió la tendencia en la estructura de consumo de carbohidratos, que beneficiaba

Cuadro 17

Composición porcentual de nutrientes para distintos tipos de maíz crudo y sus productos derivados de consumo frecuente

	Maíz Amarillo en grano	Harina precocida de Maíz Amarillo sin enriquecer	Cachapa de Maíz amarillo	Maíz Blanco en grano	Harina precocida de Maíz Blanco sin enriquecer	Arepa de Harina de Maíz Blanco enriquecida
ENERGÍA (Cal)	284	355	137	286	354	<u>168</u>
HUMEDAD %	14,3	9,2	59,2	14,3	11,2	54,1
PROTEÍNA %	8,5	7,2	4,0	9	7,2	3,8
GRASA %	4	1,2	1,3	4,3	1,1	0,6
CARBOHIDRATOS DISPONIBLES %	53,6	78,8	27,3	52,8	77,7	36,9
CARBOHIDRATOS TOTALES %	72,4	82	34,2	71,6	80,2	<u>40,5</u>
FIBRA DIETÉTICA %	18,8	3,2	6,9	18,8	2,5	<u>3,6</u>
CENIZAS %	0,8	0,4	1,3	0,8	0,3	1,0
CALCIO mg%	9	12	36	8	12	7
FÓSFORO mg%	276	76	113	295	64	32
HIERRO mg%	3	1,0	2,5	3	0,9	2,5

Nota. Datos tomados de *tabla de Composición de Alimentos para Uso Práctico. Revisión 1999* por INN, 2001.

al trigo en perjuicio del maíz, y se produjo uno de los cambios alimentarios más importantes del siglo XX en Venezuela (Cartay, 2005).

En la segunda mitad del siglo XX, luego de la industrialización para fabricar la harina precocida de maíz comenzaron a difundirse una clase de expendios que reforzaron la conducta de consumo de este pan. Ellos fueron las "areperas", establecimiento en los cuales se ofrecía el popular condumio relleno con diferentes guisos o con queso de distintas clases, a esta forma de preparación se le conoció por el nombre de "tostadas" (Lovera, 1988).

Para la mitad de la I década del siglo XXI, alrededor de la mitad de la población tiene como plato principal en el desayuno y la cena, la arepa y sus diversos acompañantes. En el caso de los desayunos, los productos obtenidos de la harina precocida de maíz, la arepa y sus acompañantes (48%) y las empanadas (16,2%), son las preferencias. En el caso de las cenas, un 47,7% de los venezolanos opta por la arepa. Para el caso del trigo, la preferencia por el pan es predominante en las familias de mayores ingresos, mientras que el gusto por el café, sea negro o con leche, es compartido por todos los estratos socioeconómicos del país –ver gráfico 13- (BCV, 2007).

En la actualidad la arepa se ha convertido en una representación fiel de la venezolanidad misma, susceptible de ser sometida a las más extravagantes y asombrosas combinaciones. Existen grupos de interés específicos para el estudio, exposición y preparación de esta insigne vitualla; corroborando el mito venezolano que afirma que es este país la patria de las "harinas precocidas, una invención tan venezolana como la arepa misma". La mayor ventaja competitiva de la arepa es su variedad de rellenos que ha significado su posibilidad de competir en el terreno de las comidas rápidas o *fast-food*, entre estos destacan algunos clásicos como la "reina

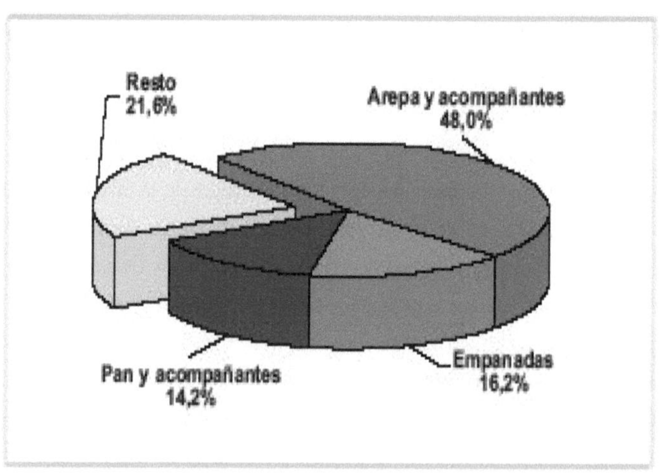

Gráfico 13. **Alimentos preferidos en el desayuno para el venezolano de comienzos del siglo XXI (años 2004 a 2005).** Fuente: *Boletín Económico Informativo*, Banco Central de Venezuela (2007).

pepeada (mezcla de aguacate, pollo y mayonesa), el dominó (mezcla de caraotas con queso) y la "pelua" combinación de carne mechada y queso amarillo rayado (Ferreira, 2004).

La arepa, a pesar de su origen, fue asimilada como alimento cotidiano por los inmigrantes y extranjeros residentes en el país, la cual era usada para acompañar los demás platos como un pan de trigo o para matar el hambre en jornadas de trabajo o paseo por el campo. De esta forma ganó las calles urbanas con más fuerza entre las décadas del 40´ y 50´ del siglo XX, en medio del gran desarrollo de la construcción civil durante el período de gobierno del general Pérez Jiménez (Ob.cit.).

Lovera (1988), coloca la arepa como otra opción de comida callejera al lado del estadounidense "perro caliente" y los helados, señalando «los expendedores de arepas, que atendían el apetito de los noctámbulos con el clásico pan criollo que rellenaban con guisos de diversa suerte».

El Trigo

El trigo (*Triticum aestivum*) es una planta herbácea, perteneciente a la familia de las gramináceas, originarias de climas templados y de producción anual que engendra un grano o cariópside rico en fibra, proteínas y carbohidratos, muy usado para la alimentación humana y animal.

El trigo fue uno de los primeros cultivos que los pobladores españoles introdujeron en Venezuela, como un medio de asegurar el abastecimiento ya que era el principal elemento de su dieta, e importante también desde el punto de vista religioso por ser indispensable para la elaboración de las hostias destinadas a la misa y a la comunión de los fieles. La llegada de harina procedente de España era insegura, y además la travesía marítima tan larga y los rigores del clima eran causa común de su corrupción (Carnevali en FP, 1944).

El cultivo del trigo (*Triticum spp*) era desconocido en América antes de la llegada de los españoles a finales del siglo XV. Cristóbal Colón llevó semillas de trigo a la isla de La Española, en su segundo viaje, en 1493, pero los intentos por reproducirlo fueron inútiles. Años más tarde, en 1520 la empresa de introducción sí tuvo éxito cuando fue cultivado en Nueva España, hoy México. Luego se introdujo en el Perú, en 1535, y finalmente en Nueva Inglaterra, en 1602 (Cartay, 2005).

Los conquistadores españoles hallaron tierras muy apropiadas para el cultivo de trigo en las zonas de los valles de Aragua, Caracas y el Tuy, en Barquisimeto y El Tocuyo, y sobre todo en la región andina. Así, desde muy temprano, comenzó a cosecharse el trigo, aunque la harina obtenida del grano local no llenaba las condiciones del producto europeo. Lo más probable, aunque no existen datos precisos, es que los primeros ensayos se hiciesen en la zona occidental, especialmente en el Tocuyo-Barquisimeto, y en Trujillo-Mérida, para pasar luego a los valles de Aragua y a la región central. En el oriente no parece haber sido cultivado. Ya en el último tercio del siglo XVI, se cubría generalmente la demanda local de cada zona y quedaban algunos sobrantes que se destinaron al comercio con las islas del Caribe y Cartagena de Indias, hacia donde se hacían frecuentes remesas (Durand y González, 2002).

Ya para el siglo XVII, el trigo era cultivado en Venezuela en los valles de la Cordillera de la Costa, concretamente en los valles de Aragua y de Caracas, así como en El Tocuyo. A finales de ese siglo hay evidencias documentales de la gran superficie sembrada en las cercanías de Valencia y de Maracay. Luego el cultivo se extendió a la región andina, hasta quedar concentrado en los Andes desde 1889, y más tarde reducido a Mérida, donde se sembraba cerca del 90% del total del trigo producido en el país en 1924 (Cartay, 2005).

Durante la colonia, la harina era producto del trigo plantado en las tierras ubicadas en las inmediaciones de Caracas y en los Valles del Tuy, donde fueron distribuidas entre los pobladores 6.291 fanegadas de tierra en los años de 1577 a 1600. Por lo menos la mitad de la superficie era destinada al cultivo del trigo, cuyas cosechas superaron la cifra de 20.000 arrobas anuales pues deducido el consumo interno quedó un excedente para la exportación de unas 13.000 arrobas anuales en el quinquenio de 1601-1605 o sea un total de 63.671 arrobas. El decaimiento de las ventas de la harina en Cartagena y puertos insulares del Caribe, pudo atribuirse a varios factores, entre ellos y acaso el de mayor incidencia, el interés de los agricultores por otros cultivos de mayor rendimiento y a una más intensa actividad pecuaria (Ob.cit.).

La harina de Mérida, donde la cosecha era ya abundante en 1579, además de contribuir al abastecimiento de los pueblos de la cordillera andina y de los contornos del lago Gran Coquivacoa, se extraía por los puertos de Maracaibo hacia otros lugares. También en Trujillo, según la Relación Geográfica del mismo año, se daba trigo y cebada medianamente ya que solo eran utilizados para el sustento familiar de sus cultivadores. Hacia esa época se cultivaba igualmente trigo en Barquisimeto, aunque en pequeñas áreas, atribuyendo los funcionarios reales el escaso interés de los agricultores españoles y criollos a la falta de indios para cosecharlo. Como en el caso de Mérida, las cosechas recogidas en los valles del Tuy y de Caracas empezaron a ser abundantes a partir de la década de 1580 permitiendo el establecimiento de numerosos molinos de viento o de fuerza hidráulica. Logrando cubrir la demanda interna y el excedente, que se exportaba generalmente por los puertos de La Guaira y Arrecifes, ya procesado en forma de harina, llegó a constituir el más importante producto de exportación cuando no habían aún entrado en escena ni el cacao, ni el tabaco (Morales y Giacolone, 1990).

Los cultivos de trigo en los valles del Tuy languidecieron en los años siguientes, a causa de los altos precios y demanda del tabaco y el cacao, y finalmente los agricultores de la región dedicaron sus tierras a estos cultivos, mucho más remuneradores. Algunas siembras de trigo continuaron en contornos limitados en la zona de Caracas y los valles aragüeños, con destino sólo al consumo local. Además, los mercados foráneos consumidores de la harina venezolana eran inseguros, pues Cartagena de Indias, Santo Domingo y Puerto Rico la compraban sólo cuando por motivos de guerra o por el peligro de los piratas y corsarios no podían adquirirla de otra procedencia. En la región de los Andes, la producción continuó siendo considerable durante algún tiempo. En Mérida y Trujillo se elaboraba galleta, que era enviada al puerto de Gibraltar y de ahí a Maracaibo para el consumo en los buques. Sin embargo, también en este caso decayó la exportación y la producción quedó destinada al consumo local o regional (Ob. cit.).

Datos dispersos indican que a mediados y a fines del siglo XVII seguía cosechándose trigo en Petare (cerca de Caracas) en Cagua (valles de Aragua), en la región entre Carora y Trujillo y en los alrededores de Mérida. A comienzos del siglo XVIII, y tal vez antes, Caracas y sus alrededores se habían convertido en entidades importadoras de harina después de haber sido notables zonas productoras y exportadoras de trigo. La harina importada procedía en su mayoría de España y era consumida por las clases sociales más elevadas y de mayores recursos (Carnevalli en FP, 1944).

La Compañía Guipuzcoana creada a partir de 1728 se encargó de impulsar y traficar la harina de trigo que se descargaba de sus propios buques por los puertos de La Guaira, Puerto Cabello y Maracaibo. La coexistencia de una producción de trigo venezolano insuficiente con una considerable introducción de harina foránea es una situación ya bien establecida para el año 1764. En 1780 con la extinción de la Compañía Guipuzcoana, debido a gran cantidad de conflictos, obligó a las autoridades de la provincia de Venezuela a permitir esporádicamente el comercio neutral realizado frecuentemente por buques norteamericanos que conducían a La Guaira y otros puertos mercancías diversas, entre ellas harina de trigo proveniente de

Estados Unidos de América, quien a partir de entonces se convirtió en el principal proveedor de ese producto a Venezuela (Febres, 1936).

Durante la época colonial el abastecimiento de pan de trigo, considerado un alimento de primera necesidad, era prácticamente una obligación de la administración gubernamental, que, además, regulaba su precio. Todo eso se conocía como la institución del "pósito". Entonces, el pan era elaborado por artesanos en sus casas y distribuido mediante una extensa red de pulperías. Esto cambió durante el período republicano, cuando se eliminaron las férreas regulaciones de precios y se establecieron las primeras panaderías particulares por panaderos de oficio (Cartay, 2005).

Son innumerables los interesantes episodios a los que se pueden hacer referencia en cuanto al expendio y consumo de pan en la Provincia de Venezuela, específicamente en la ciudad de Santiago de León de Caracas. Una de las situaciones que más destaca fue que cuando se produjo una marcada disminución, en la producción de trigo, al punto de permanecer escasa. Se resolvió a través de la lógica importación del vital producto, con lo que se dio paso a un brutal monopolio por parte de la Compañía Guipuzcoana, imponer precios casi siempre reñidos con la sensatez y la justicia. Esta situación creó un cuadro desfavorable a lo largo de todo el período colonial, donde la escena más relevante sería la especulación que se desató tanto en la confección como en el expendio del sagrado alimento; es decir, un pan mal elaborado con el agravante de estar fallo en su peso y fuera de los precios que fijaba el Ayuntamiento todos los años. En pocas palabras, la salud pública de no pocos caraqueños se mantuvo invariablemente amenazada por el consumo de un amasijo de pan de factura dudosa y a unos precios prohibitivos a la gente más pobre que debían, forzosamente, conformarse con el pan de maíz conocido popularmente con el nombre de hallaquita (Durand y Gonzáles, 2002).

En febrero de 1807 la cosecha de maíz, el "pan de los pobres", se había malogrado. Surgió entonces un proyecto para fomentar el cultivo del trigo en las zonas aledañas a Caracas promovido por el Cabildo. En 1809 un funcionario real emitió un informe favorable al respecto donde consideraba que además de abastecer a los habitantes, se podrían negociar los excedentes con las colonias españolas y extranjeras para constituir un nuevo ramo de agricultura y el comercio ya que de acuerdo con su criterio tal cultivo representaba potencialmente más ventajas que el algodón, el café y el cacao; proponía también la instalación de molinos de trigo, financiados con fondos del Cabildo o del Consulado (Ob.cit.).

El consumo de harina importada se extendió por casi todo el país; en 1829 se constataba que a pesar de la abundante cosecha de trigo que se obtenía en Mucuchíes (Mérida), el pan que comían en pueblos llaneros aledaños se hacía con harina norteamericana proveniente del lado de Kentucky. En un intento por tratar de revertir esta tendencia, la Sociedad Económica de Amigos del País, de la cual era miembro el Dr. José M. Vargas, adoptó en 1830 una serie de medidas (importación y donación de semillas, premios a los mejores cosecheros y molineros, y elaboración de una cartilla agraria con noticias prácticas sobre este cereal) encaminadas a promover el cultivo del trigo. De acuerdo a las apreciaciones de Agustín Codazzi en sus trabajos geográficos, la cosecha total en el país habría sido, en 1839, de 440.000 sacos de 100 libras cada uno, obtenidos en los Andes, la zona de Barquisimeto y los valles de Aragua. Con lo que se puede afirmar que aún en esta época se seguía manteniendo las mismas zonas e intensidad de producción (Morales y Giacolone, 1990).

La *Sociedad Económica Amigos del País,* fue una organización que se interesó en estimular el cultivo, molienda y preservación del trigo en Venezuela, dedicando un cuaderno alusivo a ese objetivo. Sin embargo, estos esfuerzos no fueron debidamente correspondidos por interponerse una serie de intereses económicos, donde destacaba el de los comerciantes importadores de trigo, especialmente los ingleses. Tan grande eran las influencias de este sector comercial que todavía en 1864 el Presidente del

Concejo Municipal de Caracas, debió denunciar el monopolio de la harina impuesto por la Compañía Boulton en estos términos Durand y Gonzáles (2002):

> El alimento del pueblo no puede ser jamás objeto de monopolios. El pan y la carne con que se alimenta el infeliz no debe convertirse en agio para el esquilmador. Deben estar precisamente sujetos a una tarifa rígida que impida y estorbe los abusos (...) ¿por qué nos despojamos de nuestros más sagrados derechos, y toleramos que la miserable comisión de ganado nos arrebate la carne y la casa de Boulton nos monopolice la harina...? El clamor y las necesidades del pueblo demandan urgentemente que se adopte una medida sabia y eficaz que evite estos abusos, y el Concejo Municipal se propone establecer la tarifa competente para llevar los deseos de sus comitentes".

Transcurridos 6 años, en 1870, el Presidente de la República, General Guzmán Blanco, refrendó un decreto cuya intención no era liquidar el monopolio de la harina, sino mitigar éste de alguna manera, incentivando el cultivo del trigo en el país y su panificación según el espíritu del referido decreto. Para ello autorizó la importación de semillas desde las Islas Canarias y los Estados Unidos, difundió cartillas técnicas para el cultivo del renglón agrícola, estableciendo además un impuesto a la harina importada. También se fomenta la construcción de molinos y se hace obligatorio llevar un minucioso registro de sus actividades, etc. Pese a estos incentivos oficiales, prevaleció el monopolio de las casas comerciales y el proyecto se hundió en el fracaso (Ob.cit.).

En 1864, cuando se produjo un alza notable en el costo de la vida, uno de los temas debatidos por la prensa fue el alto precio del pan de harina (al que llamaban «pan del rico y del enfermo») y el del «pan del pobre» (arepas de maíz, casabe) que también había aumentado. Debido al conflicto anterior, los molinos de La Guaira, unos de los más importantes, funcionaron hasta 1874 y durante las décadas finales del siglo XIX, la harina de trigo era el principal producto de exportación de Estados Unidos a Venezuela, constituyéndose en uno de los principales elementos de dominación económica debido a la incipiente tendencia de consumir trigo por maíz. Sin embargo, las zonas productoras de los Andes continuaron activas, ya que en 1897 existían 57 molinos en el estado Mérida y 25 en el estado Táchira, de un centenar que se calculaban para toda Venezuela (Febres, 1936).

El maíz que había venido predominando en el ámbito nacional desde la conquista, fue desplazado en buena parte, entre 1950 y 1960, por el trigo, cuya harina fue importada cada vez en mayores magnitudes (Durand y Gonzáles, 2002). En el gráfico 14 se presentan algunos de los productos del trigo existentes para la segunda década del siglo XX.

Durante el siglo XX la producción continuó descendiendo, a la par que aumentaban las importaciones de harina, hasta el año 1958, cuando comienza a formularse la política de sustitución de importaciones. Para ese año, la importación de harina alcanzó a 142.906 t y al año siguiente se redujo a 32.779 t, mientras que la producción pasó de 26.761 a 158.275 t. La producción promedio de trigo para los años 1945-1952 fue de 5.420 t anuales; 5 años después era de 2.889 t y en 1984 sólo se produjeron 291 t. La causa de que la producción haya desaparecido casi completamente fue que el cultivo se localizaba en terrenos muy pendientes de los Andes, en donde se ocasionó severos problemas de erosión, por lo cual fue erradicado mediante campañas de conservación (Morales y Giacolone, 1990).

Con respecto a lo anterior Carnevali en la década de 1940, después de haber analizado la situación, concluyó que era preferible proporcionar a los habitantes de la zona triguera los medios para dedicarse a otros cultivos de mayor rendimiento económico. La producción del año 1984 se localiza en los estados Mérida (454 ha) y Trujillo (131 ha). Paralelamente a la disminución de la producción y de las importaciones de harina, ha venido creciendo la importación de grano entero (792.182 t en 1984), cuya transformación en harina es ejecutada totalmente en el país (FP, 1998).

Gráfico 14. **Etiquetas de harina y sémolas de trigo comercializadas en Venezuela para principios del siglo XX.** Tomada de "Inicios de la Modernidad". Abreu y otros, 2000.

Las palabras "harina" y "pan", en sentido genérico, designaron siempre con exclusividad los productos del trigo, llegando este uso a ser consagrado por la ley de manera expresa e inequívoca, como lo comprueban los Reglamentos sobre alimentos de 28 de febrero de 1921 y de 17 de marzo de 1941 (Lovera, 1988).

El consumo de las diferentes preparaciones con harina de trigo creció de más en más, especialmente durante el rápido proceso de urbanización por la que atravesó Venezuela a mediados del siglo XX, muy a pesar de que la producción nacional del rubro se había retraído. En esta ocasión, la creciente importación cubrió las deficiencias, y el país se convirtió en un gran importador de trigo. Aumentó notablemente el número de panaderías en todo el país, utilizando principalmente maquinarias francesas e italianas. Y se produjeron muchos tipos de pan, en las categorías de pan salado y de pan dulce. No obstante, el consumo de trigo no se redujo solo a pan elaborado a partir de harina, sino que se extendió al consumo de pastas alimenticias (tallarines, macarrones, espagueti, etc.) y al empleo de la harina para la preparación de empanadas, pastelitos, arepas andinas y tortas caseras (Cartay, 2005).

Una de las características en el consumo de trigo fue que en el país parece no haber existido la tradición de preparar pan en el ámbito doméstico, a diferencia de lo que sucedió con la arepa. En tal sentido, el destino que se le dio a la poca harina de trigo que se adquiría para uso familiar fue principalmente la confección de tortas para postres (Lovera, 1988).

Por su tradición y hábitos de consumo el pan originalmente en la Venezuela republicana era fabricado artesanalmente por un gremio bien definido y conflictivo. Con el discurrir de la modernidad, surgieron los panaderos como canal de comercialización tanto para domicilios como pulperías para la venta y reproceso del pan. Las panaderías como establecimientos propiamente dichos, fue cosa del siglo XIX, y es justamente en el transcurrir de esta centuria cuando en Caracas se verifica la aparición de locales destinados a la venta del pan sin las intermediaciones de pulperos y bodegueros (Durand y González, 2002).

En cuanto a la importancia que significó este tipo de comercialización en el país de aquel entonces cabe destacar lo dicho por Doña Gabriela Schael citada en Durand (2002):

> A esas horas [las tardes] recogía también en las pulperías y otros sitios, el pan 'frío', el que no se había vendido. Después en las panaderías, éste, cortado en rodajas, y tostado en el horno, se convertía en lo que llamaban 'pedazos' o 'tostones' que venderían luego a precios ínfimos (...) Para las gentes excesivamente pobres esos 'pedazos' eran casi una bendición"

Hasta finales de los años setenta del siglo XX, el pan frío todavía significaba para las barriadas pobres de la ciudad,   una segura fuente de alimentación diaria en sus casas. Al operarse un cambio en los dueños de panaderías, que pasan a ser de los inmigrantes portugueses, a partir de los años ochenta, la venta de pan frío tendría sus días contados, lo que se supone hizo que apremiara el hambre de los más necesitados, al no expenderse estos remanentes del pan, que ahora serán reciclados para elaborar otros productos, debido a los cambios tecnológicos introducidos en las panaderías que permiten el aprovechamiento con mayores beneficios económicos, que los que reportaba la venta del "pan frío" (Ob.cit.).

El trigo ocupa dentro del patrón alimentario del venezolano contemporáneo un importante lugar, desde mediados de los años 50 del pasado siglo, las generaciones que han venido levantándose lo han hecho bajo un modelo social de consumo (MCS) de panes de diversos tipos, así como de pastelería muy diversa, y por supuesto con la ingesta frecuente de pastas alimenticias bajos diferentes formatos y combinaciones. Sin embargo, la adopción del trigo en la culinaria típica se remonta a la era republicana donde los ingredientes autóctonos se combinaron con los foráneos para engendrar lo que se conoce hoy en día como alimentos criollos.

Como representantes fieles de las preparaciones criollas a base de trigo se encuentran los siguientes alimentos (INN, 2001):

Arepa Andina: Pan similar a la arepa de maíz, pero elaborado con harina de trigo cultivado en la región de los andes.

Catalina: Galleta a base de harina de trigo, melado de papelón y bicarbonato de soda.

Churro: Rosca de harina de trigo, huevos, sal y manteca; fritas en abundante aceite.

Golfeado o golfiado: Pan dulce, de harina de trigo con papelón y queso.

En el cuadro 18 se muestran las composiciones nutricionales de los alimentos anteriormente definidos. Se puede apreciar cómo la pasta de sémola de trigo destaca en aporte energético dentro de las distintas formas de consumo del cereal. Así mismo el pan tipo canilla mantiene casi el mismo contenido proteínico que el cereal crudo. De igual manera, este último dentro del grupo de alimentos aquí contemplados, es el único cuyo contenido residual de fibra se encuentra establecido claramente en dicha tabla. También, puede notarse en el golfeado una excelente complementación del trigo con el papelón y el queso que mejoran considerablemente las bondades nutricionales de este alimento al incrementar su contenido de calcio y grasas.

En el gráfico 15 se contrastan los indicadores disponibilidad *per capita* (kg/per./dia) e importación (tm) para el trigo durante un período de 8 años que van desde finales del siglo XX a inicios del XXI. En la gráfica se puede apreciar un incremento en ambos indicadores para finales de los años 90 que luego en el 2002 experimenta, debido a conflictos económicos y políticos, una drástica disminución.

Cuadro 18

Composición porcentual de nutrientes para el trigo y sus productos derivados de consumo frecuente

	Trigo entero (variedad DNS)	Pan tipo canilla de trigo	Pasta de sémola de Trigo enriquecida	Catalina	Golfeado	Arepa Andina
ENERGÍA (Cal)	313	295	<u>353</u>	343	326	303
HUMEDAD %	10	24,6	13,1	12	22,9	25
PROTEÍNA %	13,3	<u>11,24</u>	<u>15</u>	8,1	5,2	<u>10,9</u>
GRASA %	2,2	2,3	1,9	8,0	5,5	2,6
CARBOHIDRATOS DISPONIBLES %	59,9	57,1	-	-	-	-
CARBOHIDRATOS TOTALES %	72,9	<u>60,2</u>	<u>69,3</u>	<u>76,4</u>	<u>64,4</u>	<u>59,7</u>
FIBRA DIETÉTICA %	<u>13</u>	3,1	-	-	-	-
CENIZAS %	1,6	1,5	0,7	2,7	2	1,8
CALCIO mg%	33	27	25	88	<u>150</u>	30
FÓSFORO mg%	325	120	164	101	131	117
HIERRO mg% ^a	4,3	2,9	5,2	10,4	3,0	2,2

Nota. Datos tomados de *tabla de Composición de Alimentos para Uso Práctico. Revisión 1999* por INN, 2001.

Sin embargo, observando las curvas de tendencia se aprecia un se incremento en la importación del rubro y como se mantiene casi estable su volúmen de consumo.

En el lapso comprendido entre 2001 y 2002 se nota una disminución en la disponibilidad con un alza en las importaciones. En el 2003, a diferencia del 2002 las importaciones bajan a consecuencia del paro general que afecto el país y por ende la disponibilidad disminuyó. En el año 2004 parece haberse regularizado el comportamiento de ambos indicadores, no obstante las tendencias lineales, indican que se experimenta un aumento en las importaciones de trigo mientras que su disponibilidad aparente permanece estable. En cuanto a lo anterior, volviendo al gráfico 9 se contrasta la demanda de trigo con la de otros cereales; notando como hasta el año 2001 ésta última va en incremento que luego desciende durante el siguiente año a partir del cual se repone de nuevo su ascenso en los 2 siguientes años. En contraste, existe una fuerte campaña del estado venezolano para reducir la ingesta de harinas de trigo a través de la regularización de sus precios y la suspensión de las divisas preferenciales con el propósito de reimpulsar y fomentar el consumo de maíz y yuca bajo sus distintas formas.

Plátano y Cambur

La familia de las musáceas se encuentra constituida por un grupo de plantas herbáceas monocotiledóneas, de flores con 5 estambres y fruto en baya o drupa (Diccionario Pequeño Larousse, 2005). En este grupo se incluyen 2 rubros muy importantes en la dieta del venezolano como lo son el Plátano *(Musa paradisiaca normalis)* y el cambur o banano *(Musa sapientum)*.

El plátano, que actualmente es el alimento básico en la dieta diaria de algunas de las etnias indohispánicas que han sobrevivido hasta la actualidad, por ejemplo la

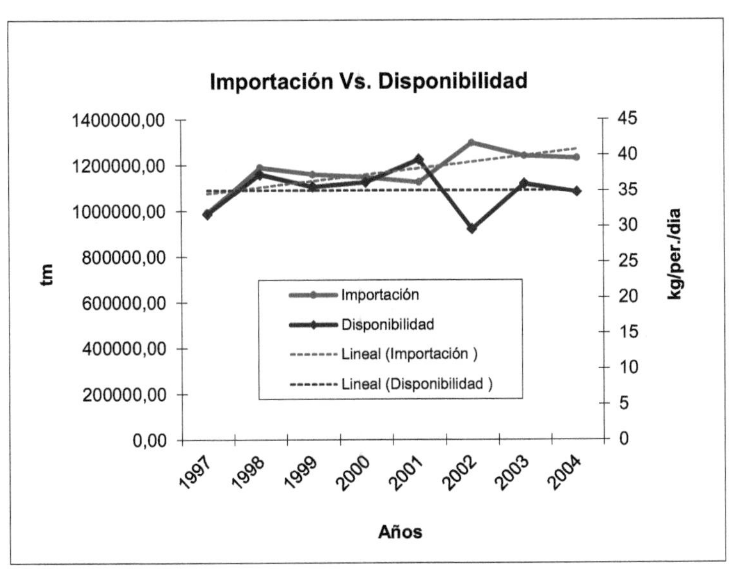

Gráfico 15. **Disponibilidad y Volúmen de importación para el trigo en la República Bolivariana de Venezuela para el período 1997-2004.** Elaborado por el autor a partir de la Base de Datos del Ministerio del Poder Popular para la Planificación y Desarrollo -MPPPD- (2007) y Estadísticas FAO (2007).

Yanoama, fue introducido desde la India después de la época de la conquista y se ha difundido en las regiones de climas adecuados (Hernández-D´Jesus, 2001).

El consumo de 2 especies de bananos (*Musa sapientum* y *Musa paradisiaca o balbisiana)* habría de extenderse al igual que el arroz, luego de su introducción en América, durante el siglo XVI (Cartay en Abreu, 2001).

El plátano es uno de los frutos más antiguos cultivados por el hombre, originario de la India y Asia menor. En Venezuela se produce sobretodo en clima cálido y es un alimento rico en carbohidratos, vitamina A, potasio y bajo en sodio (INN, 2006). Fue traído a tierras americanas por Fray Tomás Berlanga en 1578, donde fue definitivamente adoptado por negros, indios y criollos. Se constituyó desde ese momento en un rubro importante de la alimentación y se le dieron muchos más usos de los que se conocen en la actualidad. Pero el plátano ya venía de un viaje largo, pues sus orígenes se ubican en Malasia e India, de donde fue llevado al resto del continente asiático, Polinesia, África y luego a Europa. De allí y a través de colonizadores llegó a tierras americanas para instalarse y expandir sus dominios (Agrotendencia, 2008).

Los plátanos, cambures y topochos son frutas de origen tropical específicamente del Sur de Asia oriental que pertenecen a la familia llamada musáceas. Se le llama plátano a los frutos que se consumen generalmente cocidos y cambur a los que se consumen en forma fresca o cruda. Los primeros indicios evidencian que entre los años 500 y 400 a. C. el hombre ya utilizaba el banano como alimento. Los plátanos y cambures llegan a América en 1516 por la isla de Santo Domingo. A las costas del Caribe llegaron gracias a los españoles y a las costas de Brasil de la mano de los portugueses, para luego expandirse y progresivamente convertirse en un cultivo de exportación en el siglo XIX. Hoy en día en América Central y el norte de América del Sur conforman las principales regiones productoras de cambures y plátanos representada por Ecuador, Colombia, Costa Rica y Honduras (Agrotendencia, 2008).

Desde tiempos coloniales el pan de plátano o "tostón" preparado mediante la fritura de trozos de plátano verde (o plátano maduro -tajadas-) en manteca de cerdo o asado en ruedas al carbón constituyó la principal fuente de alimentación de los esclavos y miembros de las clases sociales más deprimidas. Así mismo, el cambur, un cultivo de poca atención, jugó un papel muy importante en simultaneidad con los desarrollos de las haciendas cacaotera y posteriormente cafetaleras, ya que tantos los esclavos como posteriormente los peones acordaban con sus amos y patrones respectivamente que se les diera el fruto proveniente de esta planta como contraprestación por sus servicios en el cultivo y cosecha del otro rubro económicamente más importante. Este acuerdo productivo, dio origen a un expresión muy tradicional en Venezuela que reza "fulano tiene ahí su cambur" con lo cual se pretende significar que alguien tiene en un lugar o posición un beneficio relativamente cómodo y seguro.

Algunos cronistas de la historia del país, entre los que destacan Humboldt, Andrés Bello y otros, en distintas épocas escribieron que el desarrollo de la región estaría siempre limitado mientras existiera el cultivo del plátano, llegando incluso a catalogarlo como enemigo del progreso y la civilización por fomentar la flojera y la apatía (Lovera, 1988; FP, 1998). En el gráfico 16 se exhiben las etiquetas de harinas de plátano y cambur fabricadas en el país entre 1900 y 1920.

Tanto el plátano como el cambur se ubican en zonas con alta precipitación, temperatura promedio anual mayor a los 27 ºC y en suelos con buena retención de humedad. Su desarrollo ideal se da en climas tropicales y regiones calidas. Los cultivos son realizados por pequeños, medianos y grandes productores. Los 2 primeros predominan tanto en número como en superficie cultivada y las plantas se encuentran distribuidas en casi todas las regiones del país y constituyen parte importante de los sistemas de agricultura de subsistencia "conucos". De igual forma se emplean en otros sistemas como sombrío temporal en cacaotales y cafetales (Abreu y otros, 1997).

HARINA DE PLATANO
1908

HARINA DE BANANOS
1918

Gráfico 16. **Productos de Musáceas existentes a principios del siglo XX en Venezuela para 1900-1920**. Tomada de "Inicios de la Modernidad". Abreu y otros, 2000.

En general, se usan en los cultivos de plátano y cambur tanto fertilizantes como agroquímicos para el control de plagas, enfermedades y malas hierbas. Requieren de labores de drenaje y mucha mano de obra en las prácticas culturales, siembra y cosecha. Esta ultima, se realiza durante todo el año y su comercialización se desarrolla fundamentalmente de forma fresca, aunque en el caso del plátano un parte se destina a la producción artesanal o industrial de tostones (Ob. cit.).

Desde los tiempos antiguos se han usado las musáceas de diferentes formas, aunque los Plátanos y Cambures se conocen más como un alimento, también casi toda la planta es usada de diferentes maneras. Como la fruta tiene corta vida en el almacenamiento, su procesamiento es importante, de ella se elaboran, "tostoncitos", fruta seca, harinas para hacer galletas, puré congelado para la elaboración de batidos, pasteles, helados y colados. Los frutos maduros también son usados para la alimentación animal como por ejemplo en la ganadería porcina y bovina así como también sus residuos vegetales luego de las cosechas. En el país las hojas de los plátanos juegan un papel fundamental en la elaboración del plato típico navideño la Hallaca, donde la hoja es usada para envolver el guiso junto con la masa para su cocción. Las hojas se utilizan además para la fabricación de sombrillas, como platos biológicos desechables, para cubrir techos y elaborar artesanías (Agrotendencia, 2008).

Las musáceas representan parte importante en el aporte de calorías baratas en la dieta del venezolano. Su forma habitual de consumo, a parte de la ingesta en estado fresco, se hace a través de los siguientes alimentos (INN, 2001):

Cafunga: Dulce hecho a base de masa de maíz, cambur o plátano maduro, anís, salcochado en hojas de plátano y bañado con melado de papelón o miel de abejas.

Tajadas: Lonjas largas y delgadas de plátano bien maduro, que se fríen en abundante aceite o manteca.

Tostones: Elaborado de plátano verde, cortado en lonjas o tajadas gruesas que se fríen en aceite o manteca, añadiéndose sal y algunas veces ajo.

Las regiones costeras se caracterizan por el consumo de plátanos junto a pescado en sus platos habituales. Así mismo en el estado Zulia el consumo de plátano, especialmente bajo la forma de tostones aderezados con carne y vegetales que se denominan "Patacones" es un icono emblemático de la culinaria de esta región. En el cuadro 19 se pueden observar las composiciones nutricionales de las musáceas y sus distintas formas de consumo. Para el caso del plátano, este puede consumirse verde o maduro, sancochado, horneado o frito, solo o combinado con otros alimentos en preparaciones como sopas, tortas y otros; constituyendo una excelente fuente de calorías, vitaminas (especialmente A) y minerales (INN, 2006).

Garrido (2002) en cuanto a la distribución y forma de consumo del plátano enuncia que:

En occidente, los zulianos lo comen en tajadas; en el centro lo prefieren horneado o en forma de tostones; y en el oriente, hacen bolas con la pulpa para acompañar los guisos o como parte del relleno del pastel de Chucho. Por otra parte, no se pueden dejar de lado las sofisticadas hallacas zulianas elaboradas con masa de plátano verde, ni los miles de platos de la cocina popular que lo incluyen: la chatunga, el bollo dulce, el chepe, el fufú, la mestiza, la mazamorra, el píopío. Más aún, sin el plátano dónde envolveríamos nuestras preciadas hallacas o el papo e´ vieja (pasta de harina fina de yuca también envuelta en sus hojas) y por supuesto el pabellón quedaría sin "la baranda", que tan bien lo acompaña.

El circuito de la comercialización del plátano esta sujeto en gran medida a la acción de los intermediarios, las empresas comercializadoras obtienen los frutos de mejores calidad, estos suplen la demanda de supermercados, industrias, comederos y el mercado internacional. Otra vía de comercialización es la compra de producto por minoristas, lo que genera un alza del precio a nivel de consumidor final.

Cuadro 19

Composición porcentual de nutrientes para algunas musáceas y sus productos derivados de consumo frecuente

	Plátano Maduro	Tajadas	Plátano Verde	Tostón	Cambur Pineo	Cambur Topocho
ENERGÍA (Cal)	137	<u>224</u>	148	<u>252</u>	70	124
HUMEDAD %	63,4	49,2	60,3	35	79,5	69,1
PROTEÍNA %	1,2	1,4	1,4	<u>1,9</u>	1,5	1,3
GRASA %	0,4	9,2	0,3	<u>10,1</u>	1,0	1,0
CARBOHIDRATOS DISPONIBLES %	32,1	34	34,9	38,3	13,8	-
CARBOHIDRATOS TOTALES %	34	<u>39,2</u>	37,1	51,8	17,2	27,8
FIBRA DIETÉTICA %	1,9	<u>5,2</u>	2,2	<u>13,5</u>	3,4	-
CENIZAS %	1,0	1,0	0,9	1,2	0,8	0,8
CALCIO mg%	5	6	5	9	<u>24</u>	25
FÓSFORO mg%	38	36	47	<u>78</u>	16	57
HIERRO mg%	<u>1,0</u>	1,0	0,7	0,8	0,4	0,3
Vitamina A ER	221	<u>259</u>	215	<u>316</u>	38	20

Nota. Datos tomados de *tabla de Composición de Alimentos para Uso Práctico. Revisión 1999* por INN, 2001.

La importancia del cambur y el plátano para la República Bolivariana de Venezuela es primordial y cada vez mayor dentro de una estrategia alimentaria que asegure niveles adecuados de autoabastecimiento (Abreu y otros, 1997; Agrotendencia, 2008).

En el gráfico 17 se presenta el Consumo de Plátano, basada en las estadísticas de la FAO y la disponibilidad aparente de musáceas, según cifras oficiales, en Venezuela para mediados de los años 90 y primera década del siglo XXI. Como puede notarse el consumo de plátano que venía experimentando un aumento en el consumo para finales de siglo sufrió una moderada disminución a partir del año 2000. Cuando se observa la disponibilidad de cambur, se nota como a partir del año 1997, ésta se reduce significativamente debido a problemas técnicos en la producción. En el caso del plátano se aprecia como aumenta la disponibilidad para los 2 primeros años del milenio; sin embargo, el consumo se mantiene constante e inferior al registrado en los años finiseculares. El cambur y el plátano necesitan repuntar sus niveles de producción para aumentar la disponibilidad y estimular el consumo, ya que como se observa tanto su producción como su consumo en la nueva república permanecen aún en el 2005 con valores inferiores a los registrados en los últimos años de la IV República.

Un venezolano come al año, aproximadamente 90 kg de cambures y plátanos, lo que representa una elevada cifra en comparación con otros alimentos del sub-sector vegetal. Colombia es el país latinoamericano que más consume musáceos, en esa nación cada persona come al año cerca de 160 kg de cambur y plátanos. Y en Nigeria por ser un fruto de una excelente base alimentaria como cultivo de subsistencia, sus habitantes consumen alrededor de 250 kg al año. Actualmente en Venezuela hay aproximadamente 50.000 ha sembradas con cambur las cuales tienen una producción que ronda las 800.000 tm. Para el caso de los plátanos la producción se halla cerca de las 680.000 tm y un rendimiento promedio de 10.500 kg / ha encontrándose en el país unas 65.000 ha cultivadas de plátanos (Agrotendencia, 2008).

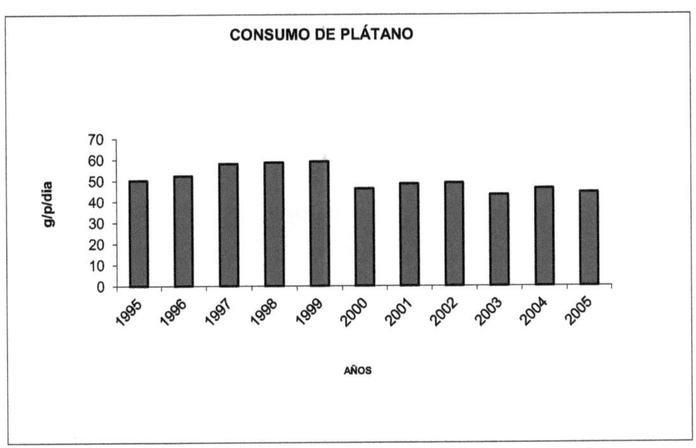

Fuente: Estadísticas FAO (2007)

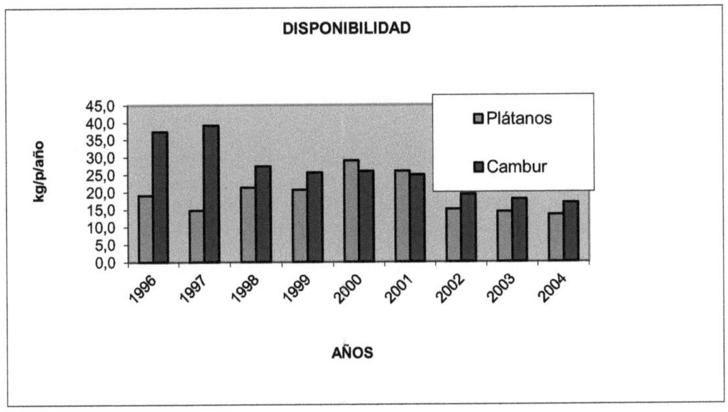

Fuente: Serie de Datos Sociales (MPPPD, 2007)

Gráfico 17. **Consumo de plátano y disponibilidad aparente de musáceas en la Republica Bolivariana para el período 1995-2005.** Elaborado por el autor a partir de la Base de Datos del Ministerio del Poder Popular para la Planificación y Desarrollo -MPPPD- (2007) y Estadísticas FAO (2007).

Se hace necesario estimular la producción de musáceas a través de una eficaz política de estado que combata el estancamiento de este rubro y mejore la deficiente organización que existe en cuanto a su mercado agroalimentario.

El Arroz

Desde finales del siglo XV, con los traslados de los primeros hispanos a tierras americanas, distintas especies vegetales y animales fueron objeto de transferencia intercontinental. El arroz (*Oryza sativa*) es introducido en América a principios del siglo XVI cuando se experimenta su germinación , sin embargo, desde el inicio mismo de la conquista comienza su consumo en tierras americanas ya que formaba parte de los suministros que traían las embarcaciones marítimas españolas (Abreu y otros, 2001).

En Venezuela durante la conquista y época republicana su cultivo era excepcional y poco conocido.

A comienzos del siglo XX, en el medio rural venezolano, donde habita el 85% de la población total, predomina el abandono social y la miseria material. Los problemas sanitarios causados por enfermedades como la malaria azotan fuertemente a la población y solo una minoría de ésta última participa del comercio agroalimentario agro-exportador de café y cacao, bases de la economía venezolana. Ya para la quinta década de ese mismo siglo, la industrialización presentaba un carácter neonato, la industria manufacturera atravesaba una etapa de transición entre las formas artesanales y la pequeña industria, en cuanto al campo y la agricultura se presentan algunas políticas de Estado para su modernización aunque tales esfuerzos fueron interrumpidos por los conflictos bélicos internos (Brito, 1978; Abreu y otros, 2001).

El Presidente de los Estados Unidos de Venezuela, Gral. Juan Vicente Gómez, frente a la agravante situación anterior decide la intervención del Estado a través de la creación del *Programa de Promoción de Cultivos Raros o Poco Conocidos* (1931-1932). En este marco, se toma el arroz como uno de los rubros más importantes dentro del programa con el propósito de eliminar sus importaciones y satisfacer la demanda interna; originándose el *Programa para el Fomento del Arroz*. Para el año 1935, la producción de arroz se había repartido por casi la totalidad del territorio nacional y su producción logra triplicarse. El programa permanece vigente durante los posteriores gobiernos de López Contreras y Medina Angarita, donde además se implantan un conjunto de nuevas estrategias con el objetivo de fortalecer la modernización de la agricultura. En este sentido, se producen pequeñas inmigraciones controladas para el desarrollo de la industria arrocera y se pretende lograr el poblamiento del territorio nacional (Abreu y otros, 2001).

En 1937 el Instituto Técnico de Inmigración y Colonización (ITIC) promueve la conformación de colonias agrícolas especialmente para el cultivo de esta que distribuyen por todo el país. Estas agrupaciones tuvieron una vigencia por casi una década y a partir de 1945 durante el mandato de la Junta Revolucionario de Gobierno comienzan a descontinuarse, promoviéndose a la par la fundación de las comunidades agrarias que finalmente son liquidadas en 1948 por la Junta Militar de Gobierno. Alternativamente en 1946 se constituye el *Plan Arrocero Nacional* (PAN) que alcanza grandes logros en cuanto a tecnología de producción, zonas cultivadas y volúmenes de producción, que fue formalmente liquidado en 1958. Para el año 1954 el *Comité Intergubernamental para la Inmigración Europea* promueve la creación de la *Comunidad Intercultural de Turen* como programa para reimpulsar el cultivo de esta planta. No obstante, al igual que en el ya extinto Plan Arrocero Nacional, la comunidad de Turén sufre en 1957 luego de prometedoras producciones una drástica caída en la producción, originada por las mismas causas que en su momento afectaron el PAN: sobre-oferta, enfermedades del grano y, reducción y eliminación de los créditos (Ob.cit.).

A partir de los años 60, progresa un plan adicional para el cultivo de arroz conocido como el *Sistema de Riego Río Guárico (SRRG)* concebido para la producción simultánea de ganado vacuno y arroz. Este plan, solo se desarrollo en menos de un tercio únicamente para el desarrollo de arroz; y a partir de ese momento los estados Guárico y Portuguesa se convierten en el polo principal de esta actividad agrícola. En 1960 con la implantación de la *Reforma Agraria* en el país se incorporan nuevos productores, esta tendencia se mantiene durante la década de los 70 donde un gran número de pequeños productores se establece en las adyacencias del SRRG originando la supuesta ineficiencia del sistema. La tendencia en el consumo de este cereal se mantuvo en incremento hasta el año 1981 cuando la producción se situó en 681.292 t pero en 1989 la producción cayó en un 50%. Un responsable directo de este descenso fue la aplicación del Programa Macroeconómico para la Estabilización y Ajustes Estructurales desarrollado entre los años 80 y 90. Sin embargo, para los 90 los productores nacionales de arroz eran capaces de satisfacer la demanda interna y hasta lograr un pequeño excedente susceptible de ser importado (Abreu y otros, 1997).

Abreu y otros (2001) sostienen que «el arroz resume de diversas maneras las múltiples facetas y búsquedas de la agricultura venezolana en el curso del siglo XX. Se trata del único producto agrícola en cuya historia han quedado inscritos todos los ensayos aplicados por el Estado desde 1930».

El cultivo de arroz es de tipo anual y mecanizado, centrado básicamente en los llanos centrales (Guárico) y occidentales (Portuguesa, Cojedes y Barinas). Las zonas aptas para su cultivo son aquellas que cuentan con suelos pesados, alta precipitación durante el ciclo de cultivo o suplencia de riego. Constituye un gremio coherente a nivel regional y las variedades cultivadas han sido básicamente la de granos largos para su consumo de mesa (Abreu y otros, 1997).

La tecnología utilizada para su cultivo es altamente consumidora de energía fósil con uso indiscriminado de agroquímicos y prácticas de laboreo de suelo con impactos ambientales fuertes sobre suelo, aguas, fauna y hombres (Cartay en Abreu, 1997).

El arroz junto al maíz y el trigo representa el cereal más consumido en Venezuela (ver gráfico 11). Según la FAO (2007) su consumo se ha mantenido relativamente estable en el país. Como alimento básico resulta de gran importancia debido a que aporta el 15 % de la energía de la dieta del venezolano haciéndose presente como elemento fundamental del plato típico nacional, el pabellón (Abreu y otros, 1997). Sus formas de consumo habitual son: cocido, en crema obtenida de harina (generalmente como alimento infantil) y como "chicha". En el gráfico 18, se muestran algunos productos contentivos de arroz de principios de siglo XX en el país.

El INN (2001) define chicha como una «Bebida fría elaborada a base de arroz cocido, colado y endulzado, a la cual puede agregarse leche y esencias (vainilla o almendras)». En el cuadro 20 puede apreciarse la composición nutricional del arroz blanco y otros productos elaborados a partir de éste. Puede notarse que este cereal y sus alimentos derivados son importantes fuentes de carbohidratos y vitaminas, especialmente del grupo B.

Alimentos Económicamente Importantes

Aún no explotado el petróleo comercialmente, el país era predominantemente rural, con una economía agrícola y una pobreza generalizada (Dehollain, 1993). La transición de cultivos de distintas especies vegetales fue práctica común tanto de la economía colonial como de la republicana; siempre enfocada hacia el aumento de los volúmenes de exportación para fomentar el comercio internacional. La regionalización en la producción de ciertos rubros así como el desplazamiento de un

PRODUCTOS CON ARROZ

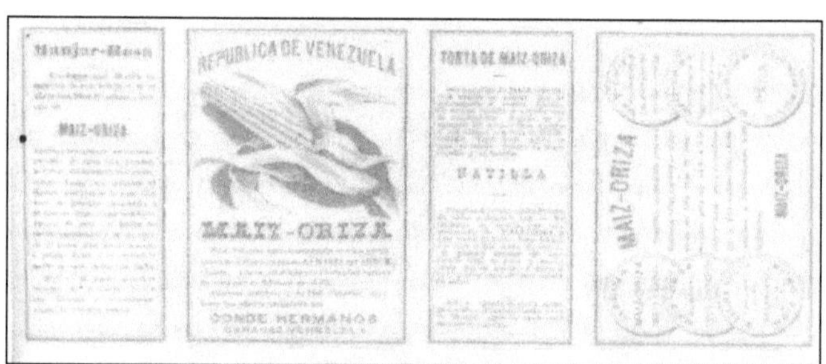

HARINA DE MAÍZ Y ARROZ

1903

ALIMENTO INFANTIL A BASE DE ARROZ Y OTROS CEREALES

1908

Gráfico 18. **Alimento infantil a base d arroz y otros cereales de principios del siglo XX en Venezuela para 1920-1925**. Tomada de Inicios de la Modernidad. Abreu y otros, 2000.

Cuadro 20

Composición porcentual de nutrientes para el arroz blanco (*Oryza sativa* L) y sus productos derivados de consumo frecuente

	Arroz Blanco	Arroz Blanco Var. Araure	Harina de arroz	Chicha
ENERGÍA (Cal)	345	353	<u>366</u>	98
HUMEDAD %	13	11,3	8,1	75,2
PROTEÍNA %	8,1	<u>8,6</u>	7,6	0,6
GRASA %	0,7	0,6	0,7	0
CARBOHIDRATOS TOTALES %	77,7	79,2	<u>82,9</u>	23,8
FIBRA DIETÉTICA %	1,2	1,2	-	-
CENIZAS %	0,5	0,5	0,7	0,4
CALCIO mg%	8	9	7	<u>25</u>
FÓSFORO mg%	147	78	<u>157</u>	35
HIERRO mg%	0,9	0,5	1,4	0,6
Tiamina mg %	0,08	0,07	<u>0,10</u>	0,03
Riboflavina mg%	0,04	0,02	<u>0,50</u>	0,03
Niacina mg%	1,5	0,8	<u>2,5</u>	0,1

Nota. Datos tomados de *tabla de Composición de Alimentos para Uso Práctico. Revisión 1999* por INN, 2001.

cultivo por otro más rentable ha sido siempre una característica de la economía agrícola venezolana.

A continuación se describirán los alimentos de origen vegetal que mayor trascendencia han tenido en la historia económica de Venezuela.

El Cacao

El cacao, *Theobroma cacao* L., *Sterculiaceae*, es una planta diploide, perteneciente a 1 de 22 especie que conforman el género, es la única económicamente importante ya que posee una semilla rica en aceites y su fruto es fuente de chocolate y mantequilla de cacao. Desde la época precolombina se ha cultivado en Centroamérica, aún cuando no es nativo de esta región y la información conocida acerca de esos cacaos es poca. La población natural de esta especie se extendió desde la región Amazonas-Guayana hasta el sur de México estableciéndose en 2 poblaciones diferentes separadas por el Istmo de Panamá. El cacao que desarrollaron los Mayas y Aztecas durante los siglos XIV y XV, se originó a partir de plantas silvestres procedentes de las regiones tropicales húmedas de la selva amazónica de Sur-américa, específicamente de las cabeceras de aguas del río Amazonas; por ello es que este sitio ha sido considerado como el centro de diversidad genética del cacao (Parra, 1997).

El cultivo del cacao en Venezuela data de la época del descubrimiento, pero es difícil precisar desde cuando se cultiva en el país; hoy constituye uno de los principales rubros agrícolas de exportación, su calidad está reconocida internacionalmente y es la base principal de la economía de varias regiones, manteniendo de forma directa a 17.000 familias y de manera indirecta a 40.000 (Ramos y otros, 2004).

Aún cuando para Venezuela el cacao ha representado un valuarte en los procesos políticos, culturales, biológicos, económicos y sociales, al punto de llegar a liderizar la producción mundial por casi todo el siglo XVIII; del origen de los materiales explotados en el país, se ha investigado y escrito poco. Varios autores indican la existencia de plantas de cacao de crecimiento espontáneo al sur del Orinoco con especial importancia para las comunidades autóctonas de la región. Por otra parte, en las áreas adyacentes a la costa existe información que denota el consumo de un caldo de cacao conocido bajo los nombres de 'Chire' y 'Spiti', en los dialectos mirrupú y mucuchies respectivamente y la existencia de una plantación de cacao para el año 1611 en el sur del Lago de Maracaibo. En este sentido, se piensa que el desarrollo de la cacaocultura de las zonas central y occidental del país se fundamentó en introducciones procedentes de México y América Central. Sin embargo, según evidencias genéticas, el cacao es originario de América del Sur y de ahí fue introducido en América Central (Parthasarathy y otros, 2008).

Era cultivado y usado por los indígenas de Venezuela desde los tiempos precolombinos, como alimento y acaso también con fines votivos en el culto de los dioses primitivos. El consumo interno debió extenderse en el siglo XVI, y muy tempranamente pasó también a Europa, La Corona española trató de fomentar este cultivo y con tal objeto le concedió la exoneración de los derechos de almojarifazgo, aunque a condición de que los embarcadores fueran pobladores de la misma gobernación pues fueron éstos quienes lo pidieron, y gozaron de tal privilegio desde 1638 hasta 1650 (FP, 2007).

El cacao criollo venezolano fue introducido en la isla de Trinidad por los españoles en el siglo XVII. En 1727 una prolongada sequía, seguida de un ciclón, destruyó gran parte de las plantaciones. Luego, a la isla se introdujo cacao "Forastero del Orinoco", que con los "Criollos" sobrevivientes del ciclón produjo una nueva variedad: el "Trinitario", más resistente que el Criollo y menos rústico que el Forastero (Cartay y Dávila, 1997).

El cacao, es una especie de origen neotropical que se desarrolla entre 18° latitud norte y 15° latitud sur. Pertenece a la familia *Sterculiaceae* y limita su crecimiento espontáneo en biótopos de alta pluviosidad, donde las plantas se desarrollan asociadas a bosques naturales de manera permanente. Además, es la única especie del género *Theobroma* que se explota comercialmente en grandes extensiones, registrando en la actualidad una amplia distribución mundial, a través de programas de desarrollo directamente influenciados por factores vinculados al mercado y por los intereses de productores, comerciantes, industriales y consumidores. La literatura registra información relacionada con la existencia y uso del cacao antes de la conquista de América Central y América del Sur y su importancia social y económica a través del tiempo, ha fomentado el interés por su cultivo y la realización de diversos estudios con alcances en lo histórico, cultural, social, antropológico, ecológico, biológico, económico, etc. (Parthasarathy y otros, 2008).

Es un cultivo de plantación tradicional en el país, ubicado principalmente en los valles que se forman entre la Cordillera de la Costa y el Mar Caribe, y mucho más recientemente en los estados Barinas y Zulia, áreas con alta precipitación pluvial distribuida durante todo el año, abundante vegetación arbórea y temperatura superior a los 24°C. Sus plantaciones tradicionales se ubican en los estados Sucre y Miranda donde se obtiene más del 80% de la producción nacional (Abreu y otros, 1997).

El cacao es una especie natural de los bosques húmedos de América tropical y está clasificado en tres grupos diferentes: forasteros, criollos y trinitarios, dependiendo de su localización geográfica y de sus características morfológicas (Ramos y otros, 2004).

Desde el punto de vista botánico, la planta del cacao (*Theobroma cacao*) se clasifica en 3 o 4 grandes grupos: Forastero, Criollo, Trinitario y, según algunos especialistas nacionales. Los granos de Forastero constituyen la mayor parte del cacao ordinario, mientras que las otras 3 categorías son consideradas como cacao fino, de aroma o aromáticas, que constituyen entre el 2 y el 5% del volúmen total de las exportaciones mundiales de granos de cacao (Cartay, 1998).

El cultivo de cacao es una actividad de larga tradición en el país, y su producción ha significado para Venezuela una importante actividad agrícola. Su producción ha generado inversión y fuentes de trabajo por ser un cultivo permanente, eminentemente conservacionista, que arraiga al agricultor a la tierra; ofreciendo almendras de buena calidad aromática de los tipos "criollos" que le confirieron fama en los mercados internacionales (Álvarez y otros, 2002). La tecnología empleada para su cultivo requiere pocos insumos, limitándose a limpieza manual, fertilización ocasional y cosecha manual, para luego extraer el grano, fermentarlo en cajas de madera y secarlo al sol (Abreu y otros, 1997).

Desde hace mucho tiempo, y a fin de mejorar la productividad, fueron introducidas variedades de cacao forastero (amazónicos y trinitarios), de almendras de sabor amargo y de inferior calidad, cuyos cruzamientos con los cacaos criollos y un sistema de comercialización poco adecuado contribuyeron al deterioro de su calidad, y a la pérdida del prestigio internacional, así como de las primas en el ámbito de compra de que gozaba el cacao venezolano (Ob.cit.).

Durante los siglos XVII y XVIII, en plena época colonial, el cultivo del cacao representó una de las mayores actividades comerciales de la Provincia de Venezuela, debido a su frecuente exportación a mercados en el viejo continente y América del norte. Fue tanta la importancia económica que alcanzó que dio origen a la expresión popular "Un Gran Cacao" que originalmente se uso para apodar a los dueños de las plantaciones de este rubro que luego se adoptó para designar a una persona, estrictamente hombres, que ostentara poder económico y posición social. Esta frase persistió en el léxico pueblerino aún después de que en el siglo XIX, el café detentará al cacao como principal fuente de exportación (Lovera, 1988).

La Fundación Polar (2007), en cuanto a la expansión del cacao expone:

Desde finales del siglo XVI, las plantaciones se fueron extendiendo a lo largo de la costa de Caracas en las haciendas de Choroní, Ocumare, Chuao, Turiamo y Guaiguaza; en los valles de Caucagua, Capaya, Curiepe y El Guapo; en los de Cúpira, en las márgenes del Aroa; en Barquisimeto, Chivacoa, Güigüe y Orituco; en Trujillo y Mérida, cuya producción se exportaba por Maracaibo; y hacia la región oriental, en la provincia de la Nueva Andalucía. El comercio a que dio lugar este fruto, constituyó la mayor riqueza de estas gobernaciones durante todo el período colonial, por ser el cacao un artículo muy valioso y de una gran demanda en los mercados de Europa y de América, y entre éstos particularmente los de México, que se convirtieron en el principal consumidor de nuestro cacao, hasta mediados del siglo XVIII, y sirvió para enriquecer a las clases mercantiles y agricultoras de la antigua gobernación de Caracas. Para tener una idea acerca de la evolución del cultivo durante los primeros 30 años del siglo XX, es preciso recurrir a las cifras de exportación, las cuales resultan mucho más confiables que las escasas estimaciones acerca de producción o demanda interna. Hasta comienzos de la Primera Guerra Mundial (1914), las exportaciones de cacao oscilaron entre 8.000 y 18.000 t, con un promedio de 16.000 t/año. A partir de 1916 y hasta la gran depresión económica de la década de 1930, el promedio anual de exportaciones fue de 20.000 t, con un máximo de 21.000 t en 1921, cifra que no se ha vuelto a alcanzar, debido a la estabilización de las superficies bajo cultivo y principalmente, a causa de que la producción descendió en un 50% entre 1963 y 1984. La producción promedio del quinquenio 1989-1993 fue de 15.392 t. Los principales estados productores son Miranda y Sucre, cada uno con 42% de la producción. Las exportaciones correspondientes al año 1983 alcanzaron 7.647 t, por valor de Bs. 767.000.000 a precios corrientes, para el cacao almendra. Desde 1959, se vienen exportando productos industrializados (manteca de cacao, cacao soluble y licor de cacao) en magnitudes crecientes.

El gráfico 19 exhibe las etiquetas para distintos tipos de chocolate fabricados en el país a partir de cacao durante finales del siglo XIX y principios del siglo XX.

El 97% del cacao que se produce en el mundo es del tipo Forastero amazónico y apenas entre un 3 a 4% es cacao fino de aroma. América produjo el 12,7% de la producción mundial para la cosecha 2000-2001 y Venezuela produjo 17.000 t, lo que representa el 0,55% de la producción mundial y el 4,35% de la producción de

América. En este sentido, el país como productor internacional de cacao en granos, es insignificante cuantitativamente pero es competitivo como productor de cacao fino de aroma. Por otra parte, es la nación donde se paga al productor los precios más altos del mercado mundial -100% y más-. Existen 4 regiones de importancia en cuanto a la producción anual de cacao: región Central 5 977 t, región Oriental 7 505 t, región Occidental 2 317 t y región Sur 35 t. Entre sus fortalezas cuenta con la existencia de 65 a 70 millones de plantas de cacao y la disponibilidad de tierras aptas para la fundación de nuevas plantaciones; aunado a la biodiversidad y calidad endógena del cacao venezolano. En la actualidad, el cacao ocupa unas 75 855 ha de las cuales el 7,61% (5.774 ha) se encuentra en los estados andinos. En el estado Mérida existen aproximadamente 2 600 ha bajo cultivo con una producción promedio de 560 kg / ha donde se destaca la existencia de cacao tipo Forastero, el cual se ha hibridado con el cacao fino de aroma o criollo, desmejorando su calidad y generando el denominado "mosaico" (Ramos y otros, 2004).

El cacao del tipo criollo se encuentra actualmente en vías de extinción, a pesar de que desde la época colonial éste le dio prestigio al cacao venezolano en el mercado internacional y se difundió en la región occidental de Venezuela donde aún se encuentran los tipos Guasare, Porcelana y Criollo merideño La apreciada calidad del cacao venezolano se debe principalmente a los tipos criollos del occidente y centro del país. La mayoría de las plantaciones están constituidas por mezclas de fenotipos y se confirmó la importancia del occidente del país como fuente de recursos genéticos de cacao criollo y fenotipos relacionados; la variabilidad fenotípica encontrada puede ser de mucha utilidad para los programas de mejoramiento de los cacaos finos de aroma (Moreno en Ramos y otros, 2004).

De acuerdo con Cartay (1998) la producción cacaotera venezolana está repartida principalmente en 3 zonas:

Gráfico 19. **Productos del Cacao de finales del siglo XIX y principios del XX en Venezuela para 1920-1925**. Tomada de "Inicios de la Modernidad". Abreu y otros, 2000.

a) La zona nororiental, con un 46% del estimado de la cosecha nacional 1997-98. Sus plantaciones están constituidas principalmente por cacaos trinitarios y otras mezclas, pero hay un propósito muy marcado de "criollizar" el cacao regional. El tipo más estimado es el Río Caribe Superior, trinitario con sangre de criollo, no fermentado o poco, aunque algunos productores lo fermentan para enviarlo al mercado europeo y asiático.

b) La zona norcentral, con un 32% de la cosecha nacional 1997-98. En el área de Barlovento, la de mayor producción, se produce básicamente cacao trinitario, entre los cuales el de mayor reputación es el Carenero Superior. En el área de Ocumare, Choroní y Chuao se producen cacaos criollos e híbridos, siendo el más reputado el cacao Chuao.

c) La zona suroccidental, con un 22% de la cosecha nacional 1997-98. En el área del Sur del Lago y Mérida se producen cacaos criollos e híbridos, siendo los más reputados el Porcelana, el Criollo de Mérida y el Guasare.

Venezuela fue, hasta hace pocos años, considerado como un país productor exclusivamente de cacaos criollos, finos ó de aroma, aunque recientemente en 1993, fue reducido a la condición de productor parcial, por la creciente introducción de cacaos tipo trinitario y, en algunas áreas, de cacaos tipos Forastero y Forastero scavina. De acuerdo con la clasificación venezolana, que debe ser ajustada a la clasificación mundial, en el país se producen 3 categorías de cacao: El extrafino, criollo auténtico y bien fermentado, responsable de un 1% de la producción nacional; el fino de primera, F1, Trinitario o Forastero bien fermentado, responsable de un 55 a 60% de la producción nacional y el fino de segunda, F2, Criollo, Forastero o Trinitario no fermentados, responsables de un 40 a 45% de la producción nacional. El cacao extrafino se exporta a Francia, con destino a la chocolatería de lujo, el F1 se exporta a las chocolaterías de Japón y Europa, y el F2 se destina a la industria nacional (Ob.cit.).

La baja producción por árbol y la baja densidad de siembra, sumado a la competencia por el uso de la tierra son las principales restricciones a este cultivo. No obstante, por su elevada calidad aromática, el cacao venezolano ha exhibido siempre una marcada preferencia en los mercados internacionales como"producto nacional con calidad de exportación" (Abreu y otros, 1997).

En la Venezuela, de fines del siglo XVIII, el cacao consumido como infusión sin edulcorante, junto a un pedazo de carne salada y una porción de casabe o arepa raspada representaba el condumio nocturno más habitual del habitante rural que para ese entonces representaba la mayoría de la población del país, tal y como lo refieren destacados cronistas de esa época. En el cuadro 16, se exhibe la composición nutricional tanto de los granos de cacao como de uno de sus principales productos derivados el chocolate dulce. Como se aprecia el chocolate dulce es una excelente fuente de energía por presentar elevadas cantidades de lípidos y carbohidratos. Además, es una excelente fuente de minerales, especialmente fósforo, vitaminas del complejo B y aunque no se refleja en la tabla de un compuesto denominado serotonina, con importancia fundamental sobre el estado anímico del individuo que lo consume debido a sus propiedades neuroestimulantes.

La Comisión Venezolana de Normas Industriales (COVENIN) en su Norma N° 1479 (1998) denominada "Cacao en Polvo" establece para la industria cacaotera los siguientes términos:

Torta de cacao natural: Producto que resulta después de la separación de la manteca por presión del licor de cacao (masa o pasta de cacao).

Torta de cacao tratada: Producto que resulta después de la separación de la manteca por presión del licor de cacao tratado (masa o pasta de cacao tratada).

Cacao en polvo natural: Producto obtenido por la pulverización de la torta de cacao natural.

Cacao en polvo tratado: Producto obtenido por la pulverización de la torta de cacao tratada.

Además esta norma establece los requisitos fisicoquímicos necesarios que debe presentar el cacao en polvo natural (ver cuadro 21).

El Café

El término café aparece mencionado por vez primera por el médico arabe Rhazes y parece provenir de la pronunciación turca "Kahveh" de la palabra arabiga "Qahwah" o "Gahweh", que traducida al castellano es fuerza (Byong, 1996). Pertenece a las familias de las rubiáceas (Illy y otros, 1995; Varnan y Sutherland, 1997) con inclusión de 500 géneros y alrededor de 800 especies, de estas últimas al menos 66 pertenecen al género *Coffea*, descrito por Linneo en 1753 y luego identificado por Chevalus en el año 1947 (Illy y otros, 1995).

El cafeto (*Coffea arabica, Cophea canephora*) es un árbol que puede alcanzar 10 m de altura, pero normalmente se poda para facilitar la recolección de los frutos, siempre está verde y se cultiva en muchos países tropicales, principalmente entre los trópicos de cáncer y capricornio, a una latitud de 610 a 1830 m.s.n.m. y a una temperatura aproximada de 21°C con precipitación pluvial de 1,27 m^3. De alguna forma se prefiere mayores altitudes, porque la altura es acompañada de temperaturas más frías, más humedad y más neblina con menos insecto y un suelo más arcilloso (Byong, 1996; Fox y Camerón, 1999).

Cuadro 21

Requisitos físicos y químicos del cacao en polvo natural en la Republica Bolivariana de Venezuela

Tabla 1: Requisitos físicos y químicos del Cacao en Polvo Natural

Requisito	Límites		Método de ensayo
	Min.	Max	
pH	5,5	6,5	COVENIN 1315
Humedad, %	-	6,0	COVENIN 374
Almidón proveniente del cacao, %	-	12,0	COVENIN 376
Cenizas, %	-	8,0	COVENIN 429
Fibra cruda, %	-	5,0	COVENIN 430
Finura, % de retención tamiz 75μm (COVENIN #200) (*)	-	5,0	COVENIN 1604
Sedimentación, ml/25 g de muestra		2,0	Punto 8.2

Nota: Para el licor de cacao tratado, los requisitos de pH, y sedimentación serán establecidos por las partes interesadas.

(*) Este requisito será establecido por las partes interesadas

Contaminantes	Limite (Max)	Método de ensayo
Cobre, mg/kg.	5,0	COVENIN 1215
Hierro, mg/kg.	2,0	COVENIN 1170
Plomo, mg/kg.	0,5	COVENIN 1335
Arsénico, mg/kg.	1,0	COVENIN 948

Nota. Tomado de *Norma Venezolana Nº 1479:98, Cacao en Polvo. II Revisión* COVENIN, 1998.

El café se considera originario de Abisinia, desde donde se extendió a Egipto, Persia y Turquía. Los árabes lo propagaron por las costas mediterráneas del norte de África. Su consumo trascendió a Europa llevado por los monjes a sus monasterios, pero desde mediados del siglo XVII pasó los muros de los conventos y comenzaron a tomarlo con profusión los legos. Ya en 1693, Londres contaba con más de un centenar de cafés públicos; los primeros "Café" de París abrieron sus puertas hacia el año de 1670, y al entrar el siglo XVIII el uso de esta bebida era de tal manera común en Francia, que ésta decidió fomentar el cultivo del café en sus propios dominios insulares del Caribe, para eludir el consumo del grano procedente de otros países. La introducción de este cultivo en América data de 1714, en la Guayana Holandesa. Las plantaciones en *Martinica* se iniciaron en 1723, de donde la simiente pasó a Jamaica, Guadalupe y Cayena (FP, 2007).

El primer cafeto llegó a Venezuela, sembrado por misiones de españoles asentadas en la cuenca del río Caroní en 1730, traído desde Brasil, a donde había llegado a su vez desde Surinam o Cayena. Allí lo recibieron, así mismo, de Martinica y Guadalupe (Fondo de Crédito Industrial -FCI-, 2008). Desde la Guayana el cafeto se difundió a la gobernación de Caracas, cerca de 1740. En Chacao, en las cercanías de la población de Caracas, se levantaron en 1784 las primeras plantaciones cafetaleras en la hacienda Blandín, gracias al esfuerzo de Bartolomé Blandín, o Blandaín, como al parecer era el nombre correcto. Más tarde esa experiencia fue secundada por los presbíteros Sojo y Mohedano, en las haciendas de San Felipe Neri, y La Floresta (Café Imperial, 2008).

El cultivo del café se extendió a San Antonio, Las Minas y los valles de Aragua a partir de 1784, pasando luego a las provincias de Carabobo y Barcelona. En 1776 se observaron cultivos en Cumaná y Río Caribe. En 1780 el cultivo se extendió al occidente, difundiéndose en tierras andinas: en Mérida, donde a pesar de una temprana introducción, probablemente antes de 1777, comenzaron a fundarse plantaciones después de la Guerra de Independencia; en Táchira, gracias a la iniciativa de Gervasio Rubio, quien lo introdujo en 1794 a la hacienda La Yegüera, en las inmediaciones de la población que más tarde, en 1855, sería llamada Rubio; en Trujillo, probablemente introducido por Francisco de Labastida en 1801, y siguiendo por los Andes tachirenses, el cafeto continuó su viaje hasta Colombia. Poco a poco el café fue desplazando al cacao como el principal rubro de exportación de la economía venezolana (Café Imperial, 2008; FCI, 2008).

El cacao, que había reinado casi solitario en la escena económica nacional entre la segunda mitad del siglo XVII y la primera mitad del siglo XVIII, declina visiblemente en su predominio desde principios del XIX. Hacia 1830, la sustitución del cacao por el café ya es un hecho que se expresa por un doble desplazamiento: el del cacao, que se traslada desde el centro al occidente y, particularmente, al oriente del país, convirtiendo a Carúpano en el principal puerto de exportación de cacao en Venezuela y en una de las plazas comerciales más importantes del país; y el del café, del centro a los Andes en el siglo XIX, se desplazó hacia la región centro-occidental. Hacia 1880, habiendo penetrado desde algunas décadas antes las laderas andinas, el café se convirtió en el fruto por excelencia de esa región, y los 3 estados andinos se perfilaron como líderes de la producción cafetalera nacional. Desde la época de la colonia se encuentra establecido en casi todas las zonas montañosas del país, de las cuales la zona andina agrupa cerca del 80% de la producción total (Abreu y otros, 1997; Café Imperial 2008; FCI, 2008).

En el gráfico 20 se presenta la portada de un viejo libro del siglo XVII que trata algunas consideraciones sobre el té, el cacao y el café como bebidas más influyentes en la Europa de esa época. Esto es un ejemplo de la importancia que desde sus orígenes tuvieron estos cultivos.

Después de la Guerra de Independencia el cacao fue perdiendo importancia en comparación con el abrumante negocio del café. «Cacao y café, sumisión colonial y libertad republicana».

Gráfico 20. **Portada Interior del famoso libro de Dufour sobre el café, el té y el chocolate.** Tomada de "Historia de la Alimentación en Venezuela". Lovera (1988).

La expansión de la infusión proveniente del cafeto avasallantemente se arraigo en los hábitos de los habitantes de la recién liberada república. Sin distinción de posición social, creencia o inclinación política; tanto para el habitante de la capital como para el llanero, el andino sin descontar el oriental se hizo imprescindible "el negrito" o "cafecito" (Lovera, 1988).

En 1785 se iniciaron las exportaciones regulares de café, no obstante que existía un consumo local de alguna importancia que se evidencia por algunas eventuales introducciones del grano recogido en otras zonas vecinas, españolas y aun francesas, que se agregaban al consumo de las cosechas propias. Esas exportaciones de la provincia de Venezuela fueron dirigidas a España, Islas Canarias y a las colonias españolas y extranjeras continentales, a un ritmo de crecimiento extraordinariamente acelerado. Al entrar el siglo XIX la producción de café se encontraba en pleno y acelerado ascenso, de tal manera que en 1805 salieron por La Guaira 2.774.316 libras, incluidas las exportaciones por Puerto Cabello, cifra 5 veces mayor a la de 1797. De todos los años de esa primera década, el más significativo fue el de 1809, no sólo por la complejidad del cuadro del comercio foráneo de este fruto, que pasó de 7.000.000 de libras, sino porque alcanzó a equipararse con el del cacao, que posteriormente fue desplazado a un segundo lugar cada vez más distante (FP, 2007).

Desde finales del siglo XVIII y principios del XIX, la producción de café había continuado creciendo, tal como puede colegirse de las cifras de exportación. El cultivo se fue incorporando rápidamente a las haciendas cacaoteras de la región centro-norte costera, en las cuales no interfería con otros cultivos en fondos de valles y se podían utilizar terrenos con pendientes mayores sin exponerlos a la erosión. La ubicación en el norte del país era además ventajosa por la existencia de vías de comunicación y su cercanía a los puertos. La exportación promedio anual en la década 1830-1840 fue de 6.320 t y entre ese último año y el de 1870, fecha aproximada de comienzo del cultivo en los Andes venezolanos, tal promedio alcanzó a 16.500 t anuales. Aquí comienza la gran expansión del cultivo, debida en primer lugar a la mayor disponibilidad de tierras aptas, casi sin valor comercial hasta entonces, clima benigno y mayor disponibilidad de mano de obra. La exportación promedio entre 1870 y fines del siglo XIX, sobrepasa las 38.000 t anuales. Las 2 zonas productoras tienen una estructura agraria diferente (Ob.cit.).

El café suplanta al cacao como bebida no alcohólica nacional y llega en tiempos decimonónicos a hacerse parte intrínseca del régimen alimentario tradicional, cambio que refleja la transformación que se operó en la economía agraria motocultivadora. De aquí es valido realizar una periodización; la Venezuela del cacao que corresponde a la época colonial y el país del café que corresponde al período republicano, ambos contrapuestos a la Venezuela petrolera de la tercera década del siglo XX (Lovera, 1988).

En 1919 se alcanzó el punto culminante en la exportación de café, cuando ésta superó las 82.000 t. En 1924 el estado Táchira pasó a ser el primer productor nacional, seguido por Lara, Mérida y Trujillo. A partir de allí la caficultura experimentó alzas y bajas en la producción, por la incidencia de los dos guerras mundiales, la aparición del petróleo, la gran depresión, la sobreproducción cafetalera del Brasil y la desacertada política agrícola oficial venezolana. Hasta la I Guerra Mundial (1914-1918) subsistió la estructura económica heredada del siglo XIX, con el predominio de un régimen de monocultivo agroexportador, liderado por el café. El gráfico 21 presenta 2 de las marcas de café molido existentes para esta época. A partir del siglo XX el país atravesó, entonces, serios problemas de tesorería, y se intentó resolver tal déficit con nuevos y mayores impuestos, que redujeron la competitividad del café venezolano. A partir de allí se impuso una política de desaciertos gubernamentales, que dejó al cultivo a su suerte, desprotegido, pues los gobiernos no lograron concretar y aplicar una política proteccionista, que minimizara los efectos de las fluctuaciones internacionales de los precios (FCI, 2008).

CAFÉ MOLIDO

CAFÉ EL ARABE 1923

CAFÉ IMPERIAL 1926

Gráfico 21. **Sellos de 2 marcas de café molido en Venezuela para 1920-1925.**
Tomada de "Inicios de la Modernidad". Abreu y otros, 2000.

Desde mediados del siglo XX, los pequeños productores son responsables de la mayor parte de la producción. Esta última amerita gran cantidad de mano de obra temporal, la cual es mal remunerada, y cierto grado de fertilización. El mercado de este rubro fue liberado por el estado en 1990, dejándose como único requisito el cumplimiento de las normas de comercialización, tarea que es desarrollada y estabilizada por el Fondo Nacional del Café –FONCAFE- (Abreu y otros, 1997).

En cuanto a la comercialización del café dentro del país, los productores no consiguen un sistema más equitativo para que el precio interno no dependa de coyunturas que favorezcan a un solo sector en la cadena de comercialización. En la actualidad, los precios internacionales del café rondan 134 $ y los industriales cafetaleros venezolanos, al parecer, estarían pagando un poco más del precio establecido internacionalmente, debido al temor de quedarse sin el grano. Para conquistar mercados internacionales, el café venezolano debe mantener su calidad, pero los cafetaleros señalan que esto se lograría no sólo con el financiamiento, sino con capacitación, tanto de los productores como de los ingenieros, para que los profesionales del agro no emigren a otros rubros donde les podría ser más rentable (Agencia Bolivariana de Noticias-ABN-, 2005).

Antes ocurría lo contrario, a los productores se les pagaba por debajo de los precios internacionales del café, debido a la existencia de malos precios. El presidente de la Federación Campesina de Venezuela, Miguel Moreno, asegura que para mantener una hectárea de café en el país tendría que invertirse entre 800 mil y 2 millones y medio de bolívares, sin incluir la tierra. Señala también que en la actualidad existen en el país 200 mil hectáreas de café bajo el financiamiento del Estado a través del Plan Nacional del Café, cuyas metas estarían en mantener 135 mil hectáreas, renovar 15 mil y fundar unas 50 mil. Según Vicente Pérez, de la Asociación Venezolana de Productores de Café, el 90% de los caficultores en Venezuela tienen menos de 5 ha y no poseen viviendas dignas, sino de bahareque, sin baños y sin servicio eléctrico (Ob.cit).

En cuanto a los aspectos técnicos del café, COVENIN en su norma 604 "Café. Definiciones" (1993) establece los siguientes conceptos inherentes a la industria cafetalera:

Café Verde: Son los granos de café lavado o natural, a los cuales se lea ha suprimido las envolturas o cortezas exteriores. Nota: el termino verde u oro, no involucra el color del grano.

Café: Es el término genérico empleado para designar el fruto y granos de café, del género, especies *Coffea Arabica* y *Canephora*; de la primera se cultivan comercialmente en el país, las variedades Típica, Caturra, Catuay y Bourbon, y de la especie *Canephora*, la variedad *Robusta*. El término café se hace extensivo al fruto maduro, café verde, cerezas secas, granos aún con la corteza de pergamino adherida. Liofilizado, descafeinado, tostado, molido e infusión.

Infusión de café: Es el producto líquido obtenido por tratamiento con agua del café molido o por adición de agua al extracto de café o café soluble

En el cuadro 22 se presenta la composición nutricional para granos de café (*Coffea arabica*) y su infusión, y en el cuadro 23 se presentan los requisitos fisicoquímicos que debe presenta el café tostado y molido en el país de acuerdo con la norma COVENIN 46 "Café Tostado" (1994). De acuerdo a los cuadros se puede notar que el grano de café tiene originalmente un elevado contenido de grasa que desempeña un papel importante para el desarrollo de las características sensoriales deseas en los productos a partir de él obtenidos. La infusión de café, por su parte, posee un moderado aporte de fósforo y carbohidratos tomando en cuenta su elevada humedad. Por otra parte, en los requisitos sugeridos por COVENIN se puede apreciar un contenido de 0,75g de cafeína por cada 100g de café tostado, lo cual explica por qué es este alimento un potente estimulador neurológico.

Cuadro 22

Composición porcentual de nutrientes para el Café (*Coffea arabica*) y su infusión

	Café Tostado	Infusión sin azúcar
ENERGÍA (Cal)	398	5
HUMEDAD %	5,9	98,5
PROTEÍNA %	14,2	0,3
GRASA %	14	0,1
CARBOHIDRATOS TOTALES %	61,4	<u>0,8</u>
FIBRA DIETËTICA %	-	0
CENIZAS %	4,5	0,3
CALCIO mg%	150	5
FÖSFORO mg%	<u>200</u>	<u>5</u>
HIERRO mg%	5	0,2
B-caroteno equiv. total	-	-
Tiamina mg %	0,07	0,01
Riboflavina mg%	0,1	0,01
Niacina mg%	35	2,6

Nota. Datos tomados de *tabla de Composición de Alimentos para Uso Práctico. Revisión 1999* por INN, 2001.

Cuadro 23

Tabla de requisitos físicos y químicos para café tostado molido

CARACTERÍSTICA	REQUISITOS		MÉTODO DE ENSAYO
	MÍNIMO	MÁXIMO	
Humedad % p/p	-	5	COVENIN 33
Extracto Acuoso % p/p (BS)	22	32	COVENIN 434
Cenizas % p/p	-	5	COVENIN 429
Fibra Cruda % p/p	12	22	COVENIN 430
Azucares Totales % p/p	-	2	COVENIN 2134
Cafeína en Café Completo % p/p	0,75	-	COVENIN 432
Cafeína en café descafeinado % p/p	-	0,3	COVENIN 432

Nota. Tomado de *Norma Venezolana Café Tostado o Molido*. III Revisión por COVENIN, 1994.

Aunque el café no fue un alimento fundamental para el aporte de calorías en la dieta del venezolano de antaño ni lo es en el de la actualidad; sí constituye la bebida insignia de un país que en otrora fundamentó su economía en él. No obstante, en la actualidad el café desempeña una importancia social tanto para el régimen alimentario como para el sistema de producción agroalimentaria. En cuanto a lo primero "el negrito, el guayoyo, el marrón, el con leche o el teterito" forman parte de su modo de consumo, arraigado desde hace más de dos siglos en la idiosincrasia venezolana. Respecto a lo segundo, un buen número de familias de zonas rurales, muchas veces desasistidas, participan de su cultivo, cosecha y tostado como únicas actividades que le permiten su sostén. Por último, se debe recordar que esta planta ejerce, además, una importante contribución a la conservación del medio ambiente, especialmente en zonas protectoras.

La Caña de Azúcar

La caña de azúcar (*Saccharum officinarum*), tiene su origen en Nueva Guinea, y en la última década representó junto al arroz, uno de los cultivos agroindustriales con perspectivas de crecimiento (AGREVO, 2008).

La historia de la caña es bastante sórdida ya que el altísimo precio que tenia el azúcar en Europa (si es que se le puede llamar así ya que se trataba de un engrudo sin refinar ni cristalizar), y la rápida aclimatación y desarrollo espectacular que en aquellas tierras húmedas y templadas sucedieron a las primeras pruebas, provocó que colonos ávidos de riqueza, maltratasen a los nativos para que trabajasen en tan inhumano cultivo y cuando vieron que los indios se morían al ser sometidos a la esclavitud, adoptaron las formas de los portugueses que desde el principio habían comprendido que los esclavos africanos eran más productivos y rentables (Taninos, 2007).

Fue llevada en el tercer viaje de Colón (30 de mayo 1498) procedente de las Islas Canarias y plantada por primera vez en la Isla La Española (Santo Domingo, República Dominicana) aunque no de forma intensiva hasta 1520 por un tal Pedro de Atienza, y el primero en elaborar azúcar, fue Miguel de Ballester. En suelo venezolano su desarrollo fue paulatino desde que se introdujo por Coro la primera semilla de Caña, por parte del conquistador Juan de Ampies y las plantaciones se extendieron por la Provincia de Venezuela gracias a diversas expediciones (Taninos, 2007; Rodríguez, 2005).

Las plantaciones de caña de azúcar se dieron en América Latina y las Antillas como consecuencia de la demanda en los mercados europeos entre los siglos XVI al XVII. Para el caso de Venezuela, la estrategia para impulsar las áreas azucareras por parte de la corona española no resultó favorecida. En ese momento extender el paisaje azucarero demandaba cuantiosa inversión de capitales para lograr establecimientos adecuados con herramientas necesarias y sobre todo mucha mano de obra barata; por esa razón durante el siglo XVI son rarísimas las cifras sobre explotación de la caña a diferencia de otros rubros como cacao y luego café que generaban importantes ingresos. Con el avance de la economía en la Capitanía General de Venezuela, ya para el siglo XVIII se establecen algunos cultivos de importancia en el occidente del país. Al proceso de producción de la caña de azúcar se incorporó inicialmente la fuerza de trabajo indígena que una vez diezmada ameritó ser sustituida por mano de obra negra (Rodríguez, 2005).

El azúcar extraído en territorio venezolano era de calidad inferior al producido en otros lugares. El poco estimulo del gobierno metropolitano por impulsar la producción de este rubro y la lentitud de su comercio, obligaron al autoabastecimiento de algunos rubros, entre ellos el azúcar, que representó un renglón importante en la dieta diaria. En este sentido, la fabricación de papelón, azúcar moscabada, conservas y dulces para el consumo doméstico, generó una cultura gastronómica durante el período colonial que prevaleció luego en épocas sucesivas.

Cabe destacar que azúcar y papelón, no fueron los únicos productos que se obtenían de la caña, esta última permitía obtener en primer lugar la raspadura, una masa de jugo de caña cuajado envuelta en vástago de plátano, que se consumía con pan y queso; en segundo lugar, el alfondoque o arropía con 2 punto ya más bajos que el azúcar, especie de turrón hecho con pasta de azúcar batida y mezclada con queso, avellana, maíz o ajonjolí; en tercer lugar el alfeñique con medio punto más que el alfondoque, barra de pasta de azúcar delgada, retorcida y freída en aceite de almendras o cacahuate; y por último la melcocha una masa vidriosa y correosa obtenida por la extensión y enfriamiento repentino de pasta fina de azúcar, predilecta como golosina (Lovera, 1988; Abreu y otros, 2001; Rodríguez, 2005).

Además de los dulces, merecen especial mención las bebidas obtenidas de la caña, específicamente el guarapo, zumo de caña sin cocer, y el aguardiente, bebida proveniente de la destilación del jugo de caña fermentado. Ambos, respectivamente, se convirtieron en las bebidas analcoholicas y alcohólicas por excelencia del régimen alimentario criollo. La importancia del papelón en la alimentación del venezolano durante el siglo XVIII es tal que llegó al extremo de usarse como moneda para pequeñas transacciones y para el pago de jornaleros de hacienda. Esta tendencia no disminuyo en el siglo XIX pues "la panela" continuó siendo un fuerte puntal en la dieta de peones y soldados. Se podría resumir haciendo referencia a la siguiente cita «La historia de Venezuela tuvo como fuerza motriz el azúcar, fuente de donde sacaron sus energía, en tiempos coloniales, peones, esclavos y hacendados; en tiempos republicanos, campesinos, soldados y generales» (Lovera, 1988; Abreu y otros, 2001).

Durante la era republicana, ya identificada la importancia económica de la caña de azúcar, algunos latifundistas habían comenzado su cultivo y explotación. Un cronista belga que recorre el país entre 1837 y 1841, describe con asombro las inmensas plantaciones y grandes maquinarias que existen en las tierras del Conde de Tovar a una legua de Caracas. La Venezuela del siglo XIX era un país dependiente de la agricultura especialmente de café y cacao, seguidos de cueros, palos de mora y azúcar. Datos históricos recopilados sugieren que entre 1830 y 1888 el cultivo de caña en el país se extendió considerablemente. En 1870, el gobierno guzmancista dirige su atención hacia los cañicultores y se pronuncia hacia el favorecimiento de este sector de la economía nacional que continuaba aún compitiendo en condiciones desventajosas con sus pares de otros países. Para 1894, sin embargo, no había sido posible, la inversión de capitales que demandaba la producción cañera para equipar adecuadamente las unidades agrícolas y lograr la industrialización de este renglón (Abreu y otros, 2001; Rodríguez, 2005).

Hasta las primeras décadas del siglo XX la hacienda cañera era una unidad de producción de cierta complejidad, en la cual se integraban 2 procesos de trabajo distintos, a saber: el agrícola propiamente dicho y la actividad de transformación y elaboración de bienes derivados de la caña de azúcar (papelón y aguardiente principalmente). En una sociedad tan pobre como la venezolana para finales del siglo XIX y principios del XX, la demanda y consumo de papelón superan con creces a las del azúcar. Una de las principales razones, es la amplia diferencia en precio de una con respecto a otra; por citar un ejemplo para el año 1896 el precio del azúcar aproximadamente duplicó al del papelón. A medida que aumentó la demanda de azúcar a partir del año 1920 tiene lugar la concentración del proceso de molienda en los llamados "centrales azucareros" que utilizan una tecnología distinta a la empleada hasta ese entonces. Estos centros productivos incorporaron cambios importantes en el cultivo y procesamiento de la caña que implicaron, a su vez, modificaciones trascendentes en el patrón de consumo de alimentos al desplazar el papelón en beneficio del azúcar refinado, convirtiéndose además en suministradores de materia prima para industrias alimentarias conexas (Abreu y otros, 2001).

En el siglo XX, la producción de caña de azúcar evoluciona con paso firme hacia la industrialización cuyos símbolos son los nuevos centrales azucareros que se implantan en el país desde las primeras décadas del siglo y que cambian sustancialmente el panorama cañero de siglos anteriores, repuntando la producción con la ocurrencia de la I Guerra Mundial. A mediados de los años 60, la importación de diversos elementos técnicos, máquinas de vapor, nuevos sistemas de trapiche, refinería, etc. aseguraron una mayor producción y perfeccionamiento en la elaboración de azúcar pero esto solo se observó en aquellas unidades productoras que disponían de amplios recursos económicos. No obstante, los pequeños y medianos explotadores continuarían apegados a técnicas y procedimientos heredados desde tiempos coloniales (Abreu y otros, 2001; Rodríguez, 2005).

La caña de azúcar es un cultivo muy tradicional en Venezuela, su procesamiento a nivel de centrales azucareros data de los años 40, así como el inicio de la modernización e industrialización de este sector. Requiere de mucha mano de obra, así como de ciertos niveles de tecnificación para elevar su rendimiento y lograr abastecer las necesidades del país, ya que en éste se cuentan con excelentes instalaciones a nivel de los principales centrales azucareros. Este cultivo está distribuido en casi todas las zonas agrícolas del país: Aragua, Carabobo, Lara, Yaracuy, Portuguesa, Barinas, Sucre, Zulia, Táchira, Trujillo, en donde a su vez existen las instalaciones a nivel de centrales, para su procesamiento una vez cosechada la caña (Agrinova, 2008).

La caña de azúcar en Venezuela, es un renglón de gran importancia en la producción agrícola nacional. Según datos de la Distribuidora Venezolana de Azúcares S.R.L., la superficie cosechada en el país alcanzó a 81.985 ha durante la zafra 1974-1975, con una producción de caña molida de 5.756.584 t. La producción total de azúcar fue de 494.758 t, estimándose un valor de la producción de 594.000.000 millones de bolívares. Además, se calcula que el cultivo de la caña de azúcar genera empleo directo a más de 80.000 personas (Ordosgoittif y otros, 1976)

Las zonas productoras de azúcar refinada se localizan primordialmente en las regiones central y centro-occidental del país y su producción ha estado en constante crecimiento ya que desde la promulgación de la Ley de Reforma Agraria durante los años 40 del pasado siglo se han incorporado pequeños, medianos y grandes productores con tierras propias o incorporadas (Abreu y otros, 1997). En lo que respecta a las áreas de siembra en el país, estas se encuentran concentradas en las regiones central y occidental del país, distribuyéndose según el área de influencia del central azucarero (ver cuadro 24). El área de siembra está alrededor de 110.000 ha, con una producción estimada de 750.000 a 800.000l t., lo cual solo abastece el 75-80% del consumo total, que se estima en 1.000.000 t., teniendo que importar el déficit (AGREVO, 2008).

Es un cultivo que requiere de la utilización de mucha mano de obra, así como de ciertos niveles de tecnificación para elevar su rendimiento y lograr abastecer las necesidades del país, ya que se cuenta con excelentes instalaciones a nivel de los principales centrales azucareros. En su explotación se hace uso eficiente de la tecnología disponible caracterizada por la introducción de innovaciones, una mecanización parcial y elevado gasto energético (Abreu y otros, 1997; Agrinova, 2008).

La caña de azúcar es posiblemente la gramínea de mayor rendimiento en biomasa por unidad de área (397t/ há de materia seca) y de tiempo, superando a otras plantas de alto rendimiento como el maíz y el trigo. La melaza obtenida como subproducto de la fabricación de azúcar refinada se usa en la industria licorera y en la alimentación animal (Abreu y otros, 1997). La capacidad de la caña de azúcar de mantener su digestibilidad con la madurez le proporciona una ventaja importante como alimento para los bovinos, especialmente durante la época seca cuando todas las otras gramíneas son poco disponibles y de baja calidad (Urdaneta, 2006).

De manera habitual, los pequeños y medianos productores han utilizado los subproductos de la caña en la alimentación animal. La caña puede ser utilizada en forma integral, utilizando variedades comerciales de las zonas productoras o aquellas

Cuadro 24

Distribución de Centrales Azucareros en todo el territorio nacional para el año 2007

CENTRAL AZUCARERO	ESTADO	ÁREA DE SIEMBRA (has)	PROD. (Kg/ha)
EL PALMAR	Aragua	13000	62700
RIO YARACUY	Yaracuy	10800	60300
MATILDE	Yaracuy	7000	62100
RIO TURBIO	Lara	14000	68300
TOCUYO	Lara	3400	73400
CARORA	Lara	3600	59800
PASTORA	Lara	11000	69500
PORTUGUESA	Portuguesa	16000	58000
MAJAGUAS	Portuguesa	6000	55000
RÍO GUANARE	Portuguesa	5400	56300
TOLIMAN	Portuguesa	10600	57600
VENEZUELA	Zulia	5500	62700
UREÑA	Táchira	2300	66100
CUMANACOA	Sucre	2800	60000
		111.400	**871.800**

Nota. Tomado de *Breve Reseña del Cultivo* por AGREVO, 2008.

cañas que simplemente nunca llegan al ingenio azucarero producto de las malas políticas del precio del azúcar. Sin embargo, con el uso de la caña de azúcar en la alimentación de los bovinos en pastoreo en las épocas secas (escasez de forraje), se puede evitar la disminución en la producción animal y mantener producciones de leche o carne similares a las alcanzadas en la época de lluvia (abundancia de forraje). Al mismo tiempo se intensifica la ganadería, al lograr una mayor producción por unidad de superficie incrementando la carga animal (Urdaneta, 2006).

En cuanto a la producción de panela o papelón, el cultivo de la caña de azúcar con fines paneleros se ubica principalmente en los andes venezolanos y se remonta a generaciones y épocas anteriores, predominando todavía un sistema de explotación tradicional y de proceso artesanal. El desarrollo tecnológico de este tipo de cultivo se inicia por parte del Fondo Nacional de Investigaciones Agropecuarias (actual INIA), mediante la selección de cultivares para las diferentes condiciones agro ecológicas, acompañado de un manejo agronómico acorde con las condiciones de las zonas de sembrado. La importancia de la explotación de caña panelera se manifiesta por: ser uno de los principales cultivos agroindustriales en la economía rural andina, el área sembrada que ocupa, la generación de empleo directo (campo y trapiche) e indirecto, ser un cultivo conservacionista y diversificador de la economía cafetalera, el valor nutricional de la panela, el uso directo e indirecto de productos y subproductos en la alimentación humana y animal, y su papel como mejorador de las condiciones físicas de los suelos (Hernández, 1995).

Los productores de caña de azúcar en Venezuela sostienen que la rentabilidad de sus fincas se ha venido reduciendo en los últimos años, lo que a su vez incide en la industria azucarera. Existe un deterioro sostenido de las ganancias reales de las explotaciones dedicadas a la producción de caña de azúcar. La capacidad de compra de los cañicultores se ha visto fuertemente mermada en los últimos tiempos. Esto se traduce en postergación de la renovación de maquinaria y ejecución de mejoras; reducción en el mantenimiento de equipos; eliminación, reducción o retardo en la adquisición de insumos necesarios, etc. que, en definitiva, afecta los niveles de productividad de las fincas. Revertir esta tendencia no parece fácil, pero es necesario realizar un esfuerzo y profundizar en el estudio de los factores que han reducido la producción de caña y azúcar (Sigala, 2002).

La regulación de este rubro, decretado por el Gobierno Nacional, ha traído consecuencias negativas, tanto así, que el estado para contrarrestar los embates de la estabilización de los precios; ha optado por la figura del subsidio. Señaló, el presidente de APROCA que hasta hace 15 años el cultivo de este rubro era incipiente y que fue en el año 2001, gracias al esfuerzo mancomunado entre los productores del campo y del Gobierno Nacional que se alcanzó la cifra de 9000 ha plantadas, pero a causa de la mala planificación por parte de la directiva del Ministerio para el Poder Popular de Agricultura y Tierras (MPPAT) del estado Cojedes, no se logró cosechar toda la caña producida en el estado, lo que dejó diferida 80 toneladas de este producto en el período 2006-2007, lo que ocasionó atrasos y depresión en este sector (Estela, 2007).

En cuanto a su papel en el ámbito alimentario, después del maíz y el café, constituye el tercer rubro en importancia dentro del valor total de la producción vegetal, además de su contribución en calorías a la dieta energética del venezolano. El 60% de la producción de caña de azúcar, principalmente la de azúcar refinada, se destina a su consumo en mesa. El otro 40% restante se destina a las empresas de alimentos y bebidas, especialmente a las fábricas de bebidas gaseosas y golosinas. El gráfico 22 muestra algunos de los productos obtenidos de la caña y comercializados en la Venezuela de principios del siglo XX.

En cuanto a los productos alimenticios tradicionalmente consumidos en Venezuela derivados de la caña de azúcar, cabe trato especial al papelón. Según el INN (2001) se define así al azúcar de caña crudo, no cristalizado, se le da generalmente forma cónica en moldes especiales. En algunas regiones del país, como por ejemplo los

PRODUCTOS DE LA CAÑA DE AZÚCAR

VINAGRE DE ALCOHOL   **AZÚCAR BLANCA**

1925   **1920**

BEBIDAS GASEOSAS

1925   **1920**

Gráfico 22. **Productos de caña de azúcar y bebidas analcohólicas altas en azúcar en Venezuela para 1920-1925.** Tomada de «Inicios de la Modernidad». Abreu y otros, 2000.

andes, se le denomina también como panela cuando es moldeado en forma de cubo rectangular.

Abreu y otros (2001) definen el papelón como un pan cónico de azúcar sin refinar que se fabrica en Venezuela aún en la mayoría de las haciendas con procedimientos muy primitivos y pintorescos, afirman que es indispensable en toda casa rica o pobre y que cuando se hierve en agua se obtiene una bebida llamada "guarapo" que suele usarse para endulzar el café.

El cuadro 25 muestra la composición nutricional de varios productos obtenidos de la caña de azúcar y otros alimentos que emplean azúcar en su preparación considerados importantes para la dieta del venezolano. Como puede apreciarse todos constituyen excelentes fuentes de energía debido a la gran cantidad de carbohidratos presentes en su composición, a excepción del ron cuyas Cal provienen del etanol y son denominadas comúnmente como "calorías huecas". También, puede notarse como en los productos de proceso artesanal o mínimamente procesados (como el jugo de caña y el papelón) el aporte en minerales y vitaminas es mayor, siendo por naturaleza alimentos ricos en calcio. La refinación, caso azúcar refinada, elimina estos importantes elementos nutricionales haciendo de los productos resultantes, fuentes exclusivas de carbohidratos disponibles y por ende de energía inmediata. Como estos productos forman parte de importantes alimentos de consumo diario en el país, por ejemplo bebidas gaseosas o refrescos que muchas veces sustituyen al agua como elemento de hidratación (ver gráfico 23), el exceso de Cal debido a su elevada ingesta se traduce en la aparición de enfermedades de la nutrición, principalmente por exceso.

Observando el gráfico 24, se puede apreciar cómo existe una tendencia al aumento en el consumo *per capita* de azúcar, durante inicios del siglo XXI, en la República Bolivariana de Venezuela. Esto se debe al gran número de alimentos procesados

Cuadro 25

Composición porcentual de nutrientes para productos obtenidos de la caña de azúcar

	AZÚCAR BLANCA	BEBIDA GASEOSA	AZÚCAR MORENA	RON (44 ºGL)	JUGO DE CAÑA	PAPELÓN NEGRO
ENERGÍA (Cal)	398	48	383	305	63	370
HUMEDAD %	0,5	87,9	3	56	83,8	5,7
PROTEÍNA %	0	0	0	-	0,2	0,6
GRASA %	0	0	0	-	0	0
CARBOHIDRATOS TOTALES %	99,5	12	95,8	:	15,5	92,5
FIBRA DIETÉTICA %	0	0	0	-	0	0
CENIZAS %	0	0,1	1,2	-	0,5	1,7
CALCIO mg%	0	0	76	-	36	174
FÓSFORO mg%	0	20	37	-	13	14
HIERRO mg%	0	0	2,6	-	1,6	4,2
TIAMINA mg%	-	-	-	-	0,02	0,01
RIBOFLAVINA mg%	-	-	-	-	0,01	0,09
NIACINA mg%	-	-	-	-	0,1	0.5

Nota. Datos tomados de *tabla de Composición de Alimentos para Uso Práctico. Revisión 1999* por INN, 2001.

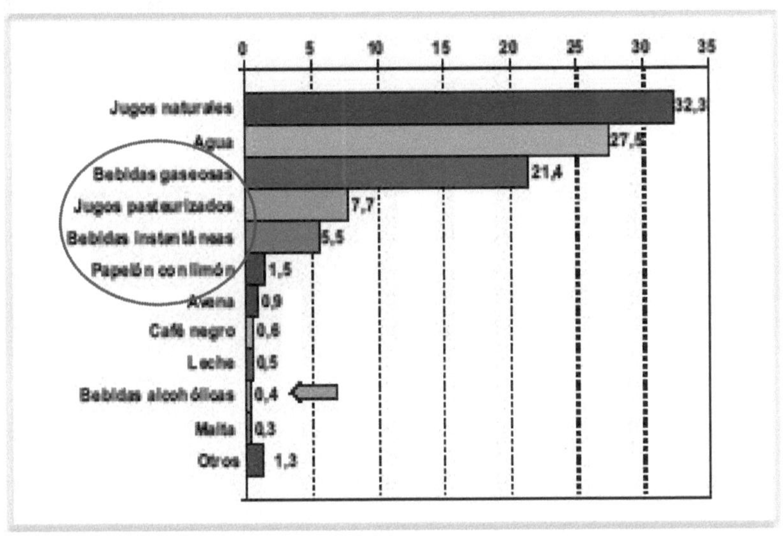

Gráfico 23. **Bebidas analcohólicas de consumo frecuente en la República Bolivariana de Venezuela.** Tomado de *Boletín Económico Informativo*, BCV (2007).

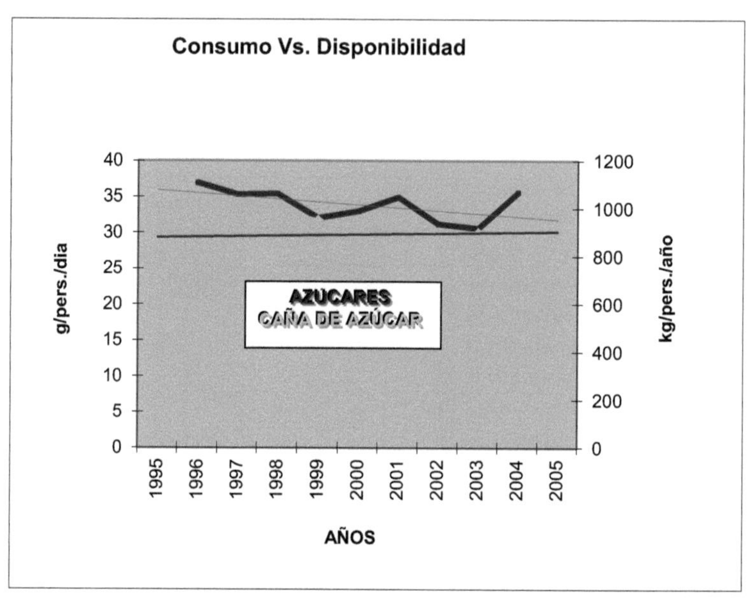

Gráfico 24. **Consumo de caña de azúcar y disponibilidad aparente de azucares (grupo de alimentos) en la Republica Bolivariana de Venezuela para el período 1996-2005.** Elaborado a partir de la Base de Datos del Ministerio del Poder Popular para la Planificación y Desarrollo -MPPPD- (2007) y Estadísticas FAO (2007).

contentivos de los productos derivados de esta planta, que hoy por hoy ocupan un indiscutible espacio en los anaqueles de empresas expendedoras, y un lugar consolidado, en el régimen alimentario del venezolano posmodernista. Sin embargo, al analizar la disponibilidad aparente anual para el grupo de azúcares que engloba los alimentos ricos en carbohidratos disponibles, en su mayoría provenientes del azúcar, se aprecia una tendencia a su disminución que viene presentándose desde los años 90 del siglo XX. Esto significa que el país está requiriendo más azúcar de aquella que su aparato productivo agroindustrial es capaz de producir, en el gráfico 25 se pueden apreciar los volúmenes de importación que este rubro ha tenido desde 1997 hasta el 2004, nótese que no se puede establecer una tendencia definida para este período ya que el mismo ha sido muy fluctuante, no obstante para el 2004 se nota un aumento de los volúmenes quizás en razón de lo expuesto con anterioridad.

Antes de cerrar este capítulo, es importante señalar que en las páginas anteriores se han descrito un grupo de alimentos de origen vegetal con profundas implicaciones culturales, sociales y económicas para la historia del país. No obstante, existen otro grupo de alimentos de origen animal que han estado muchas veces de la mano con los aquí tratados. Por ejemplo, el consumo de yuca bajo la forma de casabe solía acompañarse de carne de vacuno, en la ingesta de maíz como empanadas o arepas (preparadas a partir de su harina) es relleno común el pescado y el pollo.

Mucho de esos alimentos (carnes, huevo y leche), proteínicos en su mayoría, también evidencian el mestizaje y los cambios en los regímenes alimentarios del venezolano. Por citar un ejemplo, podría considerarse la migración que se experimentó en la década de los 80 en el consumo de carne de aves de corral por la tradicional carne de res, o al aumento del consumo en los productos derivados del cerdo a través de la ingesta de embutidos que comenzó a ganar terreno desde mediados del siglo XX.

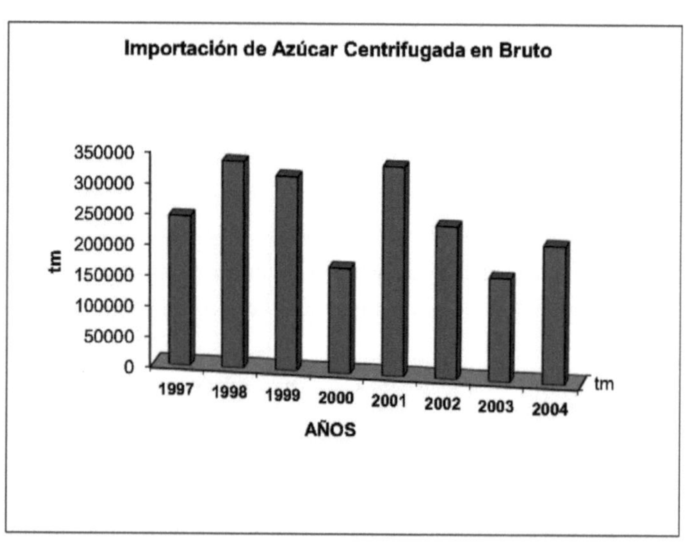

Gráfico 25. **Importación de azúcar centrifugada en bruto en la República Bolivariana de Venezuela para el período 1997-2004.** Elaborado a partir de la Base de Estadísticas FAO (2007).

Con base en lo anterior, este tipo de alimentos animales al igual que los vegetales, ameritan de un estudio más detallado que por razones de extensión no podrá abarcarse en el presente trabajo. Sin embargo, se reconoce tanto su importancia como su trascendencia en lo que al tema alimentario se refiere.

CAPITULO VI

EVOLUCIÓN DEL SISTEMA AGROALIMENTARIO VENEZOLANO

Una empresa alimentaria puede ser entendida como una unidad económica de producción de alimentos y servicios conexos. Por lo general, el conjunto de empresas pertenecientes a este mismo sector económico e industrial suele denominarse Industria Alimentaria.

Partiendo de lo anterior, la industria alimentaria puede definirse como el conjunto de actividades económicas que producen, distribuyen o comercializan bienes conocidos como alimentos, bien sea por transformación de materias primas o mediante incorporación de valor.

La organización lógica de este conjunto de actividades es lo que se conoce como *Cadena Alimentaria*. Según la Organización Internacional para la Normalización - ISO por sus siglas en ingles- (2005) se engloba en este término «la secuencia de las etapas y operaciones involucradas en la producción, procesamiento, distribución, almacenamiento y manipulación de un alimento y sus ingredientes, desde la producción primaria hasta el consumo». Se incluye también la producción de alimentos para animales que a su vez producen alimentos, y para animales destinados a la producción de alimentos. Así como la producción de materiales destinados a estar en contacto con los alimentos o con las materias primas (ver gráfico 26).

A lo largo del tiempo la forma de producir, procesar y consumir alimentos ha variado considerablemente. Los sistemas agroalimentarios se han modificado conforme lo han hecho las sociedades a través de su evolución. Las características socioculturales han condicionado la forma de tenencia y explotación de la tierra al igual que la cría o captura de especies animales de interés. Venezuela no es una

217

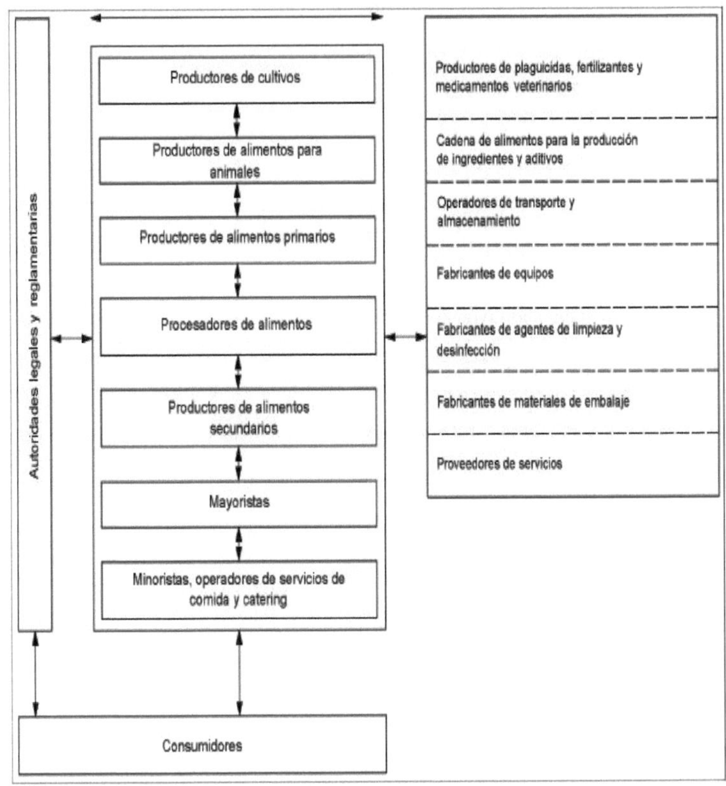

Gráfico 26. **Comunicación dentro de la cadena alimentaria.** Tomado de *Sistemas de gestión de la inocuidad de los alimentos -Requisitos para cualquier organización en la cadena alimentaria – FONDONORMA*-ISO 22000 (2005).

excepción, por ende a lo largo de su avance como país experimenta fenómenos importantes que marcan cambios económicos, sociales y políticos. Lo anterior es un proceso dinámico y constante de transformación, como la propia existencia del hombre sobre la tierra.

En Venezuela la transición desde la agricultura tradicional familiar hasta las empresas agroindustriales modificó el sistema alimentario, tanto como los patrones nutricionales de los habitantes (Dehollain, 1993).

En las siguientes páginas se considerarán brevemente aspectos importantes relacionados con los sistemas agroalimentarios por los que ha atravesado el país a lo largo, algunos eventos históricos de interés relacionados al consumo y preparación de alimentos y por último ciertas consideraciones sobre la evolución de la legislación alimentaria venezolana.

Unidades de Producción: Del Conuco a la Agroindustria

El Conuco

En la América prehispánica convivían diversos tipos de sistemas agrarios, desde los más elementales realizados por aborígenes que en el momento de la conquista aún vivían de la recolección, la caza y la pesca (como los de los pobladores de las pampas de América del Sur, las Antillas, la cuenca amazónica, la cuenca del Orinoco y el sur de Chile) hasta los más complejos y avanzados, como los sistemas agrarios de Mesoamérica creados por el Imperio Azteca y las agriculturas de las comunidades andinas de Suramérica dominadas por el Imperio Inca (Abarca, 2006).

La palabra conuco no es de origen caribe, ni timoto-cuica, sino arahuaco. Es taíno, es decir de los indígenas que poblaban Cuba, Santo Domingo y Puerto Rico. De allí pasó al castellano en Venezuela. El conuco representa una práctica de cultivo propia de las poblaciones indígenas de América del Sur, que se mantiene aún en la actualidad (Abarca, 2006; Morón, 2008).

El conuco, como unidad productiva, consiste en el uso seminómada de los suelos mediante su preparación con roza y quema, y luego siembra predominante de variedades de yuca, combinada con otros rubros como el ñame, el maíz, los frijoles, el tomate, la auyama o la lechosa (Abarca, 2006).

El conuco es la unidad agrícola de los indios Chaimas, pero también de todos los demás que habitaron el territorio venezolano antes y después de los conquistadores caribes, antes y después de los conquistadores españoles. El conuco fue heredado por los venezolanos pobres en los siglos XVI, XVII, XVIII, XIX y XX. Siendo una práctica aborigen por milenios, consiste en talar los árboles (vegetación nativa), quemar los residuos para desbrozar la tierra, abrir surcos en las cenizas para sembrar las semillas y esperar a que los dioses (Dios, la Naturaleza) sean favorables con el maíz, la yuca, las caraotas o las otras raíces comestibles. Al cabo de poco, después de 2 o 3 cosechas de productividad descendente, se abandona ese espacio de tierra para hacer nuevas deforestaciones con el propósito de iniciar el ciclo nuevamente (Rengifo, 2002; Morón, 2008).

El conuco suministró, y suministra, no solo el sustento de los aborígenes americanos sino también la mayoría de componentes de la dieta criolla: maíz, yuca, caraota, papas y por supuesto los infaltables plátano y cambur. Eventualmente, también comprendía el cultivo de algunos árboles frutales como guayaba, aguacate y naranja. La técnica empleada en este tipo de siembra seguía siendo la misma de tiempos precolombinos, donde el uso de herramientas rudimentarias como el machete era imprescindible y la fuerza de trabajo era la familiar. No se empleaba abono en su explotación puesto que su carácter era itinerante y requería de una oferta ilimitada de tierra (Lovera, 1988).

Las tierras aprovechadas por los campesinos para establecer conucos, inicialmente fueron las extensiones no explotadas de haciendas de "frutos mayores" pertenecientes a grandes latifundistas. La dieta aportada por esta forma de agricultura, no era completa y ameritaba ser complementada con otros rubros que solo se encontraban en "pulperías aledañas" comprendidas dentro de la zona del latifundio, lo cual representaba una evidente dominación económica por parte de la clase social más favorecida. En tiempos más recientes de la realidad rural venezolana, el conuco ha seguido proveyendo algunos de los componentes básicos de la dieta sobre todo en regiones donde el acceso y transporte se hacen difíciles. Esta modalidad ha permitido que los asentamientos campesinos lejanos y en su mayoría desasistidos hayan perdurado a través del tiempo. Sin embargo, el costo ecológico ha sido grande dejando profundas huellas en el paisaje natural.

El conuco es una forma de producción; es decir, es una manera de aprovechar los recursos disponibles, con los conocimientos, medios y tecnologías al alcance de quienes lo realizan. Este, como forma de producción, corresponde a un nivel o estadio de bajo desarrollo de las fuerzas productivas, del conocimiento científico y del avance tecnológico. Por ello, su impacto en los recursos aprovechables, sobre todo en suelo, flora y aguas, son relativamente bajos (aparentemente); de allí surge la idea según la cual, desde el punto de vista ambiental, esta forma de producir es "perfecta" (Sánchez, 2007). Se considera un sistema de producción altamente conservacionista, diversificado y de mínima utilización de insumos, que le ha permitido a los campesinos pobres, de los países en desarrollo, subsistir ante situaciones de carencia de fuentes de alimentación (Gutiérrez y otros, 2001).

La concepción del conuco como forma perfecta de explotación, es en el fondo un error, a menos que se esté hablando del conuco como lo han concebido algunas tribus indígenas seminómadas (Yanomamis, por ejemplo), las cuales se ubican durante algún tiempo en un sitio y, luego, cuando el suelo se hace improductivo, se trasladan a otro lugar. Por ello se sostiene que el bajo impacto es solo relativo pues siempre conlleva el agotamiento de alguno de los recursos aprovechados, como el suelo, o bien la deforestación que el establecimiento conlleva (Sánchez, 2007).

En este último aspecto cualquiera que no esté medianamente familiarizado con la ecología, pudiese creer que las deforestaciones para establecimientos de conucos son bajas y de poco impacto. Pero en la actualidad se sabe que eso se encuentra alejado de la realidad porque dicho sistema produce efectos devastadores que se van observando a mediano y largo plazo. Tal es el caso de muchas cuencas, reservorios de recursos hídricos, altamente intervenidas con la consecuente destrucción de fuentes de agua y suelos afectados por la actividad del conuco. Por eso y debido a las características del mundo global, no es cierto que en el aspecto ambiental sea sustentable. Ni en su forma más primitiva, como medio de producción y autoabastecimiento de las comunas aborígenes, ni tampoco en su forma más difundida en años posteriores donde sirvió de base a la economía de sustentación de la familia campesina (Ob.cit.).

Se dice que el conuco no produjo ninguna civilización, sólo le dio de comer a indios primitivos, en lo que es hoy Venezuela e Islas del Caribe. Cronistas del siglo XVII afirmaban que los individuos adultos de ambos sexos, pobladores autóctonos de la región trabajaban en éste una hora por la mañana y otra por la tarde (Morón, 2008).

Por la razón anterior, en lo que se refiere al aspecto económico, el conuco no es perfecto; a menos que se entienda por perfecta la actividad económica de sustentación, mediante la cual una familia produce en éste, los alimentos necesarios para su subsistencia. La economía del conuco por lo general no produce excedentes, y cuando los produce es en tan poca cantidad que contribuye muy poco a acrecentar las posibilidades de la familia campesina de mejorar sus condiciones de vida. Desde el punto de vista económico, el conuco es el estadio superior de producción de la caza y la recolección, que ha pasado por varios niveles de desarrollo a lo largo de miles de años (Sánchez, 2007).

El conuco proveía alimentos estacionarios destinados principalmente a su consumo inmediato o en el corto plazo. Sus volúmenes de producción no eran tales que permitieran la existencia de superávit que ameritará el desarrollo de tecnologías de procesamiento o conservación. Los "frutos del conuco" se podían consumir crudos o algunos de ellos, como tubérculos y leguminosas, se sometían a la preparación culinaria de la familia que los había cultivado. Su relativa sencillez de producción, las bondadosas condiciones del clima tropical y la abundante disponibilidad de tierras y ejidos en una Venezuela casi anecumene; no fomentaron el desarrollo de tecnologías agrícolas o alimentarías. "Era pues el nuevo continente una tierra de gracias" en comparación con las duras condiciones que el clima imponía en otras latitudes donde el invierno obligaba el uso de tecnología, aunque en grado precario, para conservar los alimentos y garantizar la disponibilidad alimentaria de humanos y animales domésticos.

La Hacienda Colonial

La agriculturaantes de la conquista española desempeñó un papel muy importante en el desarrollo de las poblaciones indígenas amerindias, en un extraordinario contexto de equilibrio ecológico. Con la dominación, ocurrió una transformación profunda y esencial en el esquema de vida de las sociedades indígenas en todos sus subsistemas. Se formaron economías exportadoras, se empezó a acumular capital y se transplantaron costumbres sociales a las tierras conquistadas por más de 4 siglos (finales del siglo XV hasta mediados del XIX). En los sistemas agrarios americanos se instauró como unidad productiva la hacienda colonial (en el caso de las tierras conquistadas por España) y la plantación (en los territorios ocupados por Portugal) y se rompió el equilibrio ecológico en la actividad agrícola (Abarca, 2006).

En el momento histórico de la conquista, imperaba en el pensamiento económico europeo el mercantilismo; razón por la que los colonizadores buscaban en las nuevas tierras metales preciosos y una fuente constante que alimentase las corrientes de comercio internacional. En los territorios americanos donde abundaban los metales y la fuerza de trabajo indígena (como México y Perú), se configuraron sistemas económicos con predominancia minera; mientras que en los territorios donde la carencia de minas y la escasa densidad poblacional de aborígenes no permitieron otra economía más que la agrícola (como Brasil, Venezuela, islas del Caribe) se empezaron a desarrollar los cultivos de exportación destinados a satisfacer la demanda de la metrópolis, en rubros como caña de azúcar, café, cacao, entre otros y con mano de obra negra esclavo africana (Ob.cit.).

Como resultado de las economías coloniales desarrolladas en Hispanoamérica, los excedentes productivos se canalizaban a las ciudades portuarias para su envío a la metrópolis europea, a su vez, las ciudades coloniales importaban de la metrópolis aquellos bienes manufacturados de los que carecían. De la instauración de este especial sistema de producción, distribución, circulación y consumo entre las nuevas tierras conquistadas y los países europeos de España y Portugal, se conformó un tipo de economía dependiente al comercio de bienes primarios a cambio de bienes finales que se heredó después de la época colonial y le ha valido por mucho tiempo, a los países americanos, el título de "economías subdesarrolladas". La insuficiencia de la población económicamente activa en algunas regiones de América Latina, especialmente donde se desarrollaron rubros tropicales de exportación y la extinción de comunidades amerindias fue muy severa, se resolvió con el mestizaje entre amerindios, negros esclavos traídos de África y blancos europeos encomenderos (Brito, 1978; Abarca, 2006).

En el territorio venezolano se impulsa el desarrollo de relaciones de producciones esclavistas y feudales que son las que rigen la sociedad colonial venezolana. Las unidades sociales de producción se organizan en torno al régimen de trabajo inherente a cada forma de explotación de la riqueza y a la forma de tenencia de la tierra en: encomiendas, haciendas y misiones que se mantienen durante el siglo XVII hasta la primera mitad del XIX (Brito, 1978).

La formación de las estructuras económicas: hacienda, hato y conuco, tienen sus raíces en distintos procesos colonizadores y su aprehensión de la población nativa a través la dinámica de apropiación socio-espacial. Política que se inició en la segunda mitad del siglo XVI cuando el estado Metropolitano introduce 3 nuevos elementos: el régimen de encomienda que busca el resguardo y la fundación de poblaciones; luego con el sistema de mercedes y ocupación de tierras que pretende la apropiación por medio de la merced de tierras y por último el régimen de misiones que en su afán de cristianización impuso el dominio territorial. También los movimientos migratorios de población desplazada por las violencias ocurridas a lo largo de la historia influyo, en menor proporción en la tenencia y explotación de la tierra (Brito, 1978; Pérez, 2007).

La palabra hacienda procede de los estertores del feudalismo cuando se empezó a dar una transición en los sistemas productivos y uso de la tierra en Europa; en España existía una aristocracia señorial cuyo poder residía en la posesión de tierras, al principio en Castilla y Aragón y después pasó al sur de la península en Andalucía y de allí se trasladó a América acuñando el nombre de hacienda señorial con una mezcla de rasgos feudales y capitalistas, donde la tierra y las minas se constituían en los medios de producción. El término hato, define la forma productiva sustentada en el binomio ganadería-usufructo de la tierra donde se genera una relación de peonaje entre un terrateniente, dueño de los medios fundamentales de producción y un trabajador, parcialmente separado de esos medios y con posibilidades de usufructuar la tierra, mediante el establecimiento de conucos, a quien se denomina peón (Pérez, 2007).

La hacienda colonial reprodujo el sistema agrario de España al momento de la conquista, tal que se explotaban hombres y recursos naturales con fines mercantilistas. Las concentraciones de terrenos que encierra una hacienda de la época de la dominación española es signo de concentración de la tierra en manos de unos pocos blancos (colonizadores hacendados, dueños de minas, representantes de la Iglesia), un símbolo de expropiación de tierras comunales indígenas, un icono de explotación de las razas dominadas, una ruptura con el equilibrio ecológico alimentario de épocas prehispánicas, el primer paso a un sistema agrario capitalista. En la hacienda colonial se mezclan prácticas sociales serviles, esclavas y contractuales propias del capitalismo, y representa la primera unidad productiva del nuevo sistema agrario imperante en América durante la ocupación española (Pérez, 2007; Abarca, 2006).

Por otro lado, con respecto a las misiones fueron estas las responsables del establecimiento de conventos fronterizos, que eran células de cristianización, pero que al mismo tiempo servían para avanzar la frontera de la hispanización. Al lado de estos últimos, se asentaron las llamadas reducciones que pretendieron aislar al indígena de todo contacto con la realidad colonial, considerada "básicamente nociva para su conversión". El surgimiento de las haciendas se encuentra ligado a las reducciones y misiones de pueblos indígenas. Las comunidades religiosas en especial los jesuitas para su labor económico evangelizadora se valieron de la creación de centros de misiones, para desligarse de las encomiendas y pueblos españoles; a la vez crearon, fortalecieron y consolidaron los sistemas de haciendas como el sistema económico que más los hizo prosperar. Entre los elementos propios que distinguen el modo de producción precapitalista americano del feudal europeo, se encuentra el conjunto de relaciones de producción construidas alrededor de la hacienda. Esta es una estructura económica y social muy particular, invento del Nuevo Mundo, distinto del feudo, y cuya expresión concreta ha ido variando de una época a otra según el desarrollo de las fuerzas productivas hasta llegar a la actualidad cobijada por relaciones de producción capitalista (Pérez, 2007).

En las haciendas, unidades productivas de mayor tamaño que el conuco, se emplearon técnicas relativamente más avanzadas de siembra, cosecha y almacenamiento. Los volúmenes de producción requerían de ciertas actividades industriales pues a diferencia del conuco, la función principal de la hacienda era producir "frutos para el comercio" tanto interno como externo. Además estas empleaban mano de obra esclava y libre (Lovera, 1988).

La hacienda fue adquiriendo, en algunos casos, un sentido agroindustrial pues combinaba las tareas de cultivo y cosecha de la tierra con las de manipulación, traslado y almacenamiento del rubro explotado. De igual manera, en algunas de éstas se llevaban a cabos procesos medianamente tecnificados como por ejemplo: el procesamiento de la caña de azúcar, la fermentación del cacao y el beneficio de las semillas de café. Como unidad productiva que era, alrededor de ella se generaba actividad comercial y fuentes de trabajo. Por esa razón se asentaron dentro de sus linderos peones y esclavos, jornaleros de oficio que recibían como contraprestación el derecho de usufructuar un espacio de tierra (conuco) para el sustento propio y el de su familia. Esto originó además la aparición de expendios llamados "pulperías" propiedad del hacendado donde sus trabajadores podían adquirir otros víveres para complementar su dieta o adquirir herramientas de trabajo o cocina mediante la entrega de vales, señas o ñapas.

Las ñapas, vales, fichas o chapas, como solía denominárseles, eran una especie de moneda creada por los propietarios de las haciendas para el pago de los jornales a sus trabajadores; practica que aunaba en mayores beneficios para el primero. Este sistema prevaleció en el país durante mucho tiempo y aún en 1911 el Presidente de la República (Estados Unidos de Venezuela) instaba a los Presidentes de Estados a tomar medidas tendientes a restringir esta abusiva practica que dejaba rastros judiciales aún en 1955 a pesar de la evolución jurídica en materia laboral y mercantil (Lovera, 1988).

La posesión de grandes haciendas en las sociedades americanas coloniales otorgaba a los propietarios coloniales poder económico, político y prestigio, conformando una nueva jerarquía social en diversas regiones americanas. La historia socio-económica y política de Hispanoamérica se explica en buena parte, para algunos autores, con la historia de la formación, establecimiento y transformaciones de esta unidad productiva llamada hacienda (Abarca, 2006).

La hacienda permaneció casi inmutable en cuanto a su manera de operar desde el siglo XVIII hasta el siglo XIX. La variación se presentó en el rubro de cultivo más representativo para cada época en torno al cual se desarrollaba la actividad agroindustrial de la hacienda. En un país cuya economía era agraria y básicamente monocultivadora, la modificación del cultivo principal representaba más que un cambio agrícola, un cambio económico y social.

Durante la época colonial, la demanda de cacao por parte de México, las antillas y Europa propicio la proliferación de las haciendas cacaoteras. Este tipo de haciendas se asentaron en los valles montañosos cercanos a la cordillera de la costa en los hoy conocidos estados Aragua, Vargas, Distrito Capital y Miranda, y principalmente en el estado Sucre cuya importancia fue significativa gracias al papel que desempeñó el puerto de la ciudad de Carúpano para el comercio exterior de este rubro. En la hacienda cacaotera, el fruto del árbol se recogía maduro y se le extraían las semillas que se colocaban en cajas de madera para lograr un oscurecimiento enzimático natural debido a su fermentación. Una vez oscurecidas las semillas se secaban al sol, se prensaban para extraer la manteca, se molían y finalmente se comercializaban bajo la forma de una pasta llamada "torta de cacao". La manteca, al igual que las semillas sin moler también solían venderse pero en mucho menor proporción. La bebida por excelencia de los venezolanos de aquel entonces, como se ha estudiado antes, era el chocolate cerrero o chorote.

Después de la independencia, y tras todos los inconvenientes originados por la guerra, el interés por el cacao disminuyó en contraste con una demanda creciente de café que se mostraba como una prometedora fuente de divisas. La nueva oligarquía criolla identificó esta oportunidad de participación en un lucrativo mercado internacional y las haciendas comenzaron a cultivar y beneficiar el fruto del cafeto, dando paso a la hacienda cafetalera. Las haciendas cafetaleras sustituyeron en aquellos sitios donde ya se encontraban establecidas a las cacaoteras debido al cambio en el cultivo del "fruto mayor". Sin embargo, un gran número de haciendas se constituyeron a partir de la explotación del café en plena época republicana. La zona más beneficiada del país fue los andes donde además se dio un gran impulso al cultivo del café gracias a la excelente calidad del grano resultante, la gran superficie de tierra apta para el cultivo y a la proximidad estratégica con los puertos de Maracaibo en el estado Zulia y la recién separada República de Colombia.

En estas haciendas la cereza del café una vez madurada se desprendía del arbusto. Ya cosechada la semilla debía, a la brevedad, ser beneficiada. Para esta labor existían 2 opciones: la forma seca que consistía en la fermentación natural del grano en patios de tierra para generar "granos corrientes" y el benefició húmedo, un poco más largo y tecnificado que empleaba agua para la fermentación y genera "granos lavados". En el gráfico 27 se exhibe el esquema para el beneficio del café. El proceso agroindustrial de la hacienda cafetalera, no comprendía la torrefacción o tostado del grano puesto que su comercialización se realizaba como semilla o parapara en lo que hoy se denomina "café verde". El gráfico 28 muestra el patio de presecado de una hacienda cafetalera en los andes venezolanos de mediados del siglo XIX, donde puede observarse la exposición al aire libre y el detalle del piso de ladrillos.

Gráfico 27. **Etapas del beneficio del fruto del cafeto (*Cophea arabica*).** Tomado de: *Exposición Permanente de la Hacienda Museo "La Victoria". Mérida (2007).*

Gráfico 28. **Interior de hacienda cafetalera del siglo XIX en los Andes venezolanos.** *Tomado de colección personal Hacienda La Victoria.* Autor: J. Calanche (2007).

En el gráfico 29 se exhiben algunos timbres fiscales de principios del siglo XX que hacen gala al cultivo de café como principal actividad económica del país. En este período el café sustituye al chocolate como bebida nacional y se constituye como icono de la libertad republicana que a diferencia del cacao seguía representado la sumisión colonial.

La hacienda-trapiche es la denominación que se le da a aquella hacienda destinada al cultivo y procesamiento de la caña de azúcar. Era una unidad productiva especializada en la elaboración de"papelón", azúcar y aguardiente, que tuvo gran difusión en el territorio venezolano desde el período colonial. Durante el siglo XIX se mantuvo relativamente inalterable en estructura aunque se introdujeron nuevas técnicas y variedades de semillas, y se comenzó a utilizar mano de obra libre. Para evitar la competencia extranjera y fomentar la producción local de papelón y azúcar, se impuso la prohibición absoluta de las importaciones de dichos artículos, medida que dio lugar a constantes polémicas entre los defensores del libre cambio y los partidarios del proteccionismo (Banko, 2005).

Algunos datos estadísticos sugieren que la caña incrementó su espacio cultivado entre 1830 y 1888 en este último año se estimaba en 40.000 ha la superficie cultivada, con la introducción de los ferrocarriles a finales del siglo XIX en las rutas La Guaira-Caracas y Caracas-Valencia se estimula el establecimiento de importantes haciendas cañicultoras próximas a la ciudad de Caracas, entre las que destacan por su afanado renombre según una publicación de la época (El Cojo Ilustrado): La Elvira, Valle Abajo, Caricuao, Bello Monte y Montalvancito (Abreu y otros, 2001; Abarca 2006).

En el caso de la caña de azúcar, el establecimiento de haciendas dedicadas a su cultivo, no tuvo la misma suerte, ni el mismo empuje experimentado por el café o el cacao. Su desarrollo tecnológico, económico y social fue mucho más lento. Se cree que las primeras instalaciones de este tipo que operaron en Venezuela durante los siglos XVI y principios del XVII emplearon técnicas popularizadas en España que era

Gráfico 29. **Estampillas de los Estados Unidos de Venezuela (comienzos del siglo XX) con motivos alegóricos al café.** Tomado de*: Exposición Permanente de la Hacienda Museo "La Victoria"*. Mérida (2007).

daptaciones del proceso de extracción del aceite de oliva. En la segunda mitad del siglo XVII se introducen los primeros cambios tecnológicos de importancia que conllevan a la transformación de las etapas de molienda de la caña y cocción del guarapo. Durante el siglo XVIII se mantiene con apenas ligeros cambios y en el siglo XIX se incorporan los equipos de materiales nobles y duraderos (Abreu y otros, 2001).

En la hacienda-trapiche al igual que en las unidades de monocultivo, no solo se llevaba a cabo el cultivo y cosecha de la caña. En estas existían procesos claramente diferenciados, el primero referido a los productos derivados del jugo de caña tales como papelón, azúcar, melcocha, etc. y otro dedicado a la tarea de producción de aguardientes mediante destilación de guarapo fermentado. No obstante, el carácter feudal y capitalista que caracterizaba la hacienda permaneció invariable hasta bien entrado el siglo XX donde fue sustituida por el concepto de "central azucarera". En el gráfico 30 se presenta una hacienda-trapiche de finales del siglo XIX en la que se puede apreciar el acopio de la materia prima trasladada en bestias, la recolección de leña para la generación de vapor y el moderno trapiche a vapor.

Otra diferencia importante entre la caña y el resto de los monocultivos, es que ésta debió operar para el mercado interno, el cual antes de la aparición del petróleo era rural y empobrecido con una marcada preferencia por el papelón y el aguardiente que además podían fabricarse de manera rudimentaria en trapiches de madera tirados por bueyes. La caña representaba para ese momento uno de los renglones menos rentables y con una limitada demanda. El consumo y la producción industrializada de azúcar, solo fue posible a partir de las décadas de los 50 y 60 del siglo XX cuando el "boom" petrolero modificó considerablemente el régimen alimentario y se empezó a observar un aumento en el consumo de alimentos ricos en carbohidratos donde el azúcar refinada o blanca se incorpora como materia prima.

Gráfico 30. **Instalaciones de la Hacienda e Ingenio San José (1895) en el estado Miranda.** Tomado de: *"Entre campos y puertos"* (2001). Autor: El Cojo Ilustrado (1895).

Se ha girado en torno a las grandes unidades económicas agroalimentarias. No obstante, no se debe cerrar esta sección sin hacer especial mención de nuevo al conuco que aunque no forma parte de la gran propiedad y se desarrolló con mano de obra familiar y comunal; llegó a constituirse en un eje fundamental para la capacidad de autoabastecimiento de las haciendas; además de considerarse como el aporte agrícola y domesticación de muchos productos como la yuca brava, por ejemplo (Pérez, 2007).

El Hato

Otra forma de explotación agropecuaria con profundos orígenes coloniales fue el Hato. Este término corresponde a la forma productiva sustentada en el binomio ganadería-usufructo de la tierra donde se genera una relación de peonaje entre un terrateniente, dueño de los medios fundamentales de producción y un trabajador, parcialmente separado de esos medios y con posibilidades de usufructuar la tierra a quien se denominó peón (Pérez, 2007).

Las haciendas ganaderas, mejor conocidas como hatos, cuya función básica era la cría, se van conformando a partir del siglo XVIII, exhibiendo unas características muy particulares que la diferencia de las haciendas de producción agrícola. Entre los principales rasgos diferenciadores se tienen: el régimen de tenencia de tierra basado en la posesión-dominio de un elemento natural: el ganado que garantizaba su tenencia y disfrute; la absorción de la fuerza de trabajo libre y en consecuencia del trabajo excedente, y por último la distribución y circulación de la producción pecuaria (Brito, 1978).

El trabajo en el hato consistía básicamente en la faena del llano, rodeos, vaquería y la herrada, entre otros. Igualmente en el hato, se desarrollan actividades conuqueras, de taller artesanal y "actividad de tienda de raya" o de "comercio por caravanas" que es importante destacar para tener una idea de la totalidad y de la importancia de esa unidad productiva en la zona de los Llanos centrales y occidentales (Pérez, 2007).

El desarrollo de actividades económicas como el añil y la ganadería no desarrollaron nuevas formas de organización en torno al trabajo, pero si estimuló la incorporación de una fuerza de trabajo libre y temporal. En este tipo de unidades productivas las relaciones de trabajo predominantes fueron las de servidumbre sobre la esclavitud económica en sentido absoluto, a diferencia de las haciendas. Los dueños de hatos, terratenientes por excelencia y predecesores del futuro latifundio ganadero, disimulaban la esclavitud bajo lazos de peonaje o servidumbre. Durante el siglo XIX la faena pagada a "esclavos libre" alcanzaba un salario de "real y medio", generalmente representado por una dotación de carne, maíz, papelón y otros géneros (Brito, 1978).

El proceso productivo del hato, centrado en el aprovechamiento de pastizales naturales con una ganadería de carácter extensivo, determina su carácter latifundista que se apoya tanto en la propiedad individual de la tierra como en la tenencia colectiva por la figura jurídica de los *Derechos de Sabana*, todo lo cual asegura el usufructo de los rebaños por parte de los terratenientes para su comercialización (Pérez, 2007).

La relación de enfeudamiento que sustituye la esclavitud en los llanos genera toda una problemática social debido a la aparición y proliferación de núcleos de población volante (esclavos fugitivos, morenos libres arrochelados, blancos sin tierra) ajenos a todo concepto de ley que merodeaban y delinquían libremente en los hatos amparados por la extensión y soledad de la llanura. Estos grupos eran responsables de saqueos, abigeato y sacrificio indiscriminado de las reses (desjarretaderas) para el aprovechamiento de su cuero, sebo y manteca, con el consecuente menosprecio de la carne.

Debido a la situación anterior, en 1771 un grupo de hacendados presenta una petición al Gobernador de Caracas solicitando su inmediata intervención. Se constituye así el primer cuerpo de leyes escritas aplicadas a los llanos de la antigua Provincia de Caracas denominadas *Ordenanzas de llanos* con una finalidad primordial: preservar el derecho de propiedad sobre la tierra (requisito fundamental para lograr el arrebañamiento de ganado cimarrón, base social de la riqueza de los llanos) y asegurar el establecimiento de un orden social, necesario para la consolidación de las fundaciones del hato. Estas leyes sobre el derecho de sabana permanecieron vigentes hasta 1811 (Brito, 1978).

Debido a la abundancia de ganado, básicamente cimarrón, y a la baja densidad poblacional de la Venezuela del siglo XVIII, tal y como lo reseñó Humboldt "el consumo de carne era inmenso". La ingesta de carne roja era abundante alcanzado valores diarios cercanos a 410 g *per capita*, lo cual extrapolado a los tiempos actuales resultaría en un valor excesivo (Lovera, 1988). La carne vacuna generalmente se expendía fresca en poblaciones, cercanas a hatos donde se sacrificaban reses. En caso contrario se encontraba disponible de forma salada y seca, ya que estos eran los únicos métodos de conservación para la época que permitían su traslado, bajo precarias condiciones a aquellas poblaciones distantes de las unidades de producción y explotación pecuaria, ya que el traslado de ganado en píe resultaba una tarea arriesgada y costosa.

Los hatos, ya constituidos como latifundios, aportaron sebo y cuero de res que tuvieron un lugar importante en el comercio internacional durante los siglos XVIII y XIX. En virtud de lo anterior, la carne roja era cosa corriente y popular; cocida en manteca o sea "frita" llegó a ser el plato nacional por excelencia. Tanto así que a finales del siglo XIX la expresión *frito* llegó a ser sinónimo de alimento o sustento diario.

La Guerra de Independencia, volvió a imprimir a la ganadería su primitivo carácter de abastecimiento para las huestes. Lo anterior asociado a otros factores tales como: aumento del contrabando de cueros, la acción de cuatreros que sacrificaban reses sin distingo de edad ni sexo, las migraciones forzosas de de los hateros con sus rebaños de los llanos centrales y occidentales hacia oriente huyendo de la guerra, y la disminución de la fuerza de trabajo disponible para la actividad ganadera debido a la incorporación forzada o voluntaria de muchos peones a las filas de los ejércitos ocasionaron una grave crisis de la ganadería mayor en los inicios del siglo XIX (Abreu y otros, 2001).

Conucos, hacienda y hatos fueron las unidades productivas por excelencia del siglo XIX y primera mitad del XX. La distribución geográfica de los cultivos y el bajo nivel tecnológico de esas explotaciones permaneció casi inalterable hasta 1950, fecha en la que se incorporan modificaciones determinantes en la producción agrícola alimentaria, se tecnifican los cultivos, aumenta la demanda de la floreciente industria alimentaria y se sistematiza el cultivo de ganado y aves de corral (Lovera, 1988).

El Latifundio

La oligarquía del siglo XIX y principios del XX en América Latina fue heredera de la economía agraria colonial y fundamentó su poder en el control de los factores productivos, especialmente la tierra y la fuerza de trabajo. La hacienda colonial se convirtió en latifundio, una unidad productiva caracterizada por una enorme extensión de la superficie de tierra destinada a la agricultura de exportación, que heredó algunas formas de explotación de la fuerza de trabajo propias de la colonia. El latifundio en manos de la oligarquía expropió casi completamente a las comunidades aborígenes de sus tierras ancestrales, así como se anexionó terrenos de la Iglesia y órdenes religiosas (Abarca, 2006).

Los elementos que en conjunto definen el latifundio histórico en Venezuela son: 1) La concentración de la riqueza territorial agropecuaria en escasos números de propietarios; 2) Las grandes extensiones de tierra incorporadas al dominio privado- en condiciones ociosas o cultivadas en términos reducidos y con escasa inversión de capital; 3) Relaciones precapitalistas de producción y cultivo de la tierra en términos del arriendo capitalista: *renta trabajo, renta especie y renta dinero* (Brito, 1978).

El desarrollo de los latifundios combinó la apropiación desequilibrada de los recursos naturales con la dirección coercitiva de la fuerza de trabajo y una gestión administrativa capaz de convertir las ganancias en capital. El latifundio junto a la actividad minera dominada por parte de las oligarquías criollas latinoamericanas representadas en grupos sociales económicamente poderosos y propietarios de la riqueza territorial, mantuvo a partir del siglo XIX la dependencia de la producción primaria al comercio exterior con el primer mundo, desarrollándose paralelamente con la introducción del capital inglés en los sectores de transporte, comercio y finanzas (Brito, 1978; Abarca, 2006).

En las distintas naciones latinoamericanas se creó una alianza entre la oligarquía criolla agropecuaria y el capital financiero inglés, que introdujo innovaciones tecnológicas a las nuevas sociedades, tales como los bancos, buques a vapor, ferrocarriles, telégrafo, teléfono y otros. En esta etapa, de clara expansión capitalista en América Latina, se acrecentó de manera espectacular la economía agrícola de exportación, debido a la incorporación de mayores extensiones de terrenos a los cultivos y a las mejoras en transporte, que reforzaron aún más la dependencia de las economías latinoamericanas al intercambio comercial con Europa y desarrollaron nuevos rubros de bienes primarios transables internacionalmente en los distintos países -Chile por ejemplo se convirtió en exportador de cobre, Argentina en exportador de lanas, carne y cereales, y Venezuela vio retroceder el cacao ante el impulso creciente del café- (Abarca, 2006).

El crecimiento rápido de las economías agrícolas de exportación conllevó a nuevas formas de comercialización dominadas por grandes compañías mercantiles predominantemente inglesas, con sedes en los puertos exportadores o en las capitales europeas. La penetración del capital inglés en las economías latinoamericanas entre el siglo XIX y principios del siglo XX introdujo innovaciones tecnológicas que facilitaron el desarrollo rápido de los sistemas agrarios de exportación y fortalecieron aún más la influencia y el poder de las oligarquías criollas latinoamericanas. Entre 1880 y 1914, puede decirse que las condiciones sociales de la clase trabajadora que se desenvolvía en el latifundio empeoraron, hasta llegar a niveles propios del capitalismo más explotador y desequilibrado (Ob.cit.).

El latifundio fue el modelo de producción y explotación que aportó durante el siglo XIX y parte del XX todos los rubros (caña de azúcar, café, ganado, etc.) de exportación, principalmente alimentarios, de Latinoamérica, exceptuando los avances tecnológicos que este supuso: como la introducción de la mecanización de procesos agroalimentarios, como en el caso de los ingenios azucareros o las torrefactoras de café; el aumento de la productividad de los cultivos y cría; e introducción de medios de comunicación para facilitar el transporte de los rubros de interés. Su aporte al desarrollo socioeconómico de los pueblos recién emancipados fue la dependencia económica estructural que favoreció de nuevo la instauración de un "neocolonialismo".

El desarrollo del capitalismo en el campo, la especulación capitalista de la tierra y, especialmente, la crisis de la estructura de la propiedad agraria tradicional, han contribuido a reducir a su mínima expresión la significación social y política de la clase latifundista en Venezuela. Aunque aún subsiste en la realidad contemporánea del país, continúa perdiendo el influjo que tuvo en el pasado, cuando funcionaba como una categoría social de primerísima importancia en los cuadros de la sociedad rural-latifundista, e incluso en las primeras décadas de la penetración imperialista (Brito, 1978).

El latifundio ha desaparecido literalmente liquidado por el desarrollo capitalista. En ciertas zonas del territorio nacional, los latifundistas aprovecharon la especulación financiera de la tierra y se transformaron en rentistas y hasta en burgueses agrarios. Explotaron la tierra de forma tradicional, cobrando renta, especie o dinero por su alquiler y esperando que hasta sus comarcas llegará la política de "expropiación con indemnización" realizada por el ya extinto Instituto Agrario Nacional que constituyó una práctica especulativa de la tierra apoyada por el estado (Ob.cit.).

La Agroindustria Capitalista

Entre 1914 y 1930, aproximadamente, empezó el declive de la oligarquía terrateniente y el latifundio en América Latina. Los Estados Unidos, entre la I Guerra Mundial y los albores de la segunda, desplazó a Inglaterra en los flujos de intercambio en el comercio internacional, manteniendo las características de comercio desigual (bienes primarios a cambio de bienes manufacturados) que se había heredado de la época colonial. Entonces los sistemas agrarios latinoamericanos bajo el dominio de la oligarquía terrateniente, se orientaron durante esta etapa de declive simplemente a satisfacer las necesidades de los mercados internos, aprovechando la rápida expansión de las ciudades urbanizadas bajo criterios modernos. Estas oligarquías terratenientes al emplear más capital en actividades no agrícolas, forzaron al incremento de la productividad laboral en los latifundios y expulsaron los excedentes de población trabajadora de los mismos, lo que provocó la emigración de este contingente de desempleados agrícolas a las ciudades, configurándose a partir de entonces los cordones de miseria característicos de las ciudades latinoamericanas (Abarca, 2006).

También a partir de 1914, las clases medias de las sociedades latinoamericanas empezaron a disputarle el poder político a las oligarquías terratenientes. Asimismo, los latifundios empezaron a perder vigencia para dar paso a los complejos agroexportadores, que combinaban los rasgos fundamentales de la actividad agrícola con rasgos de actividad industrial manufacturera y sus innovaciones tecnológicas. Hasta la década de los 60 del siglo XX, el rasgo predominante de la organización productiva de las economías agrarias en América Latina era la existencia de latifundios, en detrimento de los fundos menores (terrenos cultivables de menor tamaño, en manos de campesinos sin poder político). Una vez debilitada la influencia de las oligarquías terratenientes en las sociedades, empezó a hacerse latente para los gobiernos de la región la necesidad de aplicar profundas políticas de reforma agraria y modernización agrícola, que resolvieran los problemas de desequilibrio económico en el uso de la tierra (Ob.cit).

En el campo agrícola el modelo de sustitución de importaciones, durante la implantación del modelo desarrollista en Venezuela, se tradujo en un proceso de "modernización" del sector, que se basó en una elevada inversión de capital y en la generación, adopción y difusión tecnológica, tendiente a alterar sustancialmente los niveles de productividad de la tierra y de la fuerza de trabajo (Sunkel en Velásquez, 2004).

La modernización agrícola latinoamericana ha profundizado los problemas de desigualdad social y ha exacerbado el desequilibrio económico y ecológico, en nuevas dimensiones. Mientras algunas agroindustrias se benefician de los avances tecnológicos y la inyección constante de capital financiero, los pequeños y medianos productores del campo no se benefician o se benefician muy poco de las ventajas que ofrece la modernización capitalista a los sistemas agrarios (Abarca, 2006).

En los sistemas agrarios latinoamericanos modernos, que empiezan a crecer de manera importante en sus economías a partir de los años 70 del siglo XX, el complejo agroindustrial sustituyó al latifundio y al pequeño fundo, imponiéndose así en la agricultura las economías de escala. Los complejos agroindustriales integran diferentes fases de la cadena alimentaria, excluyen a los pequeños y medianos productores y están fuertemente ligados al comercio mundial (Ob.cit.).

Los cambios socioeconómicos ocurridos en el país desde el inicio del presente siglo, condujeron a una ampliación del mercado interno de productos alimenticios. No obstante, la agricultura presentaba una problemática estructural que limitaba el abastecimiento local de la demanda. En las tierras bajas del país funcionaba como un sistema en donde subsistían la plantación (latifundio) y el conuco. La primera, controlada por los terratenientes, acaparaba las mejores tierras para el cultivo de productos de exportación; mientras que el conuco se estructuraba con tierras marginales que servían para el cultivo de los productos del peonaje y, en menor medida, para el mercado local. Era este último quien suplía las necesidades del mercado de alimentos bajo una producción rudimentaria, poco salubre y muy limitada de recursos. Estas condiciones existentes en las zonas rurales del país eran factores que incidían en la incapacidad productiva, convertida en una limitante estructural para satisfacer la demanda alimentaria. La ausencia de adecuadas vías de comunicación entre sitios de producción y mercados de consumidores, así como la falta de infraestructura para el beneficio, almacenamiento y mercadeo de los productos originó que las importaciones por satisfacer la demanda interna se incrementaran. Frente a esta situación el gobierno nacional formuló y llevó a cabo una política agroalimentaria dirigida a favorecer y propiciar la producción local (Velásquez, 2004).

La dinámica venezolana de la relación hombre-ambiente, expresada en cambios estructurales, permite indicar la existencia de 5 períodos en lo que sería la modernización agroalimentaria en el país (Ob.cit.):
1) Comprendido entre 1930 y 1945 abarca la urbanización del país y el auge de la explotación petrolera.

2) Abarca desde 1946 a 1958, representa "el crecimiento hacia adentro" establecido por la diversificación de los productos orientados al mercado nacional.

3) Hace referencia a los años comprendidos entre 1959 y 1973 correspondiente al período de "democratización política y reforma agraria".

4) Aquí se engloban realmente 2 etapas: entre 1974 y 1988 se encuentra el período de "intervencionismo y protección" del Estado hacia la agricultura y en lapso 1983-1988 se aplica el programa de estabilización macroeconómica de ajuste no ortodoxo.

5) Corresponde al período 1989 a 1999 donde se aplica el programa de ajuste estructural ortodoxo, la reforma del Estado, la transición hacia una economía abierta y de "crecimiento hacia fuera".

La Republica Bolivariana de Venezuela en el siglo XXI es una nación más urbana que rural, cuya demanda interna de alimentos se satisface gracias a los complejos agroindustriales tanto nacionales como extranjeros, pues una buena parte de los productos que se consumen internamente provienen del exterior. Los complejos agroindustriales conjugan diferentes fases de la cadena agroalimentaria abarcando desde la producción primaria hasta la comercialización de productos terminados; hacen uso sistemático de la tierra, emplean tecnología de vanguardia y requieren de inversión de capital. Lamentablemente, la mayoría de las veces no operan a favor del pueblo sino que obedecen a intereses foráneos con consecuencias devastadoras para la economía y la población. Sin embargo, aún prevalecen algunas figuras del pasado como el sempiterno conuco, en algunas localidades rurales y aldeas indígenas, o los latifundios ganaderos capitalistas que todavía persisten en los Llanos, Andes y Zulia.

Industrias Alimentarias: Producción, Distribución y Comercialización

La fabricación, preparación, distribución y consumo de alimentos son actividades ancestrales desarrolladas por el hombre. En la medida que las civilizaciones han avanzado también lo han hecho sus formas de obtener y preparar alimentos. En atención a lo anterior se presentarán seguidamente algunos de los tipos de organización que han existido en el país para la manufactura y comercialización de alimentos, los cuales han influido en el régimen alimentario del venezolano a través del tiempo.

Empresas de Producción: De las Posadas a las Fábricas

Desde tiempos remotos la función de vender alimentos preparados en un local especial la habían llenado las pulperías, ventas y posadas. El crecimiento de la población en las principales ciudades obligó el establecimiento de pequeñas manufacturas artesanales, donde se fabricaban alimentos de consumo frecuente como panaderías, refresquerías y otros. Luego, con el desarrollo del país llegaron los primeros locales donde la preparación de alimentos se había semi-industrializado debido a procesos de mecanización y/o distribución, tal es el caso de: mataderos, panificadoras, cerveceras e ingenios entre otros. Ya en el país petrolero, la introducción de alimentos procesados a la dieta demandó el establecimiento y proliferación de fábricas e industrias del ramo como pastificios, enlatadoras y otras.

Posadas, Ventas y Restaurantes

Una vez establecida la colonia en las tierras del "nuevo continente", se despertó el interés de muchos en la vieja Europa y otras latitudes por conocer esa tierra de gracias. Con el intercambio económico originado por los cultivos de exportación y las actividades de minería, se propició el tráfico de personas a la par que el estado metropolitano se consolidaba y crecía. Brindar hospedaje y sustento a los foráneos comenzó a ser en la incipiente provincia, una actividad cotidiana. Ofrecer al viajero el mayor confort posible pasaba por tratar de servirle platos de una culinaria sino igual bastante parecida a la que estaban acostumbrados en sus lugares de orígenes. Básicamente la limitación eran los ingredientes, y poco a poco esto originó que recetas clásicas se adaptaran a la realidad americana, lo que supuso un mestizaje alimentario.

Las fondas o posadas se caracterizaron por la venta de comestibles importados, el transplante del restaurante europeo, la adopción de gustos franceses o ingleses básicamente y la institucionalización de las buenas maneras del Viejo Continente (FP, 1998).

Así, la posada paso a ser el primer establecimiento en territorio venezolano dedicado a la elaboración y consumo inmediato de alimentos preparados. Estos recintos en algunos casos no se limitaron al simple hospedaje, que, usualmente, incluía la llamada "pensión completa", sino que se especializaban en la elaboración de banquetes por encargo que podían enviar a domicilio (Lovera, 1988).

Otra figura con características similares a las posadas fueron las *Ventas*. A diferencia de la posada, generalmente ubicada en cuadro colonial de las ciudades. Las Ventas se situaban en zonas extraurbanas cercanas a rutas de transporte y comercio. En ellas el viajero podía encontrar desde implementos para el herraje, hospedaje para una noche hasta vituallas que le permitieran seguir el camino hacia sus respectivos destinos. Una de las más famosas Ventas de su época fue la del camino real de los españoles asentada en el cerro que los indígenas llamaban *Guaraira Repano* (hoy parque nacional el Ávila) que conducía desde el Puerto de la Guaira hasta la ciudad de Caracas. Humboldt en su libro viaje a las regiones equinocciales del nuevo continente hace especial mención a este sitio refiriendo que en el mismo se podía abastecer de cualquier insumo para el viaje, beber, comer y hasta dormir, y que además por su relativa lejanía podía sentirse en el ambiente un animo conspirativo por la emancipación.

Las antiguas fondas, posadas fueron poco a poco cediendo el paso a nuevos locales de expendio de preparaciones culinarias y bebidas, en cuyos anuncios se insistía en la comodidad, ambiente y decoración. Síntomas estos de la llegada del restaurante hacia 1840 (FP, 1998).

A partir de los años 50 del pasado siglo XIX comenzó la proliferación de los restaurantes, especialmente en la capital y de manera notable durante el período guzmancista. En la Caracas recién salida de la Guerra Federal hubo numerosos establecimientos de esta clase. Y a partir de 1900 en adelante aumentaron los restaurantes en el país (Lovera, 1988). Luego en 1985, como se ha mencionado con anterioridad, se introduce el concepto de restaurante de comida rápida o *fastfood* bajo la figura de franquicia donde se introduce una industrialización en la preparación de alimentos bajo esquemas tecnológicos preestablecidos y normalizados (Ferreira, 2004).

Las Panaderías

El trigo "cereal civilizador" representó desde su llegada a América una importante fuente para la consolidación de la conquista, Al respecto Durand y Gonzáles (2002) destacan:

> La historia de Caracas no es un hecho aislado que se sustrajo de las influencias universales de la cultura del trigo. Por el contrario, podría afirmarse que son sus huellas indelebles las que dan la pauta y la fuerza necesaria para el despegue o arranque económico de la ciudad fundada por Diego de Losada el 25 de julio de 1567. No fue tarea fácil para los conquistadores encontrar una segura riqueza en un territorio hostil, bien sea por la férrea oposición que encontraron de parte de las poblaciones indígenas, a las enfermedades propias y extrañas, o a lo indómito de la misma naturaleza que tiende a ser un factor de anulación de sus esfuerzos como primer núcleo poblador peninsular. La única posibilidad de conjugar todos esos factores que presagiaban el fracaso de su temeraria y censurable empresa conquistadora, era pues arrancarle a las entrañas de la tierra no el ilusorio metal precioso, sino las doradas espigas del trigo

Al iniciarse el nuevo ciclo de la economía colonial representado por la explotación del lucrativo cacao, la ciudad de Caracas, pese a quedar en una situación precaria en cuanto a la producción de harinas; las actividades que se vinculan directamente a su empleo, esto es, las panaderías, acusaron un incremento en atención a una mayor demanda del consumo del pan y sus derivados, producto a su vez, de un incremento de la población urbana en lo que restaría del período colonial (Ob.cit.).

A partir de 1840 surgieron las pastelerías como extensiones de las ya importantes panaderías; y desde sus inicios los productos por ellas elaborados tuvieron una excelente acogida que condujo a la formación de hábitos con rasgos fuertemente europeos (FP, 1998).

En la medida en que se iban produciendo cambios en las técnicas de cocción y preparación de alimentos, se generaban modificaciones en la variedad, la forma y el material de fabricación de los utensilios empleados en las labores culinarias (Cartay, 2005). En el caso de las panaderías, que cada día ganaban más adeptos popularizándose el consumo de pan, su desarrollo tecnológico marco pauta tanto en la Venezuela colonial como en la republicana.

El comercio de la harina de trigo fue desde siempre un aspecto conflictivo debido a los constantes delitos y abusos que en él se cometían. El monopolio en la importación de harina de trigo, las malas condiciones de transporte y almacenamiento, y la usura inescrupulosa de panaderos, originó que este rubro se convirtiera en uno de los más problemáticos de la Venezuela de los siglos XVIII y XIX en materia de inocuidad alimentaria y fraude comercial. El uso de adulterantes para rendir la harina, así como el empleo de esta última bajo condiciones evidentes de deterioro originó muchas regulaciones por parte de las autoridades y demandó la necesidad de mejorar para ofrecerle a los consumidores un producto de calidad satisfactoria.

En este sentido, una de las primeras iniciativas que adoptan los panaderos, será la de registrar sus marcas y comenzar a emplear fuerza mecánica de manera de introducir mejores condiciones de higiene, tantas veces impugnadas por el público y las autoridades, en la confección del pan. Hacia 1875 existían en Caracas 23 panaderías y el proceso de mecanización y registros de las marcas de éstas, se inician en 1886 con las industrias de Pablo Ramella con la firma "Pan de trigo marca R"; la marca "B" será registrada en 1888 por el señor Benoli y el célebre Montauban Augé en 1889 -ver gráfico 31- (Durand y Gonzáles, 2002).

La Panadería Modelo de Caracas perteneciente al señor Ramella, ubicada en la esquina de Las Gradillas, fue quien introdujo también por primera vez la mecanización para el proceso de confección del pan, y tuvo además la idea de que esta mecanización fuera a la vista del público para darle crédito indubitable de que

Gráfico 31. **Anuncios publicitarios de panaderías del siglo XIX ubicadas en la ciudad de Caracas.** Tomado de: *"Pioneros del primer siglo 1864-1929"* (2001). Autor: Abreu (2005).

sus productos eran de extrema higiene y excelente calidad. Como pionero de la industria del pan y visionario de los buenos negocios, Ramella se hizo de la publicidad de los medios impresos de Caracas, especialmente la revista *El Cojo Ilustrado* que publicó un largo artículo de la pluma de Eloy Guillermo González en el No. 273 del 1 de mayo de 1903. La modernización en palabras del articulista, se reducía a los siguientes aspectos (Ob. cit.):

> Así, los antiguos talleres y oficinas interiores de la Marca "R" tradicional en nuestra industria han sido reformados desde las bases, distribuidos en cuatro departamentos especiales y provistos de todos los elementos indispensables, ya que el objetivo del señor Ramella es entregar a la circulación un producto que desde el taller mismo pueda fiscalizar el público y asegurarse por propia observación de su bondad y pureza de procedencia (...) Diariamente, fuertes mangas de agua conservan en perfecto estado de aseo los pisos, paredes y techos interiores (...) los hornos apenas dejan ver las compuertas que los cierran, incrustadas en paredes refractarias. En conjunto, de la vista de todos los talleres, hogares, laboratorios y depósitos, no se domina sino la galería de máquinas movidas a vapor y electricidad..."

La importancia de la panadería y pastelería ha trascendido hasta los tiempos actuales. Los productos del trigo, principalmente el pan, han representado a todo lo largo del país petrolero un elemento fundamental en el condumio venezolano. Sin embargo, el ya tan arraigado hábito de ingerir pan y pasta ha generado una dependencia por el trigo que debido a sus características de rubro importado ha comprometido la seguridad alimentaria específicamente por el desplazamiento en el consumo del maíz, sobre todo en sectores urbanos del país contemporáneo.

El incremento de la demanda de pan asociado al aumento de la población, ocasionó que a mediados de la década de los 60 se desarrollaran empresas panificadoras en el país destinadas a la fabricación industrial de panes y bizcocherías de larga duración capaces de suplir a través de amplias redes de distribución tanto a poblaciones urbanas como rurales. Paralelo a esto se tuvo el establecimiento de los molinos industriales de trigo básicamente dedicados a la producción de harina y sémola entre los que destacan los Grandes Molinos de Venezuela (GRAMOVEN) que data de la época del año 50 y los Molinos Nacionales (MONACA) contemporáneo al anterior.

Los Mataderos

Los mataderos fueron, en un principio, simples solares dedicados al sacrificio de las bestias, en condiciones sanitarias deplorables. De allí que fueron focos de contaminación ambiental, con efectos graves sobre la salud y el bienestar de los vecinos colindantes, o de los usuarios de las corrientes de agua en la que vaciaban, los responsables de estos sitios, los desperdicios de la matanza. Esta situación de insalubridad se prolongó hasta bien entrado el XIX, para el caso de Caracas y en algunas otras ciudades importantes, llegando casi hasta la actualidad en algunas poblaciones del interior (Lovera, 1988).

La tecnología empleada en el sacrificio de animales para su aprovechamiento nutricional y comercial durante los siglos XVIII al XIX era rudimentaria, poco higiénica y de economía doméstica. Generalmente en la metrópolis se realizaba en zonas aledañas a la plaza mayor, diariamente a tempranas horas de la mañana. Por supuesto, desencadenando serios problemas de salubridad y urbanismo. En algunos casos las áreas para matanzas de cerdos, reses y aves de corral, se situaba en las proximidades de corrientes de agua como ríos y lagunas. Con respecto a los responsables de ejecutar el sacrificio, su formación para la tarea era netamente práctica, aprendiéndose el arte mediante la experiencia vivencial (ver gráfico 32). Al respecto Lovera (1988), afirma que «el oficio de matarife se aprendió por la práctica, sin estar sujeto a muchas reglas. Los conocimientos empíricos en la materia eran de origen español».

"PESA DE CARNE" EN GUAYAS, ESTADO ARAGUA 1895

VENTA DE CARNE EN EL VALLE, CARACAS 1902

Gráfico 32. **Ventas de carne en Venezuela para los siglos XIX y XX.** Tomado de: *"Entre campos y puertos"* (2001). Citado por: Abreu y otros (2001).

El primer matadero concebido como una instalación alimentaria con fines de explotación industrial de ganado vacuno que existió en el país fue construido en la ciudad de Maracay en el año 1927 por orden del Gral. Gómez. El mismo comienza a operar en 1928 bajo el nombre de *Matadero Modelo de Maracay* aunque muchos en el coloquio citadino lo identificaban como "la planta ganadera". Construido sobre terrenos donados por el propio Gómez, este establecimiento moderno para el año de 1830 sacrificaba 78 reses diarias. Luego motivado a la gran demanda de cebos y pieles del extranjero y tras sufrir una ampliación, alcanzó para 1933 una capacidad de 100 a 140 reses por día cuyos productos derivados se destinaban a la Antillas. Contaba con una fábrica de hielo propia, para ese entonces la más grande del país. Proveía grasa para uso industrial, carne cruda enfriada para traslado en ferrocarril, carne procesada tipo *Corned beef* ya que disponía de una maquinaria procesadora y enlatadora, cueros y cuernos para exportación fundamentalmente, y huesos y sangre que se mezclaban y molían para ser usados como abono en la agricultura. Todos los productos anteriores eran destinados tanto al mercado nacional como internacional. En la década de 1940 esta industria pasa a depender del Ministerio de Agricultura y Cría (Abreu y otros, 2001).

Otra iniciativa pionera en este ámbito surge también en el estado Aragua y se conoció con el nombre de *Ganadera Industrial Venezolana*. Con la participación del Estado y bajo la responsabilidad de la Asociación Nacional de Ganaderos, constituida en Caracas en 1934, esta empresa se plantea 3 fines específicos: la explotación de la industria de la carne, el mejoramiento de la ganadería nacional y la venta a ganaderos, en condiciones ventajosas, de hatos, terrenos, cabañas, etc. Uno de los principales logros de la empresa fue el desarrollo del "extracto de carne" y el incremento en la producción de *corned beef.* A pesar de experimentar pérdidas en sus inicios, la Ganadera Industrial Venezolana logra importantes avances para la industria pecuaria y alimentaria del país entre los que destacan: el logro del subsidio a los "criadores de llano", industrialización de la carne fresca y demás derivados del ganado vacuno, formación de personal técnico, el desplazamiento del monopolio como forma de producción y el pago de fuertes sumas al fisco nacional. Ya para 1941 contaba con un departamento de productos ahumados que elaboraba una amplia variedad de alimentos a partir de ganado vacuno y porcino. Entre 1940 y 1941 la junta directiva de la empresa, ya con la participación del Banco Agrícola y Pecuario (BAP) considera el traslado de la planta a la ciudad de San Fernando de Apure debido a la proximidad que allí existía con los centros de cría. Finalmente el 9 de febrero de 1942 por Decreto Oficial se ordena al BAP liquidar la empresa donde al cierre del año arroja por primera vez en su existencia ganancias por el orden de los 511.425 Bs. (Ob.cit.).

En el gráfico 33, se exhiben algunas ilustraciones de la época del Matadero Modelo de Maracay y de la Ganadera Industrial Venezolana.

En cuanto a las iniciativas privadas en este ámbito, cabe destacar la creación del *Frigorífico Industrial Turmero, c.a.* (FITCA) en la actualidad uno de los más grandes y avanzados del país. La estructura de esta planta fue concebida en 1955, por una compañía alemana que se dedicaba a la construcción de mataderos en Venezuela. Una vez finalizada dicha estructura, Antonio Díaz Martínez, quien formaba parte de esta compañía, decide comprarla el 17 de Octubre de 1956, y sacrificar 12 reses para su inauguración. Tal apertura contó con la Asistencia de destacadas personalidades del sector, incluyendo la del Presidente de Venezuela para esa fecha, el General Marcos Pérez Jiménez. Para el beneficio de las reses antes mencionadas, contaba con un personal de 30 obreros, que emplearon una técnica alemana que consistía en llevar manualmente las reses a través de todo el proceso hasta su culminación. En 1969, el Ing. Manuel Martínez, toma el control del Frigorífico, y debido al aumento de la demanda, surgió la necesidad de implantar una técnica americana semiautomatizada que permitió agilizar el proceso productivo, y por supuesto, un incremento de su personal, alcanzando a unos 240 Obreros, y 50 empleados con los que cuenta actualmente (FITCA, 2001).

PANORÁMICA DEL MATADERO MODELO DE MARACAY 1928

INTERIOR DE LA GANADERA INDUSTRIAL VENEZOLANA 1935

Gráfico 33. **Mataderos industriales de principios del siglo XX en Venezuela.** Tomado de: *"Entre campos y puertos"* (2001). Citado por: Abreu y otros (2001).

Para 1999, el Lic. Carmona, asume la Gerencia General de esta compañía, implementándose al mismo tiempo una cantidad de mejoras a la infraestructura del matadero, incluyendo la ampliación de la línea de matanza de reses y cerdos, situación esta que repercute notablemente en el incremento del porcentaje de la producción. En estos momentos, además del beneficio, la Empresa cuenta con una Planta Procesadora de Carne Vacuna (Procesadora de Carnes FITCA), fundada con el fin de satisfacer la demanda de los más variados tipos de Cortes para la colocación directa en el mercado interno, así como a distintas Industrias nacionales que producen embutidos y/o enlatados de la más diversa variedad. Así mismo cuenta con una moderna planta para el Salado de Cueros de Primera Calidad de Exportación, evaluados con rigurosas exigencias de calidad, y los cuales están siendo exportados a países en el Continente Europeo (Ob.cit.).

Las Fábricas de Alimentos

El Reglamento General de Alimentos (Normas Complementarias), Gaceta Oficial de la Republica de Venezuela N° 35.921 de fecha 15 de Marzo de 1996, vigente en la actualidad, define fabrica o planta de alimentos como todo establecimiento en el cual se realice una o varias operaciones tecnológicas productivas, destinadas a fraccionar, producir , transformar o envasar alimentos para consumo humano.

Bajo la definición anterior se encuentran evidencias desde finales del siglo XVIII de la introducción en territorio venezolano de maquinarias y equipos para el procesamiento de manteca y licor de cacao, cereales y beneficio del café. A partir de la segunda mitad del siglo XIX aparecen pequeños centros para la producción de alimentos. A continuación se enunciaran algunas de las empresas existentes de acuerdo con los registros de la época: mondadora de maíz de *Emilio Conde* (Caracas, 1864), fabrica de vinagre *Koscichi &Ca.* (Caracas, 1870), fabrica de chocolate amargo, azúcar, harinas y maicena *La Hispano-Americana* (Caracas, 1871), manufactura de bizcochos enlatados *Industria Nacional Ramella & Ca.* (Caracas, 1871), industria de bebidas gasificadas *Gran Fabrica de Bebidas Gaseosas El Gallo* (Caracas, 1876), fábrica de chocolates finos *La India de Fullie & Ca.* (Caracas, 1880) fábrica de fideos de *Chapellin & Ca.* (Caracas, 1884) fábrica de chocolates saborizados *A la Venezolana*s (Caracas, 1892), fábrica de pastas *La Americana de S.A. Ettedgui* (Puerto Cabello, 1895) y fábrica de productos marinos *Compañia Anónima de Pescadería* (Cumaná e Isla de Margarita, 1896).

En la Venezuela moderna, luego del éxodo campesino a las ciudades, las unidades de producción más importantes fueron las fábricas de alimentos, que, si bien se iniciaron en la primera mitad del siglo XIX, no llegaron a cobrar verdadera significación sino desde comienzos del siglo XX. Comenzaron a proliferar desde 1900 las fábricas de cerveza, así como las de chocolate, galletas, bebidas gaseosas, productos lácteos y, sobre todo a partir de la década de los años 40, las de alimentos enlatados. Este incremento fabril estuvo estrechamente vinculado al proceso mismo de urbanización, dando origen a los barrios industriales, que llegaron a constituirse en foco de desmejoramiento de la calidad de vida. La presencia de la industria alimentaría, asociada al creciente apoyo publicitario que se les dio y el patrocinio de recetarios que se repartían gratuitamente contribuyó a reforzar el patrón de consumo de orientación foránea, convirtiéndose en factores determinantes de cambios alimentarios (Lovera, 1988).

En cuanto a la industria conservera de pescado, que juega un papel importante en los hábitos de consumo de los regimenes alimentarios moderno y postmoderno, se inicia en Venezuela en 1937. Su principal rubro de interés lo constituye un pez pelágico denominado "sardina" (*sardinella aurita*) que representa la materia prima de estas plantas procesadoras y se encuentra abundantemente en las costas de los estados Sucre y Nueva Esparta. Por su importancia, dentro de la pesquería y la industria enlatadora, la sardina ha sido objeto de diversos estudios y se han realizado trabajos sobre su pesquería y la calidad de los productos a partir de ella elaborados (Cabello y Bello, 2000).

Otro pez de importancia para la industria conservera, como suele denominarse a las enlatadoras, es el atún (*Thunnus sp.*); este es un pelágico de gran tamaño de carne magra muy cotizado que constituye junto a la sardina, aún en el siglo XXI, los principales productos de la industria conservera nacional. El atún es un pez que nada en cardúmenes en aguas profundas de los océanos Atlántico y Pacífico. Su hábito de consumo se introdujo con la modernización petrolera del país donde era expendido en abastos, automercados y comisariatos. Su disponibilidad permanente en los anaqueles, su tiempo de conservación y su facilidad de consumo hicieron de este pescado, el alimento marino más común en las urbes venezolanas.

Las fábricas de conservas marinas se ubicaron principalmente en los estados costeros tanto orientales (Sucre y Nueva Esparta) como occidentales (Falcón y Zulia) del territorio nacional debido a la disponibilidad del recurso y a las facilidades logísticas. En la actualidad siguen representando un sector importante de la industria nacional de alimentos, y a pesar de que han proliferado plantas en otros estados del país, las regiones predominantes de manufactura siguen siendo las mismas donde originalmente se establecieron. El gráfico 34 muestra el crecimiento de la industria pesquera nacional para los primeros años del siglo XXI. En él se observa un incremento en la producción nacional, donde destaca la sardina como producto más demandado del sector junto al camarón como principal producto de la acuicultura.

A partir de los años 1980 el consumo de carnes provenientes de la avicultura comenzó un crecimiento sostenido. La demanda de aves beneficiadas ha venido aumentando durante las ultimas 3 décadas y las empresas dedicadas a su cría, beneficio y procesamiento han crecido a un ritmo acelerado ofreciendo hoy por hoy una variada gama de productos frescos, congelados y manufacturados.

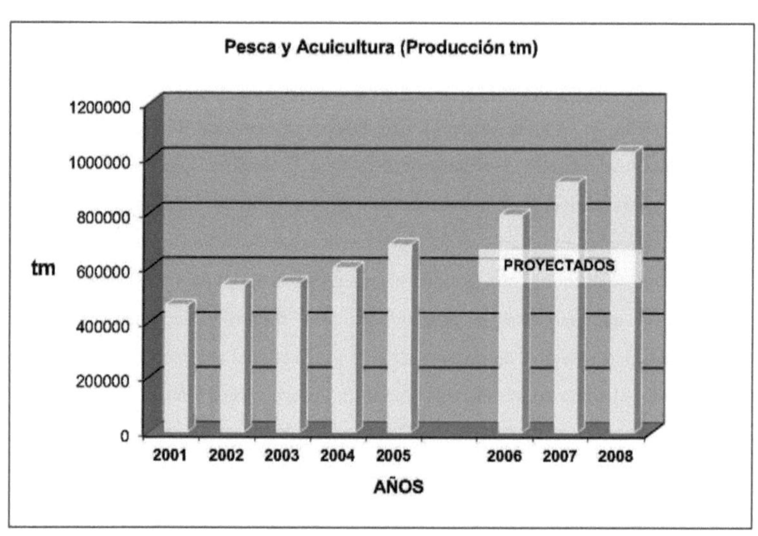

Gráfico 34. **Pesca y acuicultura producción nacional en la República Bolivariana de Venezuela para el período 2001-2005.** Fuente: Revista Gerente (2005) según cifras INAPESCA.

A diferencia de otras empresas del ramo alimentario, la producción de carne de aves en el país para principios del siglo XXI es uno de los pocos rubros donde no se ha observado crecimiento en las importaciones hasta el años 2005. Un estudio de años recientes demuestra cómo desde 1995 se ha incrementado la producción de huevos y pollos con una evidente modernización del sector a nivel de granjas y procesadoras (Gerente, 2005).

Existen 4 grandes agroindustrias en este sector: La Caridad, Protinal, Procrea y Souto que abarcan un 77% del mercado de pollos. También existen un grupo numerosos de empresa que se ubican en canales específicos de comercialización entre las que destacan: INTAVICA, Líder Pollo y La Tropical. La industria nacional de la avicultura ha sido capaz hasta 2005 de satisfacer la demanda interna, sin que el país requiriera de importaciones (Ob.cit.). El gráfico 35 muestra la producción de pollo en la República Bolivariana de Venezuela para los primeros años del siglo XXI.

En la industria alimentaria nacional, otro de los sectores más importantes es el lácteo. Desde tiempos republicanos, específicamente en algunas regiones rurales del país, el consumo de leches y productos derivados ha sido una de las principales fuentes de proteína y minerales. Desde la refinada mantequilla francesa de un banquete republicano, pasando por el suero, queso o nata de leche acompañante de arepas y panes en la ruralidad, hasta la pasta de queso fundido envasada en vidrio presente en la mayoría de los hogares de clase media en la urbanidad. La leche ha sido y sigue siendo uno de los componentes esenciales de la dieta del venezolano.

La industria láctea, también comenzó su industrialización a mediados de la tercera década del siglo XX con el apoyo del Gral. Gómez quien fundó la empresa *Lactuario Maracay* como iniciativa pionera en el país. A partir de ese momento un gran numero de empresas aparecerían para dedicarse básicamente a la producción de leche bajo las forma de: líquida pasteurizada y refrigerada, en polvo enlatada, concentrada enlatada, evaporada enlatada, entera y desgrasada de larga duración en empaque *tetrapack*

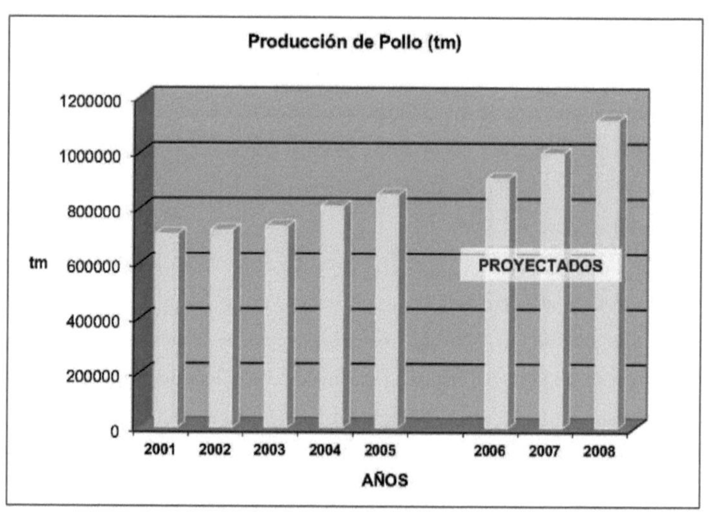

Gráfico 35. **Producción nacional de pollo en la República Bolivariana de Venezuela para el período 2001-2005.** Fuente: Revista Gerente (2005) según cifras PROCOMPETENCIA.

(UHT), mantequillas, quesos pasteurizados, quesos madurados y otros productos. Todos ellos dependientes de la tecnología disponible y del capital invertido por parte de los industriales.

A partir del año 2000 se ha venido registrando una disminución en la disponibilidad de este alimento que ha ameritado su importación generando una alta dependencia foránea. La intensa dinámica del sector donde se han producido en los últimos años diversas fusiones y adquisiciones, es uno de sus rasgos más diferenciadores. Así mismo la entrada y salida de marcas al mercado ha generado una merma en la uniformidad de calidad en algunos productos;   donde la leche pulverizada ha sido la más afectada (Gerente, 2004). En el gráfico 36 puede apreciarse la venta de productos lácteos para el período 2000-2005 donde se refleja lo descrito con anterioridad.

El crecimiento y expansión de diversas fábricas de alimentos en Venezuela originó la aparición de todo un sector de la economía nacional, ya que un país que aspira su desarrollo económico y social amerita que su industria agroalimentaria se encuentre organizada, tecnificada y sobretodo unida para poder satisfacer eficiente y eficazmente las necesidades de sus mercados tanto internos como externos. En el mundo globalizado es casi imposible concebir un país desarrollado sin la participación esencial de las fábricas de alimentos e industrias misceláneas.

Con base a lo anterior el 21 de agosto de 1959 un grupo de industriales venezolanos, preocupados por el fomento y desarrollo del sector de alimentos, constituyeron la Asociación Venezolana de Empacadores de Alimentos (AVEDEA), organismo de interés colectivo que tenía como objeto agrupar a las industrias empacadoras de conservas, jugos y demás alimentos. Luego de 18 años de actividades y debido al crecimiento que experimentó el sector agroindustrial, el 21 de noviembre de 1977 la Asociación cambió el nombre a Cámara Venezolana de la Industria de Alimentos (CAVIDEA), y amplió su membresía.

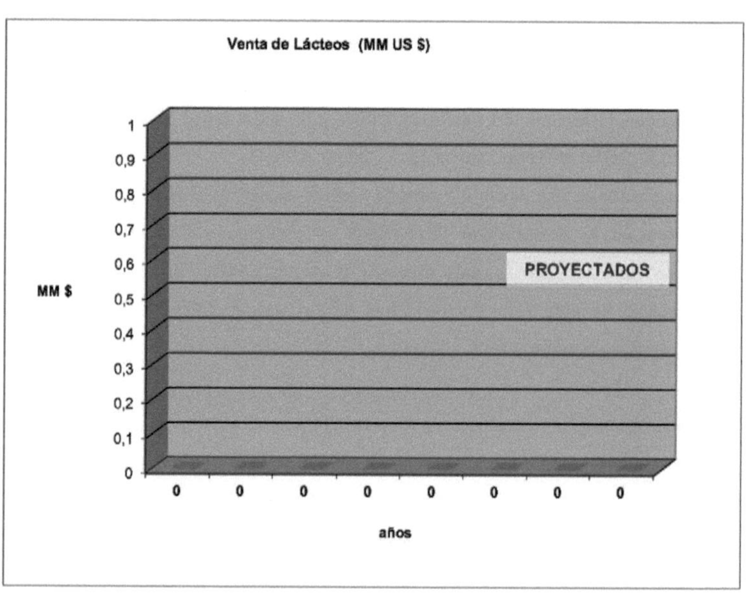

Gráfico 36. **Venta nacional de productos lácteos en la República Bolivariana de Venezuela para el período 2001-2005.** Fuente: Revista Gerente (2005) según cifras CAVILAC.

y asociaciones, empresas proveedoras de maquinarias, materias primas e insumos y compañías de servicios. Después de una trayectoria de más de 40 años de ardua labor en procura del sector alimentario nacional; es hoy en día una Asociación Civil sin fines de lucro, que agrupa a empresas relacionadas con el sector de alimentos, con el objetivo fundamental de promover el desarrollo sectorial y defender a la industria nacional, a fin de convertirla en uno de los pilares fundamentales del crecimiento social y económico de Venezuela; poseyendo a la fecha los siguientes afiliados: 112 empresas procesadoras, 16 Cámaras y Asociaciones y 13 compañías proveedoras de insumos, maquinarias y servicios para la industria de alimentos, las cuales se agrupan en 37 sectores del área de alimentos (CAVIDEA, 2008).

Empresas de Comercialización y Distribución: De la Pulpería al Hipermercado

La disponibilidad de los alimentos determina su frecuencia y hábitos de consumo. La forma en que el comercio agroalimentario ha evolucionado implica una transformación de las relaciones comerciales. En los inicios el trueque o intercambio de rubros, constituyó la forma de proveerse de alimentos; luego en la economía feudal el derecho a una mínima parte de la tierra y el intercambio de rubro continuó siendo la manera de obtener vituallas; en el latifundio surge el mecanismo de fichas o chapas como un primer inicio de sistema monetario en el que éstas representaban la contraprestación por trabajo y otorgaba la capacidad de adquirir en la pulpería o tienda de la hacienda o plantación, bajo condiciones económicas desfavorables, los insumos y víveres necesarios. Finalmente, en el capitalismo como su nombre lo indica, el capital o dinero representaba la posibilidad de acceder a alimentos y servicios siendo la acumulación de riquezas mediante el trabajo o los negocios la forma común de lograrlo. Bajo este esquema el ciudadano tiene derecho a los alimentos que desee y requiera en cantidad y calidad ajustada a las medidas de sus posibilidades económicas.

La evolución de estos modelos socioeconómicos ha dado paso a la creación y extinción de diversas unidades para la venta y comercialización de los alimentos. La Gaceta Oficial Nº 35.921 de la República de Venezuela en las normas complementarias al Reglamento General de Alimentos define *Expendio de Alimentos* como "aquellos lugares destinados a la venta de alimentos de consumo humanos". En tal sentido, a continuación se describirán algunos de los expendios más importantes que existen y han existido en el país.

Los centros urbanos, se fueron estableciendo en lugares específico para el expendio de víveres. Así se habilitaron mercados en las plazas principales, se edificaron mataderos y se fueron fundando pulperías, bodegas, almacenes y botiquines, que habían aumentado considerablemente para mediados del siglo XIX. Las bodegas vendían casi siempre frutos y productos del país, los almacenes, por su parte, tenían en mayor existencia víveres importados, mientras que la bodega representó una especie de fusión entre ambos. En el siglo XX se suman a esos expendios los abastos y supermercados; éstos irrumpen en el medio urbano después de la II Guerra Mundial con un nuevo estilo (Lovera, 1988).

Pulperías

No existe acuerdo entre los lingüistas sobre el origen de la palabra pulpería, que unos hacen derivar de pulpa, con primera cita en una ley de Indias de 1586, mientras que otros prefieren derivarla de pulque. La pulpería era la versión indiana de las abacerías de Castilla (Patiño, 2007).

En torno al sentido etimológico de la palabra pulpería, conviene tomar algunos datos que ofrece Rafael Castellano, cuando se refiere a este aspecto. Dice el citado autor que de acuerdo con la versión de Manuel Pinto la palabra pulpería deviene de la corrupción de la palabra pulquería, que no es otra cosa que aquél sitio donde se expendía pulque, en México, que consistía en una bebida extraída del Maguey (Durand y Gonzáles, 2002).

En el período del Descubrimiento y la Colonización, este tipo de establecimiento fue apareciendo a la par de los pueblos que se iban fundando. En el corazón de la ciudad española trasplantada a América se ubicaban, en derredor de la plaza central, la iglesia, el gobierno real, el cabildo y, por último, el centro de compras de productos de la tierra, de la agricultura, a los que se les denominó "Pulperías". Durante el año 1573 aparece la primera reseña de estos centros de distribución para Venezuela cuando se crea una ordenanza de pulpería para la ciudad de Caracas. Existían en ese momento un total de 11 en la ciudad, de las cuales 5 tenían que pagarle renta y patente al cabildo, y las restantes eran de "composición", tenían favor real, estaban, por lo tanto, exentas de pagar impuestos por establecer el negocio (Castellanos, 1989).

El establecimiento del comercio colonial, en todas sus etapas y niveles, experimentó los altibajos de los tiempos; signados unos por la permanencia de la guerra entre conquistadores y conquistados, y otros por los vaivenes económicos suscitados por los conflictos bélicos que hubo de enfrentar España con sus rivales europeos. Estas situaciones, obviamente, afectaron el regular tráfico comercial, y de alguna manera incidieron en el expendio de productos que se realizaban en las pulperías (Durand y Gonzáles, 2002).

Este expendio no sólo era de comestibles, pues además de venderse allí una infinidad de alimentos, era también proveedor de artículos de quincalla, de combustible como el carbón y más tarde el querosén, de mercería y hasta de enseres domésticos y utensilios de ferretería. Fue pues, la solución a muchas necesidades de abastecimiento. Los documentos y las crónicas de antaño exponen con detalle la existencia de estos establecimientos; cuya regulación -por vía de ordenanzas- fue competencia directa de los ayuntamientos de las ciudades, autoridades que debían velar por medidas, pesas y precios justos (Ob.cit.).

Los componentes fundamentales de este tipo de establecimiento eran el "armario", el "mostrador", la "romana" (o peso), la "troja" (o dispensa) y la escalera con la que se subía al techo del local en cuyos espacios se depositaban las fanegas de maíz, los bultos de cazabe y los demás víveres. Sobre su ubicación se señaló que existieron "pulperías de camino". Las más importantes de nuestra región capital fueron las de "La Venta", la cual estuvo ubicada en el camino de los españoles, la gran pulpería de "Las Adjuntas", que se convirtió en un centro de acopio de todos los productos agrícolas que se generaban en los valles del río Tuy, y la "pulpería" de "Las Cocuizas" que estuvo en la zona de Los Teques, y que también tuvo mucho reconocimiento (Castellanos, 1989).

José García de la Concha, ofrece una visión de lo que fue parte de una pulpería (Durand y Gonzáles, 2002):

> "Algo muy típico de la Caracas de antaño eran las pulperías. Una armadura y un mostrador de tablas recubierto por una lámina de latón, una balanza de dos platillos de cobre y un juego de pesos (por lo regular, fallas), las que aprisionaban unas rosetas de papel de diversos tamaños, prestas para el despacho (...) era característico el centavito de mantequilla untado en un pedacito de papel de estraza, el coleto y un tocón de machete para picar los centavos de papelón, y el enrejadito de tablitas donde estaba el pequeño bar con sus botellas llenas de aguardientes baratos, caña blanca, torco rudo y yerbabuena, cidra y pasitas..."

Era común observar más de 30 personas juntas en las pulperías, donde había guitarristas, cuatristas y hasta maraqueros. Se formaban actos culturales espontáneos, sobre todo los días sábados y domingos. La "pulpería" se volvió ateneo, ágora y hasta coliseo. Muchos eventos deportivos como los juegos de gallos, el bolo, los naipes y la batea generaban gran entretenimiento y mucha expectativa entre los vecinos de las adyacencias. Por esa razón llegó a convertirse, indiscutiblemente, en un centro social, situación que produjo un fenómeno histórico digno de reseñar. Por ser un epicentro de los encuentros vecinales en los distintos poblados del país, conllevó a que se convirtiese en una palestra pública o sitio de debates políticos. Los sucesos políticos del momento y las ideas que estaban de moda eran debatidos en las inmediaciones de la pulpería. Además estos locales representaron, por mucho tiempo, una referencia obligada para localización de familias o personas, así como también se convirtió en lugar ideal para la entrega o búsqueda de un recado o encomienda. Aún hoy, en muchos pueblos y localidades esta costumbre sigue manteniéndose (Castellanos, 1989; Durand y Gonzáles, 2002). En el gráfico 37 se muestra una iconografía de Arturo Michelena donde muestra una pulpería caraqueña.

Si algo diferenció a las pulperías respecto a otros expendios comerciales, fue su venta al menudeo. Siempre fue así, y ello constituyó un alivio para aquellos cuyo poder adquisitivo sólo les permitía realizar este tipo de compras; es decir, la compra del producto que invariablemente se consumiría el mismo día. Esta venta al detal constituía pues, la solución del consumo diario; y póngase por caso aquella persona que no podía comprar 1 kg de café, a lo menos tenía la oportunidad de comprar el necesario para hacer el guarapito de esa mañana. La modernidad y el progreso, hicieron mella en la existencia de las pulperías; posibilitando la apertura de otro tipo de comercio que iba a suplantarlas progresivamente (Durand y Gonzáles, 2002).

Los sucesos políticos y militares que ocurren en Venezuela a partir de 1830, una vez establecida la República y con una economía golpeada fuertemente por los efectos de la guerra de emancipación genera una crisis nacional, en la cual las pulperías se mantuvieron en pie. Más aún, si bien es probable que algunas de ellas hayan sufrido los embates de esa prolongada situación, al extremo de haberse propiciado su cierre; no caben dudas que también se convirtieron en el lugar seguro para el abastecimiento, para mitigar las necesidades aunque fuese un poco. Una información de finales del siglo XIX y principios del XX, dice que en Caracas había

Gráfico 37. **Una pulpería de esquina de Caracas del siglo XIX.** Tomado de «Historia de la Alimentación en Venezuela» año 1988. Autor: Arturo Michelena (a los 13 años de edad).

entre 1891 y 1892, 205 pulperías; que crecieron en número en 463 para el año 1906 (Ob.cit.).

Como colofón se puede indicar que la pulpería entró en decadencia a partir de la explotación sistemática del recurso petrolero en la Venezuela de comienzos del siglo XX. A partir de este período comenzaron cambios de denominación. Se comenzó a llamar a las pulperías *Gatico,* ya que los expendios de víveres comenzaron a funcionar al lado de las puertas de entrada de los grandes complejos petroleros, cuya denominación en inglés era *Gate.* Así mismo, los oficiales de seguridad comenzaron a llamarse "Guachimanes", por la deformación de la palabra *Washman* (Castellanos, 1989).

Almacenes

Con el fin de la Guerra Federal (1863) se instaura, a partir de allí varios regímenes autocráticos, que sólo auparán la violencia y no permitirán el verdadero goce de una paz social. En este cuadro, el establecimiento de grandes casas comerciales extranjeras en las principales ciudades y puertos del país, y la permanencia del café como principal rubro de exportación; son elementos característicos de la economía de entonces, que se movía en un ambiente crítico, de vaivenes que no permitían su definitivo arranque (Durand y Gonzáles, 2002).

En la Venezuela agrícola e importadora de cueros, café y cacao del siglo XIX comenzaron a proliferar en las ciudades, en especial aquellas donde existían puertos marítimos, un tipo de establecimiento denominado "almacenes". Las ciudades de Maracaibo, Puerto Cabello, Carúpano, La Guaira y por supuesto la ciudad capital de Caracas, contaban con modernos establecimientos de este tipo.

Con la nueva arquitectura urbana traída por los españoles, se impuso la costumbre de que las habitaciones que daban a la calle se destinaran a tiendas y talleres, mientras que las del interior servían de residencia familiar (Patiño, 2007). En este concepto, las grandes residencias, sobre todo aquellas de varios pisos, sirvieron para alojar los primeros almacenes en territorio venezolano durante los siglos XVIII y XIX.

El almacén era un expendio de alimentos especialmente de origen importado, aunque podían encontrarse productos finos de manufactura local, donde además era posible adquirir distintos tipos de frutos importados, mercancía seca, bebidas alcohólicas y cosméticos entre otras cosas. Al almacén solo acudían la clase oligarca y los extranjeros, básicamente por 2 razones. La primera, el modelo social de consumo del venezolano promedio de la época, en su mayoría rural, desconocía el uso, forma de preparación y consumo de los alimentos que allí se vendían como por ejemplo: salmón, aceite de oliva, ciruelas, cervezas y vinos. En segundo lugar, un peón de hacienda, un cimarrón o un soldado no disponían de los recursos económicos para adquirir alguna de estas extravagantes comidas.

Los almacenes se mantuvieron por muchos años como eje de algunas economías citadinas en las capitales de algunos estados venezolanos. Generalmente eran controlados por casas extranjeras como la H&L Boulton, Breuer Moller & Co y Beco Blohm entre otras, con acceso a depósitos aduaneros y flotas mercantes que los suplían frecuentemente. Estos recintos se instalaban en calles muy frecuentadas, a las cuales les conferían denominaciones como "El Comercio", por lo general céntricas y aledañas al cuadro metropolitano heredado desde la colonia -conjunto plaza mayor, cabildo, iglesia y comercio- (Instituto de Investigaciones de la Facultad de Arquitectura - LUZ-IIFA -, 1996).

A pesar de la majestuosa arquitectura que caracterizaba a los almacenes adornando la urbe, estos eran de uso selecto y exclusivo con un sentido fuertemente clasista, ya que evitaban a toda costa la venta al menudeo y el expendio de víveres e insumos de uso corriente u ordinario (Patiño, 2007). En el gráfico 38 se pueden apreciar algunas de las fachadas de los almacenes más importantes de la ciudad de Maracaibo.

Bodegas

Histórica y regionalmente los suministros, están condicionados por la producción. No se da de todo en todas partes. Hay regiones o localidades que no disponen de la infraestructura física o social necesaria para generar bienes consumibles. De allí la necesidad de traer de fuera las cosas esenciales o consideradas como tales. Otras regiones, al contrario, están dotadas con las facilidades de producir determinados renglones. Por ejemplo, en el primogénito asentamiento de Nueva Cádiz, en la isla de Cubagua, se dependía del entorno continental e insular para el suministro, aun de cosas tan elementales como el agua de beber y la leña, y no se diga de bastimentos (Patiño, 2007).

En este sentido no se podía obligar a la gente a producir más de lo que la población podía consumir ya que los consumidores eran escasos y los medios de conservación de alimentos precarios y muy básicos. La población no consumía porque, de modo general, cada quien producía, por lo menos en los renglones esenciales de la supervivencia, lo necesario (Ob.cit.).

Esta situación se fue superando con el intercambio comercial que hacía posible a la población contar con víveres e insumos distintos a los producidos localmente. El uso de utensilios de cocina y la posibilidad de consumir alimentos distintos bajo formas de preparaciones diversas, le atribuía variedad a la dieta y facilitaba la vida de las personas sobre todo en los campos lejos de las ciudades. Los almacenes, por un lado, grandes centros de expendio de especies importadas y las pulperías, por el otro, ventas al detal de enseres y alimentos típicos de la dieta rural no se dieron abasto para

Gráfico 38. **Fachadas de almacenes de siglo XIX y XX.** Tomado de «Apuntes para la Historia de la Arquitectura y el Urbanismo de la Ciudad de Maracaibo» año 1996. Autor: LUZ-IIFA.

para satisfacer la creciente demanda de la población. Aparecieron, entonces con el aumento poblacional y comercial, otros establecimientos como la "Bodega", el "gran baratillo" y el "almacén de víveres y frutos" (Castellanos, 1989).

Las bodegas se constituyeron como expendios de alimentos más procesados que frescos que destacaban por su variedad, donde coexistían alimentos típicos como: papelón, casabe, café, aguardiente de caña o carne salada junto a productos importadas como: aceite de oliva, especias (canela, clavo de olor, tomillo, cardamomo, pimienta, etc.), arenques enlatados, queso de Flandes o frutos secos. Así mismo la bodega, para mediados del siglo XX, le dio cabida a los principales productos de la incipiente industria nacional de alimentos exhibiendo en sus anaqueles enlatados especialmente sardina y carne de almuerzo, así como bebidas gaseosas, golosinas, azúcar blanca, café tostado molido y cervezas. Posteriormente con la llegada de la tecnología del frío a mediados de 1910 (Cartay, 2005), las bodegas incorporaban a su lista de productos los embutidos, el queso blanco, la leche y los jugos pasteurizados.

En similitud con la pulpería, la bodega tenía la propiedad de ser atendida por uno o varios encargados, en la mayoría de los casos dueños. El cliente solicitaba lo requerido y el despachador ubicado detrás de un mostrador giraba para seleccionar de un anaquel, que solo estaba al alcance de éste, aquellos productos que le habían solicitado. En algunos casos con productos de gran volúmen o peso como botellones de agua, racimos de cambur, etc. Los mismos podían ubicarse fuera del perímetro de la repisa. Sin embargo, debía ser el bodeguero quien tomara, cortara o seleccionara la mercancía que una vez colocada en bolsas, generalmente de papel, se entregaba al atento comprador.

A diferencia de las pulperías las bodegas no necesariamente se ubicaban en el interior de haciendas ni en las cercanías de industrias petroleras. Por lo contrario, se situaban en calles comunes de poblaciones de provincia o en parroquias citadinas.

Incluso llegaron a formar parte importante de los barrios industriales que se formaron en las grandes ciudades como consecuencia del éxodo campesino y la explotación petrolera.

En el concepto de bodega cualquiera podía comprar lo que deseara siempre y cuando dispusiese del dinero necesario sin distingo de clase ni raza. Sin embargo, las típicas ventas de "a locha" que caracterizaban a la pulpería fueron desapareciendo paulatinamente ya que la mayoría de los productos comercializados comenzaban a ser envasados o empacados como consecuencia de la industrialización de alimentos.

Las bodegas también incorporaban otros rubros como calzados para el trabajo, telas, herramientas en general, utensilios para la cocina y sustancias para la limpieza. Con la urbanización del país y las inmigraciones sucedidas, las bodegas fueron siendo sistemáticamente desplazadas por las "casas de abasto" especialmente en las capitales del país. No obstante, persisten en la actualidad en barrios humildes y poblaciones rurales donde siguen cumpliendo fielmente su misión de antaño. En el gráfico 39 se presentan unas típicas bodegas venezolanas. El primer cuadro es el interior de una bodega de los años 70 del siglo XX y el segundo es la fachada de una bodega de pueblo andino en pleno siglo XXI.

Vendedores Ambulantes

Además de los establecimientos mencionados, existieron en las ciudades los expendedores callejeros de alimentos. Hombres y mujeres de clase humilde repartidores de pan, la mondonguera, la dulcera, el chichero, los maniceros, los repartidores de leche, los fruteros, los verduleros, los vendedores de miel, los carboneros entre otros. Todos ellos forman parte del folklore nacional y de la historia alimentaria de Venezuela; ya que representaron durante un tiempo relativamente

INTERIOR DE BODEGA TÍPICA DE LOS AÑOS 1960 (SIGLO XX)

FACHADA DE BODEGA ANDINA (AÑO 2007)

Gráfico 39. **Bodegas venezolanas de los siglos XX y XXI.** Tomado de «Imágenes de antaño» año 2008. Autor: anónimo.

largo la única fuente para el abastecimiento de alimentos e insumos necesarios como: frutas, pan, leche, carbón, pescado, verduras, etc.

Por lo general eran personajes muy pintorescos que forman parte indispensable de la vida comercial de las ciudades de antaño, que utilizaban bestias y algunos barriles para transportar su mercadería, en el mejor de los casos; o simplemente empujaban carretillas cargadas con productos frescos, secos y hasta preparaciones culinarias como café, arepas o raspados (especie de bola de hielo con adición de un jarabe edulcorante y/o esencia aromatizante).

En la cuarta década del siglo XX repuntan de nuevo como en la Venezuela republicana, los vendedores ambulantes que ofrecían perros calientes, entonces novísima mercancía venida del norte de América; los expendedores de arepas, que atendían el apetito de los noctámbulos con el clásico pan criollo que rellenaban con guisos de diversa suerte; los heladeros, los vendedores de café, que madrugaban para ofrecérselos a los apurados oficinistas, etc. (Lovera, 1988).

En lo que respecta al siglo XXI, la proliferación del comercio informal como consecuencia del desempleo y la falta de planificación urbana; ha generado la proliferación de un gran número de expendios ambulantes de comida principalmente rápida, a todo lo largo y ancho del territorio nacional. Los gobiernos municipales han hecho un gran esfuerzo en regular esta actividad en conjunto con el Ministerio del Poder Popular para la Salud a través de ordenanzas municipales y gacetas oficiales. Existen para el año 2008 una gran cantidad de vendedores de "perros calientes y hamburguesas" a los que se suman las empanaderas típicas de algunas regiones, las ventas de cachapa asada, los expendedores de bebidas refrescantes, los vendedores de café, los parrilleros o "pincheros" que ofrecen trozos de carne asada, los heladeros (oficio desempeñado en los últimos tiempos por inmigrantes guyaneses en condición de ilegalidad), los vendedores de chicles y golosinas, las típicas mujeres que venden dulces criollos, los fruteros y fruteras que ofrecen especies exóticas y frutos tradicionales, hasta vendedores de churro o de "tequeños" ya familiares a la dieta postmoderna del venezolano del siglo XXI.

Cabe destacar que estos agentes de expendio y comercialización de alimentos mitigan en buena parte la demanda de almuerzos rápidos que requieren los pobladores de las ya saturadas urbes donde el tiempo requerido en comer así como las posibilidades económicas del bolsillo privan sobre la calidad de la comida ingerida. Como diría en la actualidad un venezolano citadino "es gracias a los vendedores ambulantes que se logra matar el hambre metiéndose una bala fría".

Sin embargo, en función de lo anterior y como se ha dicho repetidas veces a lo largo del trabajo cabe destacar que el aumento del consumo de alimentos poco saludables, como por ejemplo: las gaseosas, las papas fritas, las hamburguesas, los perros calientes, entre otros. Ha contribuido con el incremento de las enfermedades crónicas no transmisibles como la diabetes e hipertensión arterial en la población venezolana (INN, 2006).

Mercados Municipales

En los primeros tiempos de la dominación española, el indio encomendado, de servicio o mitayo, suministraba todo a los españoles, desde alimentos para la familia del encomendero hasta leña para su cocina y hierba para su caballo. También a los curas y doctrineros les daban los indios el camarico, esto era, alimentos en estado fresco preparados, en tal cantidad que nadie era capaz de consumirlo todo. De allí resultaba que el exceso se trataba de comerciar o intercambiar con otras personas. Por eso, el mercado no formó parte de la planeación urbana española. Hacia sus veces como tal la plaza principal. Gradualmente se fue disponiendo por los cabildos, que los indígenas atendieran al suministro de los lugares poblados, llevando sus productos en determinados días y vendiéndolos a precios establecidos. Ya a fines del siglo XVI un estratego recomendaba que se interesara a los indios en hacer granjerías y expenderlas en mercados donde no debían entrar blancos ni mulatos, para evitar la inconveniencia de engaños y abusos (Patiño, 2007).

La plaza mayor, plaza pública o plaza del mercado como también se le denominaba, era construida por instrucciones del Gobernador y Capitán General. En ella se expendían comestibles diversos, elaborados o no. También sirvió de lugar de ejecución de las sentencias de muerte emitidas por la justicia y, en otro ámbito, de sitio de diversión cuando en ella se corrieron caballos y se jugaron toros. No hay que decir, que fue lugar del "cotorreo" diario de transmisión de noticias, buenas y malas, de transacciones comerciales y de coqueteos amorosos. Como se puede colegir, la existencia de un sitio como la plaza pública, presumía la presencia de mucha gente, de toda suerte de labradores con sus productos y demás vendedores, así como de carretas tiradas por bestias que, no dejaron de ocasionar situaciones que alteraron el orden público (Durand y Gonzáles, 2002).

El mercado, o sea, el sitio donde se reunía la gente para comprar y vender, fuera de su aspecto económico de intercambio, tuvo otras facetas: pudo representar un nudo en redes de comunicación; era un lugar de encuentros de amigos o parientes; facilitó los contactos para el reclutamiento de la pareja sexual; era centro de actividades políticas; brindaba la oportunidad de ventilar actividades jurídicas, por ejemplo arreglos de linderos; servia para festividades y prácticas religiosas; la expectativa de asistir a ellos mantenía despierta la noción del tiempo (Patiño, 2007).

La aglomeración de puestos para la venta situados en la plaza mayor, en días y horas establecidos constituía el mercado que era el punto central, aun cuando en algunas ciudades, como Caracas, se habían construido instalaciones especiales. Su vigilancia al igual que su regulación correspondía en un principio a los Cabildos, luego esa responsabilidad fue transferida a los Consejos Municipales, por conducto de un oficial llamado en tiempos coloniales Fiel Ejecutor, cuyo cometido incluía todo lo relativo al contraste de pesos y medidas, a la elaboración de los aranceles de precios e impuestos y al aseo ambiental (Lovera, 1988).

Los problemas de abastecimiento y expendio de frutos y carnes (res y pescado) en el mercado de la capital del país, es tan antiguo como los años que tiene la ciudad de fundada. Desde muy temprano se daba esta situación, y siempre correspondió a las autoridades -Capitán General y Ayuntamiento, principalmente- buscarle la debida solución. Fue, pues, un malestar persistente cuya fuente de origen es diversa (guerras, plagas, entre otras) y determina, según su incidencia, el mayor o menor malestar causado dentro de la población. La construcción de edificios e instalaciones adecuadas para el funcionamiento de los mercados fue preocupación constante de los gobiernos desde finales de los siglos XIX, primero con la intención de adecentar las ciudades, y luego con el propósito de dotar de mercados propios a los diferentes barrios de las ciudades populosas, lo que a la vez contribuía al descongestionamiento de las zonas centrales (Lovera, 1988; Durand y Gonzáles, 2002).

El problema de la distribución de alimentos aumentó y se agravó conforme crecía el país. La necesidad de proveer suministros y víveres a una población cada vez más numerosa y tendiente a concentrarse en zonas específicas por ejemplo las grandes ciudades, originó que gobiernos municipales, regionales y nacionales se preocuparan por el abastecimiento permanente, oportuno y regulado de todo lo requerido para el sustento y la vida cotidiana. De esta manera, ya en el siglo XIX se habían dispuesto de establecimientos claramente identificados, distintos a las plazas principales que eran usados para el beneficio de animales y la venta de abarrotes en general. Dicha actividad era controlada por las autoridades municipales y representaba el eje económico de la sociedad de aquel entonces. Los pulperos se abastecían de fanegas de maíz, café, papelón, casabe y otros rubros alimenticios, precisamente en los mercados municipales para luego venderlos al detal en sus respectivas tiendas.

El esquema del mercado municipal como centro de acopio, distribución y venta en las ciudades del territorio venezolano se mantiene hasta la actualidad. Este ha representado la manera en que el Estado garantiza el suministro alimentario y básico a poblaciones específicas que pueden abarcar desde ciudades completas como los mercados principales de Mérida, Valencia, Porlamar y Carúpano entre otros; hasta barriadas específicas como el *Mercado Municipal de Quinta Crespo*, o el *Mercado Municipal de Cotiza*, ambos en la ciudad de Caracas.

Una de las tendencias en el establecimiento de los mercados era su lejanía del centro de la ciudad (casco central metropolitano), esto tenía como propósito el descongestionamiento citadino y las facilidades logísticas para la comercialización de los productos allí vendidos. Durante el siglo XX el mercado se convierte en punto obligatorio de la población, no solo para adquirir alimentos frescos, en su mayoría, sino también para comprar calzado, ropa y toda suerte de insumos necesarios en el hogar como: productos de limpieza y aseo personal, útiles escolares, juguetes y hasta artículos específicos para la práctica de cultos religiosos.

En una época histórica donde las pulperías habían literalmente desaparecido, las bodegas ofrecían una limitada oferta de productos, la casa de abastos comenzaba su escalada hacia el autoservicio. La existencia del mercado representó la mejor y más diversa opción del venezolano para compensar su necesidad de alimentarse y/o para satisfacer el gusto por la compra de algo deseado. El mercado se constituyó además como un centro gastronómico donde pueden encontrarse las preparaciones culinarias y bebidas típicas de la zona donde se encuentran ubicados. Esto le da un carácter de atractivo turístico, el cual es ampliamente aprovechado en algunas ciudades. En el gráfico 40 se presenta una panorámica del famoso Mercado de Quinta Crespo hacia mediados del año 1960, nótese la característica y moderna estructura de la que disponían este tipo de recinto ya para ese momento.

Gráfico 40. **Mercado Municipal de Quinta Crespo, Caracas mediados del siglo XX.** Tomado de «Imágenes de Antaño » año 2008. Autor: anónimo

No puede dejar de mencionarse antes de concluir esta breve reseña sobre los mercados que durante los años 70, 80 y 90 del pasado siglo XX. Los mercados en especial "mayoristas" como el de Coche, en Caracas, o el de Barquisimeto, fueron sede de actividades que atentaban contra la seguridad alimentaria de la población debido a que en ellos se situaron complejas redes de intermediarios, usureros e inescrupulosos, que acaparaban las redes de comercialización con lo cual se incrementaba de manera exacerbada el costo de los productos, sobre todo alimenticios, con el contraproducente efecto para productores, transportistas y consumidores. Estas "roscas" como se le denominaba en esa época controlaban el suministro de alimentos y eran capaces de generar estados de desabastecimiento con el solo propósito de incrementar los precios de los productos valiéndose con vileza de la ley de oferta y demanda; por supuesto con el respectivo menoscabo de la calidad de vida y alimentación del pueblo en general.

En la Republica Bolivariana de Venezuela, la red gubernamental "Mercal" a partir del año 2002 ha retomado con fuerza la concepción original del mercado metropolitano realizando durante los últimos años una campaña de abastecimiento de rubros alimenticios de primera necesidad en barriadas, centro y adyacencia de ciudades y pueblos en el país. Los megamercados itinerantes organizados por la estatal, pretenden garantizar la seguridad alimentaria erradicando el ya famoso desabastecimiento y ofreciéndole al público en general los productos a precios regulados y asequibles, evitando así la usura. Esta iniciativa es loable, el único inconveniente es que la gran mayoría, por no decir todos, los productos expendidos son fabricados o comercializados exclusivamente por el Estado con lo cual se podría estar en presencia de una potencial "estatización de la industria agroalimentaria" que como ha revelado la historia del país en ocasiones pasadas, pocas veces ha resultado exitosa.

En el siglo XX comenzaron a desaparecer las pulperías y bodegas, desplazadas por otras iniciativas privadas como lo eran los abastos y supermercados, establecimientos con instalaciones más modernas y organización más compleja. Incluso aparecieron, a fines de la década de los años 40, cadenas comerciales para la venta de víveres, que han llegado a su apogeo en fechas recientes (Lovera, 1988).

Durante la década del 50, las bodegas ya establecidas en todo el territorio nacional comenzaron a coexistir con las casas de abasto mejor llamadas *abastos*. Este era un local algo más grande que una bodega donde, incluso, se vendían telas (Castellanos, 1989). La novedad que presentaba el abasto era que introdujo el concepto de autoservicio donde el propio cliente desplazándose libremente en el interior de la tienda, a través de sus anaqueles, era capaz de escoger los productos que necesitaba.

En el abasto comienza una nueva forma de concebir el negocio de expender alimentos. Primeramente permitió un contacto cercano entre el cliente y los productos alimenticios que favoreció el acto de compra, en cuanto a escogencia se refiere; por otra parte ayudó al ahorro de tiempo pues varios marchantes podían realizar compras de manera simultánea, sin la engorrosa espera de bodegas o pulperías y por último incorpora la forma de pago centralizada mediante la ubicación de una o varias cajas en el acceso principal del local. En el gráfico 41 se presentan ilustraciones de los abastos en Venezuela para distintos tiempos.

El reducido espacio de pulperías y bodegas, la abigarrada presentación de sus mercancías y la relación personal entre dueños y sus marchantes, fueron sustituidos por la amplitud y orden de abastos y luego de supermercados, que, concebidos de acuerdo con nuevas normas de mercadeo, ofrecieron, en anaqueles bien dispuestos,

1. CASA DE ABASTOS EN 1950

2. ABASTO VENEZOLANO EN EL AÑO 2003

Gráfico 41. **Abastos en Venezuela de mediados del siglo XX y principios del XXI.** Exposición 1. Tomado de «Historia de la alimentación en Venezuela» año 1988. Autor: El Farol Nº 126 Caracas. Exposición 2. Tomado «Imágenes Google » año 2008. Autor: anónimo.

los más variados alimentos industriales, sin excluir los frutos de la tierra ni un abundante surtido de productos para diversos usos domésticos, que el consumidor podría servirse directamente en carritos conducidos a su antojo. Detrás de estos complejos comerciales se hallaban la naciente industria alimentaria, la creciente importación de comestibles y los modelos de organización foránea (Lovera, 1988).

En los albores del siglo XXI se considera que las panaderías y los abastos tienen su propio nicho y que lo mantendrán por siempre. Sin embargo, estos últimos deben hacer más investigación de mercado para salirle al paso a los grandes supermercados y poder competir con las nuevas tiendas de las estaciones de servicio, que expenden de todo o estarán condenados a su desaparición (Rodríguez en Martin, 2001).

Con respecto a los anales del automercado, Durand y Gonzáles (2002) aseveran que:

En el caso de los automercados, constituyen parte integrante y distintiva de la sociedad moderna. Si la pulpería representó en otras épocas el medio por el cual se proveía de una diversidad de cosas al consumidor; la comparación entre este tipo de establecimiento de antaño con lo que representa hoy el automercado, es bastante apreciable en sus elementos diferenciadores; si bien en el fondo van a cumplir con el mismo cometido, es decir, cubrir la necesidad de consumo de la gente.

El automercado mantuvo el concepto de autoservicio de los abastos, incluso mejoró la calidad en el servicio con la inclusión de novedades tales como: puertas automáticas, escaleras eléctricas, reparto a domicilio, estacionamiento para vehículos y aire acondicionado, entre otras. Pasando así a desempeñar un papel muy importante en la dinámica social contemporánea donde el tiempo no se detiene y se mide en milésimas de segundos, y el confort se expresa por vía de la comodidad que se ofrece al usuario (Castellanos, 1989; Durand y Gonzáles, 2002).

Otra noción vanguardista implantada por los automercados fue la inclusión de prácticas de mercadeo y venta (Merchandising) en cuanto a la ubicación de los rubros en la tienda, forma de exhibición y tipo de arreglo de los productos ofrecidos. Así pues, se daba paso a las campañas publicitarias de empresas que incitaban a la ingesta de alimentos no tradicionales cambiando los patrones de consumo predominantes hasta ese momento.

El automercado pasó a convertirse no solo en un expendio de alimentos, sino de todo aquello requerido masivamente para satisfacer las necesidades de una pujante población urbana. En ellos se vendían: licores nacionales e importados, cosméticos e insumos de aseo personal, artículos y sustancias para limpieza, alimentos enlatados, alimentos empacados, alimentos envasados (bajo diferentes presentaciones), vegetales, tubérculos, leguminosas, frutas frescas, carne refrigerada y congelada de pollo y res, pescado fresco y congelado, electrodomésticos y herramientas para el hogar, dulces, golosinas, helados industriales, etc.

La existencia de los automercados y de los hipermercados constituye, pues, un símbolo de la vida actual. Empero, este tipo de establecimiento es resultado de todo un proceso que expresa el desarrollo de una actividad comercial que, etapa por etapa, obedece a su vez a una trama histórica intensa (Durand y Gonzáles, 2002).

Supermercados e Hipermercados

En Venezuela los mercados de víveres se dividen en categorías, tales como panaderías, abastos, supermercados independientes, cadenas de supermercados e hipermercados, siendo estos últimos una categoría híbrida. Mientras se calcula que un hipermercado debe ocupar 5.000 m^2 de superficie de venta, las panaderías y los abastos promedian 50 m^2 y los supermercados 1.000 m^2. La tendencia mundial en cuanto a los supermercados es hacia la consolidación, en la que grandes compañías controlan un gran porcentaje del mercado. Esa tendencia todavía no ha llegado a Venezuela. Aquí cada región tiende a tener una cadena de supermercados distinta (Martin, 2001).

Los denominados supermercados son en esencia establecimientos similares a los automercados en cuanto a comodidades, variedad, forma de venta y servicios se refiere. Las diferencias fundamentales entre ambos estriban en la cantidad de espacio ocupado y la ubicación urbana de sus plantas físicas. En el automercado, el área ocupada oscila entre 350 a 700 m^2 y generalmente se ubica en el interior de un centro comercial. En el caso de los supermercados generalmente superan los 1000 m^2 y se sitúan en áreas exclusivas, generalmente periféricas, que permiten su fácil acceso y la existencia de un amplio estacionamiento. En el gráfico 42 se exhiben algunos de estos locales para una famosa cadena comercial a través del tiempo.

El cuadro 26 muestra la tendencia en el país para la última década del siglo XX en cuanto al cambio del sistema de distribución y venta agroalimentario. Nótese el acelerado aumento que experimentan los hipermercados frente al resto de locales que en su mayoría sufren reducciones en número. Según la *Consultora Datos*, la participación de las panaderías, cadenas de supermercados e híbridos en el mercado de alimentos ha aumentado desde 1994, mientras que la de los grandes almacenes y los supermercados independientes se ha reducido. Las panaderías han aumentado su participación de 3% del mercado en 1994 a 7% en 2000. Las cadenas de supermercados han aumentado la suya de 19 a 25%, y los híbridos han pasado de 4 a 8%. Por otro lado, los almacenes generales han visto reducir su participación de 40 a 30%, mientras que los supermercados independientes han pasado de 34 a 30%. En cuanto a los precios, son más elevados en tanto es menor la tienda. Aunque los mercados populares pueden expender vegetales a precios más bajos, según Rodríguez (2000), no ocurre lo mismo con otros productos. Y, tal como ya se mencionó, los precios no varían mucho entre los de mayor tamaño (Martin, 2001).

SUPERMERCADO EN CARACAS (1957)

SUPERMERCADO EN VALENCIA (1975)

AUTOMERCADO EN PUERTO LA CRUZ (1992)

Gráfico 42. **Supermercados y automercados de la cadena Central Madeirense ubicados en Venezuela en distintas fechas y lugares.** Tomado de «Un poco de nuestra historia » año 2007. Autor: Central Madeirense.

Cuadro 26

Transformaciones cuantitativas y variaciones porcentuales observadas en el sistema de distribución urbana de alimentos en el período 1990-2002

Distribuidores	Años			Variación %
	1990	1995	2002	2001/1990
Abastos	55.966	37.941	38.927	-30,0
Supermercados independientes	1.362	1.441	1.025	-25,0
Cadenas de supermercados	234	265	200	-14,5
Hipermercados		12	25	+108,0

Nota. Tomado de *Reconfiguración del Sector Agroalimentario Venezolano en el Contexto de la Globalización* por Morales, 2005.

Actualmente hay en el país 17 cadenas de supermercados y 7 cadenas de híbridos. Entre ellas cuentan con 240 locales de supermercados y 17 tiendas de híbridos. Las cadenas con la mayor cantidad de tiendas son CADA (49), Victoria (Casa París, 40 tiendas), Central Madeirense (37) y Unicasa (28). De ellas sólo CADA es nacional, aunque Central Madeirense va encaminada en esa dirección. Hacia finales de 2000, todas las demás cadenas tenían menos de 10 tiendas. Nasa tenía 7 tiendas en toda la región andina. Santo Tomé contaba con 3 supermercados y un hiperhíbrido en Puerto Ordaz. Excelsior Gama con 6 tiendas y Sagrada Familia con 7 sólo operan en la zona metropolitana de Caracas. Algunas de las cadenas apuntan a grupos específicos de ingresos. Por ejemplo, los supermercados Excelsior Gama están dirigidos a la clase alta y Central Madeirense a la clase media baja; sin embargo, los CADA son combinados. La selección de productos que ofrecen los establecimientos CADA depende del tipo de consumidor de la zona donde esté ubicada la tienda en particular, pero 70% de los artículos es igual en todas las tiendas (Ob.cit.).

La cadena Makro, que tiene 2 de los 17 híbridos, ni es un supermercado ni un hipermercado, sino una empresa distribuidora y tienda de autoservicio mayorista a la vez que introdujo el sistema denominado *cash & carry* y que posee muchas de las peculiaridades que caracterizan a los llamados hipermercados en Europa. Su establecimiento en el país significó una transformación muy importante en el sistema de distribución urbana de alimentos debido a que constituyó una vinculación directa entre las principales industrias agroalimentarias (cuyos productos distribuye) y sus clientes, logrando consecuentemente disminuir el número de intermediarios. Casi todos los clientes de la cadena son mayoristas e instituciones y no consumidores finales. Durante los últimos 2 años ha venido tratando de concentrarse en clientes tales como restaurantes y hoteles, y de dejar en claro que no está orientada al cliente final o consumidor (Martin, 2001; Morales, 2005).

El Diccionario Conciso Oxford citado por Martin (2001) define "hipermercado" como una "tienda de autoservicio de grandes dimensiones que expende una gran gama de productos, con amplios estacionamientos y generalmente ubicada en las afueras de una ciudad". Según la definición del ramo, un hipermercado debe cubrir como mínimo 5.000m^2, debe ofrecer la gama completa de productos, una amplia variedad de marcas, alta calidad, servicios adicionales y todo ello a los mejores precios.

La fórmula del hipermercado nace en Francia en el año 1963, cuando Marcel Fournier, Denis y Jacques Defforey, fundadores de Carrefour, inauguran un nuevo tipo de establecimiento de 2.500 m^2 en Ste. Geneviéve des Bois, caracterizado por ofrecer una variedad de productos (alimentos y no alimentos), precios "discount" o con descuento y un mínimo de servicio (AECOC en Leal y Cefalá, 2006).

Entre las principales características que identifican el actual sistema de distribución de alimentos en los países europeos promotores del hipermercado son: a) El elevado grado de concentración y b) El intenso proceso de internacionalización. Respecto a este último proceso se señala que tanto los grupos franceses como alemanes han iniciado una importante internacionalización de sus actividades tanto en el interior de la *Unión Europea (UE)* como fuera de ella, en especial en América Latina, de tal manera que Argentina, Brasil, México, Colombia y *Venezuela* pueden destacarse dentro del mapa de inversiones de los referidos grupos denominados *La Gran Distribución* (Morales, 2005).

La distribución de bienes de consumo masivo en Venezuela, ha experimentado una serie de transformaciones en los últimos años. El crecimiento empresarial de los hipermercados, que comenzó tímidamente a principio de los años noventa con la incursión de la cadena internacional Makro (líder actualmente en el país) y posteriormente con otros grupos internacionales y locales, se ha llevado a cabo mediante la apertura de nuevos establecimientos y la adquisición de cadenas y empresas existentes Este proceso de crecimiento está dirigido a concentrar el mercado de distribución comercial y se realiza a costa de la quiebra de empresas regionales y nacionales o provocando procesos de reestructuración en las mismas, lo cual impone a las empresas locales adecuar su tamaño a los nuevos parámetros a fin de mantener su posición competitiva en el mercado, situación que se ve propiciada por las oportunidades económicas que ofrece Venezuela. Sin embargo, las condiciones favorables que pueda tener el país no es garantía suficiente para la promoción exitosa de dichas inversiones, afectado principalmente por el clima de incertidumbre político y económico reinante, por lo cual, corresponde al Gobierno Nacional crear condiciones que provean verdadera estabilidad y seguridad jurídica y, por lo tanto, genere mayor confianza en los inversionistas nacionales y extranjeros (Leal y Cefalá, 2006).

Lo que los hipermercados traerán al consumidor venezolano será facilidad de compra. Mejor calidad, precios más bajos, mayor variedad y más servicios, todo bajo un solo techo. Además de precios bajos, los compradores podrán adquirir todo en un solo lugar, incluyendo alimentos, productos de pastelería, artefactos electrónicos, artículos de ferretería, papelería, electrodomésticos y utensilios de cocina. También habrá disponibles cajeros automáticos, floristerías y panaderías. Y adicionalmente habrá servicios tales como métodos alternativos de pago, facilidades de financiamiento para los artículos más costosos e incluso transporte gratuito para ciertos clientes. (En México, los hipermercados ofrecen transporte gratuito entre la tienda y el hogar para personas que viven en áreas de bajos ingresos). Además tendrán como mínimo 500 puestos de estacionamiento (Martin, 2001). En el gráfico 43 se presenta una propaganda de uno de estos hipermercados ubicado en la turística isla de Margarita donde destacan todos los servicios que bajo un mismo techo ofrece.

Tradicionalmente los venezolanos han preferido comprar pescado en pescaderías, la carne en carnicerías, el pan en panaderías y el perfume en perfumerías. Pero las cosas están comenzando a cambiar. "Ya no tienen tiempo para visitar tiendas especializadas cada semana, y prefieren hacer una sola compra en un solo sitio". Sin embargo, puede tomar algo se tiempo para que el consumidor venezolano se

Gráfico 43. **Portada de revista publicitaria perteneciente a una cadena de hipermercados ubicada en el estado Nueva Esparta.** Tomado de «Revista Rattan Margarita» año 2007. Autor: Grupo de Empresas Rattan.

convenza de lo eficaz del autoservicio en el caso de productos tales como carne fresca. Los venezolanos no están acostumbrados a los vegetales preempacados y es por eso que cadenas como *Excelsior Gama* ofrecen ambos (Martin, 2001).

La creciente penetración de las grandes tiendas de productos de consumo masivo produce efectos que se reflejan directamente en algunas empresas venezolanas del sector, ya que pequeños establecimientos y algunas cadenas locales, cuya oferta no puede competir con la de grandes empresas, han cerrado sus puertas, produciendo consecuencias negativas en el nivel de empleo. Asimismo, los proveedores se enfrentan a cadenas con gran poder de negociación que controlan las condiciones y términos de la relación comercial, obteniendo condiciones favorables en los contratos de compra, como consecuencia de un proceso de integración en red (Leal y Cefalá, 2006).

Dentro de los efectos que repercutirían sobre la sociedad en general, se puede mencionar la situación por la cual los actuales índices de desocupación pudieran incrementarse. En efecto, la paulatina disminución de abastos y supermercados independientes se traducirá, ineluctablemente, en una pérdida progresiva de puestos de trabajo (que, como se sabe, presentan características muy particulares) y, en consecuencia, en una disminución del consumo global (Morales, 2005).

La significativa reducción de los costos totales que probablemente debe haber ocurrido (entre otros factores, por la moderna gestión de los flujos de circulación y de las operaciones de logística) no necesariamente se traducirán en una efectiva y significativa diferencia de precios a favor de los consumidores, por lo menos, para algunos alimentos procesados industrialmente los cuales constituyen una parte importante de la dieta diaria. Si la "gran distribución" logra consolidarse plenamente en Venezuela, el protagonismo hasta ahora exhibido por la industria agroalimentaria venezolana se verá seriamente afectado; por lo tanto, esta industria, a los fines de adecuarse a la nueva realidad planteada, tendría paulatinamente que enajenar su función de distribución. En esas condiciones, además, se verá obligada a *compatibilizar* sus estrategias con las estrategias de "la gran distribución" y tendrá que *someterse* a todo tipo de requerimientos de índole técnico y organizativo exigido por ella, pudiendo perder de esta manera su hasta ahora capacidad de *organizar y jerarquizar* el conjunto de las actividades desarrolladas por los agentes económicos que operan dentro del sector agroalimentario (Morales, 2005).

Legislación Alimentaria (Bases Históricas y Hechos Relevantes)

Al igual que las empresas del área alimentaria, el consumo de alimentos y sus implicaciones también ha sufrido transformaciones a lo largo del tiempo. Se dice que la industrialización favoreció la seguridad alimentaria, en lo que a la producción de alimentos inocuos se refiere, ya que originó entre otras cosas la mecanización y estandarización de los sistemas de producción que contemplaban la manufactura bajo condiciones higiénicas aceptables. No obstante, esto no es necesariamente cierto y como señala Ferreira (2004) la concepción de alimento limpio, no necesariamente implica que este sea saludable. A continuación se citan antecedentes históricos que revelan algunos de los problemas de épocas pasadas, donde la tecnología aun no se hacia presente, que han logrado perpetuarse hasta la actualidad donde es la tecnología la pauta que rige la industria alimentaria.

Antecedentes

Para el 29 de octubre de 1779, el Gobernador y Capitán General Don Luis de Unzaga y Amezaga, comunica al Muy Ilustre Ayuntamiento, su malestar en torno al abuso cometido en los precios que debían observarse en la venta del maíz y la harina (4). En el comercio de esos rubros se daba paso a la práctica de la usura; quedando en entredicho la actuación de aquellos que tenían la responsabilidad tanto de la producción, como de la venta de esos productos. La postura del gobernador en torno a esta problemática, y la solicitud que el mismo hace al Ayuntamiento para que tome las medidas necesarias, a fin de poner coto a esas irregularidades, fueron situaciones que se repitieron con cierta frecuencia, y que no hay dudas tuvieron eco en el abigarrado conjunto de ranchos, tiendas y canastillas de la Plaza Mayor y en el variopinto conjunto de personas -vendedores y consumidores- (Durand y Gonzáles, 2002).

En 1796, la situación no había variado mucho, la existencia de un comercio grosero, donde el juego de intereses entre vendedores inescrupulosos y compradores del mismo estilo, dejaba ver un negocio poco honesto, donde las apetencias de unos y otros, iban en detrimento de los más desposeídos. Aunado a lo anterior, como problema coyuntural de ese período, se encontraba la fuga por las aduanas de carne, cebo y cuero de res que contaba con la participación y venia de las autoridades. Para ese año el Regidor del Ayuntamiento de Caracas hacía hincapié en el cuidado para que se observaren con exactitud, lo que tenía que ver con regulación de precios y aplicación del debido peso y medidas adecuadas a los distintos productos que se expendían en la Plaza Mayor. Al respecto, se decretó una ordenanza que entre otros puntos interesantes establecía (Ob.cit):

18.- Ningún mercader, pulpero ni bodeguero podrá abrir tienda ni vender sin licencia del gobierno, bajo la multa de veinte y cinco pesos en que también incurrirán si vendiesen lo que no les toque por su respectivo ejercicio [...] y si lo hicieren mezclando o adulterando los caldos, comestibles y víveres además de su perdimiento sufrirán cincuenta pesos de multa..."

No debe extrañar la posibilidad de que un considerable porcentaje de la población urbana, sin distinción de rango, sufriese serios problemas alimentarios derivados de la adulteración de los víveres que consumían, hecha por buena parte de los expendedores. El campesino producía casi toda su ingesta, el citadino la adquiría después de haber pasado ella por manos de varios intermediarios. El fraude alimentario se remonta a tempranas épocas coloniales, pero es a lo largo del siglo XIX cuando adquiere proporciones alarmantes, pues, por una parte, las contiguas guerras intestinas afectaron la eficacia de los controles oficiales que habían funcionado con relativo éxito durante la época colonial y, por la otra, el incremento de la importación de comestibles tentó aun más la avaricia de los comerciantes ávidos de aumentar sus ganancias (Lovera, 1988).

Un informe presentado por el Regidor Montenegro, ante el Ayuntamiento el 2 de septiembre de 1799, expone como problema permanente y de envergadura al "acaparamiento" entre las causas principales, que a su parecer, motivan la escasez cita: a) la usura de las compañías que importan los rubros consumidos, b) el manejo inescrupuloso de pulperos y comerciantes de mantener un mercado paralelo comprando la totalidad de alimentos antes de que estos ingresen a la plaza mayor de la ciudad para luego colocarles el precio que mejor consideren y c) la constante pillería que asola los caminos que conducen a las ciudades. Dice el Regidor en su escrito, que durante el ejercicio de su diputación (45 días) fue permanente la escasez de comestibles, principalmente la carne, el maíz y la harina (Durand y Gonzáles, 2002).

Otro de los problemas que tenía su peso específico en la Venezuela del siglo XIX giraba en torno al beneficio del pan de trigo, que era un inveterado y por lo tanto irresoluto asunto acerca de la higiene en el proceso de amasijo y panificación del trigo. Tercamente los panaderos mantuvieron incólume su ancestral tradición de especular con el prójimo, deduciendo a costa de la salud de éstos, los efectos del alto costo de las harinas monopolizadas por las empresas del ramo. Sin embargo, no todo podría atribuírsele, como se   ve, a los precios cartelizados de las harinas o sus recurrentes acaparamientos; también los "ahorros" podían obtenerse en el empleo de harinas de mala calidad, e indistintamente a la clase de éstas, en la panificación agregándole a las harinas sustancias nocivas como levaduras alteradas, alumbre, sulfato de cobre, sulfato de zinc, etc. Por tales razones no fueron pocas las veces que debieron actuar las autoridades con mucha firmeza, para evitar este tipo de abusos que daban un pan ácido y de muy mal aspecto. Las medidas coercitivas tendientes a erradicar tales prácticas insanas para la salud pública, iban de multas que oscilaban entre 200 a 500 bolívares, arrestos por ocho días, decomisos del producto o pérdida de la licencia (Brito, 1978; Durand y Gonzáles, 2002).

El Reglamento de Higiene inserto en la Gaceta Municipal de Caracas No. 220, de fecha 10 de agosto de 1903, correspondiente a los No. XL al XLIII, estaba dedicado a los productos del trigo, debido a la magnitud del problema que existía a principios del siglo XX con referencia a este cereal. Dicho reglamento prohibía explícitamente la venta de harinas: fermentadas, invadidas por parásitos animales o vegetales y obtenidos de cereales que se encontraren en condiciones impropias. Así mismo, establecía la prohibición absoluta de mezclarla con sustancias minerales, carbonato de cal, sulfato de cal, talco, harinas de leguminosas o cualquier otro polvo extraño (Ob.cit).

A tal punto había llegado el problema de la adulteración, después de la Guerra Federal, que el gobierno, ante peligros que tal rémora significaba para la salud de los ciudadanos, decretó una serie de inspecciones sanitarias en las que participaron, junto con las autoridades, médicos nombrados al efecto. Según los informes la situación era la siguiente para la Parroquia Catedral: la carne de ganado vacuno que se expedía en el mercado y las carnicerías no era de buena calidad y tenía un precio alto. El pescado, a juicio de los integrantes de la comisión fiscalizadora, se encontraba casi todo "manido". Existían comercios en las que se expedían muchas frutas que no habían llegado a su completa madurez o poseían condiciones impropias para la digestión. Respecto de las pulperías y bodegas, se escribió: «Granos duros, viejos y picados, bastante pescado podrido, algunas verduras y papas nacidas, viejas y en putrefacción» (Lovera, 1988).

En la Venezuela actual, persisten aún muchas de estas viejas prácticas que atentan contra la seguridad alimentaria. Sin embargo, a partir de la segunda mitad del siglo XX aparece el Reglamento General de Alimentos, decretado en 1959 por la Junta de Gobierno, dentro de un avance creciente de lo que era el marco jurídico alimentario. En tal sentido a partir de 1996 el estado ve con preocupación la situación alimentaria y promulga una serie de decretos, leyes y regulaciones dirigidas al logro de un control más eficaz del sector. Para el año 2000 y con la reforma del estado comienzan a surgir una amplia gama de regulaciones, leyes y decretos destinados a la ordenación de la actividad alimentaria en el país.

De acuerdo con el marco de referencia y en base a las evidencias recopiladas es posible dividir los regímenes alimentarios del venezolano en: Aborigen: (Prehispánico e Indohispánico), Colonial (Conquistador Español y El Esclavo Africano), Criollo Rural (Tradicional), Criollo Urbano, Urbano Moderno y Venezolano Postmoderno.

El régimen alimentario constituye uno de los rasgos de identidad más importante y revelador de cualquier cultura. Por esta razón, es posible afirmar que en la Venezuela del siglo XXI el régimen predominante de su población corresponde al tipo Posmodernista que es el resultado de un profundo mestizaje entre tendencias aborígenes, criollas y foráneas encaminadas hacia la generación del concepto de alimento universal.

El desarrollo de la industria alimentaría, asociada al apoyo publicitario y al nuevo estilo de la vida urbana contribuyeron a reforzar el patrón de consumo de orientación foránea, convirtiéndose en factores determinantes de cambios alimentarios.

El crecimiento socioeconómico que acompañó el descubrimiento y explotación del petróleo produjo un acelerado proceso de urbanización que condujo a un nivel superior de vida y modificó el sistema alimentario tanto como los patrones nutricionales de los habitantes.

La alimentación tradicional se mantiene intacta en el medio rural y bastante sofisticada en el medio urbano. En la transición alimentaria de Venezuela de la mitad del siglo XX se pueden considerar como factores influyentes, en los cambios, la sustitución de la manteca de cerdo por aceite vegetal y el cambio tecnológico que permitió elaborar la harina precocida de maíz permitiendo el aumento en   el consumo de ese rubro en los años siguientes. Otro hito importante en el cambio nutricional del país para la década de los 90 del siglo XX fue la fortificación de las harinas de maíz y trigo con hierro y vitaminas que han permitido notablemente mejorar la alimentación del venezolano.

El trigo ha sido uno de los rubros alimenticios más conflictivo en la historia del país en lo que a seguridad alimentaria se refiere. El maíz, por su parte, se convirtió en puntal de la alimentación del venezolano para erradicar las enfermedades asociadas con la nutrición. Por último, el arroz ha sido el único producto agrícola en cuya historia han quedado inscritos todos los ensayos agroalimentarios aplicados por el Estado venezolano

El proceso histórico alimentario exhibe hasta principios del siglo XXI una marcada tendencia al deterioro nutricional y al aumento de la dependencia de las importaciones. El reto que presenta esa realidad obliga a replantearse desde los problemas de la producción, distribución y comercialización de los alimentos, hasta la reeducación de los hábitos de consumo, con el fin urgente de mejorar las condiciones de vida y tratar de reavivar el acervo culinario venezolano, de alto valor nutricional.

La República Bolivariana de Venezuela en el siglo XXI es una nación cuya demanda interna de alimentos se satisface gracias a los complejos agroindustriales tanto nacionales como extranjeros, pues una buena parte de los productos que se consumen internamente provienen del exterior. Lamentablemente, la mayoría de las veces no operan a favor del pueblo sino que obedecen a intereses foráneos con consecuencias devastadoras para la economía y la población.

El dominio de los canales de distribución procurando el menor número posible de eslabones; la concentración de productos y servicios, entre ellos la provisión de alimentos, en grandes y cómodas infraestructuras; así como la prevalencia de los productos listos para consumir preempacados constituyen las tendencias más importantes de la industria de distribución de alimentos Venezuela y el mundo a principios del siglo XXI.

RECOMENDACIONES

Posterior a esta investigación, se hace justo y necesario establecer algunas recomendaciones que permitan a futuro observar los tan esperados cambios que el país y sus ciudadanos reclaman y necesitan.

En primer lugar se sugiere la creación de una cátedra orientada al estudio de la historia alimentaria así como del acervo y patrimonio culinario del pueblo venezolano. Esta disciplina debería enseñarse en los distintos niveles de educación, desde el preescolar hasta los estudios de postgrado, con el fin de generar en los futuros ciudadanos los sentidos de pertenencia y pertinencia, tan necesarios para rescatar e impulsar los matices típicos de la venezolanidad.

Fomentar el consumo de rubros alimenticios tradicionales para disminuir la dependencia alimentaria a las importaciones, favorecer la producción agrícola interna y mejorar la calidad nutricional de la dieta del venezolano, erradicando el consumo de alimentos poco saludable (comida chatarra).

Realizar una investigación acerca de la legislación alimentaria en Venezuela a través de la historia para establecer sus bases teóricas, evolución, contribución y limitaciones. Comprendiendo el pasado, se entiende mejor el presente y se planifica de una forma más asertiva el futuro.

BIBLIOGRAFIA

Abarca, K. (2006). Economía agraria en América Latina: del ecologismo prehispánico a la modernidad globalizada. Análisis de Coyuntura, 12 (1).

ABN. (2005). Café venezolano lucha por dignificarse y recuperar mercados. Agencia Bolivariana de Noticias. Caracas, Venezuela.

Abreu, E.; Gutiérrez, A.; Fontana, H.; Cartay, R.; Molina, L.; Van Kesteren y Guillory, M. (1997). La agricultura. Componente básico del sistema alimentario venezolano. Fundación Polar. Caracas, Venezuela.

Abreu, E.; Martínez, Z.; Maio, M. y Quintero, M. (2000). Inicios de modernidad. Marcas de fábrica y comercio en el sector alimentación en Venezuela, 1877-1929. Fundación Polar. Caracas, Venezuela.

Abreu, E.; Martínez, Z.; Quintero, M.; Molina, L.; Ablan, E. y Vellorí, M. (2001). Entre campos y puertos. Un siglo de transformación agroalimentaria en Venezuela. Fundación Polar. Caracas, Venezuela.

Abreu, E. (2005). Pioneros del primer siglo 1864-1929. La industria de alimentos en Venezuela. Fundación Polar. Caracas, Venezuela.

Acosta, M. (1975). Estudios de etnología antigua de Venezuela. Época prehispánica. 2ª ed. Caracas, Venezuela.

AGREVO. (2008). Breve reseña del cultivo en Venezuela. Caracas. [Documento en línea]. Disponible: http//:www.reshet.net/agrevo/02.html. [Consulta: 2008, Enero 18].

Agrinova. (2008). Caña de azúcar. [Documento en línea]. Disponible: www.agrinova .com.ve.pdf. [Consulta: 2008, Enero 18].

Agrotendencia. (2008). Guión cambures y plátanos. [Documento en línea]. Disponible: http//:www.agrotendencia.com/guiones.php?criterio=&pag=4. [Consulta: 2008, Enero 18].

Álvarez, C.; Pérez, E. y Lares, M. (2002). Morfología de los frutos y características físico-químicas del mucílago del cacao de tres zonas del estado Aragua. Agronomía Tropical, 52 (4), 497-506.

Anuario del Sistema de Vigilancia Alimentaria y Nutricional (SISVAN) año 2001. (2005, Mayo). Instituto Nacional de Nutrición. Caracas: Ministerio de Salud y Desarrollo Social.

Anuario del Sistema de Vigilancia Alimentaria y Nutricional (SISVAN) año 2002. (2006, Marzo). Instituto Nacional de Nutrición. Caracas: Ministerio de Salud y Desarrollo Social.

Anuario del Sistema de Vigilancia Alimentaria y Nutricional (SISVAN) año 2003. (2006, Agosto). Instituto Nacional de Nutrición. Caracas: Ministerio de Salud y Desarrollo Social.

Anuario del Sistema de Vigilancia Alimentaria y Nutricional (SISVAN) año 2004. (2007, Julio). Instituto Nacional de Nutrición. Caracas: Ministerio de Salud y Desarrollo Social.

Balza, F. (2000). El sabor del ingenio criollo. Todo en Domingo. El Nacional, No 157. Caracas, Venezuela.

Banco Central de Venezuela. Departamento de Información (2007). Resultados de la III encuesta nacional de presupuestos familiares. [Boletín Económico Informativo]. Caracas, Venezuela.

Banko. (2005). La hacienda-trapiche en Venezuela siglo XIX. Universidad Central de Venezuela. [Documento en línea], Disponible: http://web.cucea.udg.mx/ineser /Congreso/Banko.pdf. [Consulta: 2008, Enero 22].

Bejarano, A y Segovia, M. (2000). Origen y evolución de la especie. Origen del maíz sección 1. Fundación Polar. Caracas.

Bengoa, J. (2003). Historia de la nutrición en la salud pública. Anales Venezolanos de Nutrición, 16 (2), 85-96.

Bengoa, J. (2004). La sanidad y la nutrición en Venezuela a mediados del siglo XX. Anales Venezolanos de Nutrición, 17 (1), 42-44.

Bourges, H.; Bengoa, M. y O'Donnell, A. (2000). Historias de la nutrición en América latina. Sociedad Latinoamericana de Nutrición.

Brito, F. (1978). Historia económica y social de Venezuela. Tomo III y IV. Colección Historia XVI. Ed. De la Biblioteca. Caracas, Venezuela.

Brito, L. (2004). Para comprender y querer a Venezuela. Consejo Nacional de la Cultura. Biblioteca Básica Temática. Caracas, Venezuela.

Byong, L. (1996). Fundamentos de Biotecnología de los alimentos. Edit Acribia S.A. Zaragoza, España.

Cabello, A. y Bello, R. (2000). Procesamiento y comercialización de la sardina en Venezuela. FONAIAP (INIA) Divulga, No 46.

Café Imperial. (2008). Historia del café en Venezuela. El Mundo del Café. [Documento en línea]. Disponible:http//:www.caféimperial.com/hostoria-esp.php?PHPSESSID=fb119ccbe4a6686177897c79164ae. [Consulta: 2008, Enero 18].

Carnevalli, A. (1944). Aspectos económicos y sociales del cultivo del trigo en los Andes. Edit. Minerva.

Cartay, R. y Dávila, R. (1997). La historia en tres platos: breve crónica de la alimentación en Mérida. Revista Bigott, No 42.

Cartay, R. (1998). La economía del cacao en Venezuela. Memorias del I Congreso Venezolano del Cacao y su Industria. Universidad de los Andes.

Cartay, R. (2004). Difusión y comercio de la yuca (*Manihot esculenta*) en Venezuela y en el mundo. Agroalimentaria, 9 (18), 13-22.

Cartay, R. (2005). Aportes de los inmigrantes a la conformación del régimen alimentario venezolano en el siglo XX. Agroalimentaria, 10 (20), 43-55.

Castellanos, R. (1989). Evolución de las pulperías y marchantes hasta los grandes centros comerciales. Conferencias de Historia. Caracas cómo has cambiado. Casa de Estudio de la Historia de Venezuela "Lorenzo A. Mendoza Quintero". Caracas, Venezuela.

CAVIDEA. (2008). Historia. [Página Web en línea]. Disponible: http//:www.cavidea.org/quienes.asp. [Consulta: 2008, Enero 18].

Ceballo, H. (1976). Justificación de una legislación especial sobre alimentos. Ponencia Presentada en el V Congreso Venezolano de Salud Pública, Caracas, Venezuela.

Central Madeirence. (2007). Un poco de nuestra historia. [Página Web en línea] Disponible: http://www.centralmadeirence.com.ve/imagenes/central_111.jpg. [Consulta: 2007, Marzo 25].

COVENIN. (Norma No 1479) (1998). Cacao en polvo. 2da Rev. Fondo para la Normalización. Caracas, Venezuela.

COVENIN. (Norma No 604) (1993). Café definiciones. Fondo para la Normalización. Caracas, Venezuela.

COVENIN. (Norma No 46) (1994). Café tostado o molido. Fondo para la Normalización. Caracas, Venezuela.

Chastre, A. (2005). De la olla al televisor ¿Cómo han influenciado los medios de comunicación en la cocina?. Cocina abierta. Gastronomía Global. [Página Web en línea], Disponible: http://www.cocinaabierta.com/index.php?option=comcontent&task=view&id=839&Itemid=34. [Consulta: 2007, Marzo 22].

Chávez, H. (2007). Ahora la batalla es por el sí. Presentado en el Discurso del proyecto de Reforma Constitucional ante la Asamblea Nacional. Biblioteca Construcción del Socialismo. Colección Discursos presidenciales. Serie Discursos. Caracas, Venezuela.

Dehollain, P. (1993). El consumo de alimentos en Venezuela (1940-1987).Sistema Alimentario Venezolano. Área Economía Agroalimentaria. Fundación Polar. Caracas, Venezuela.

Diccionario Larousse. (2005). El pequeño Larousse ilustrado. Edición Centenario, de Colección. XI Ed. Edt. Larousse.

Durand, G. y González, A. (2002). Caracas es 25 escenas. Fondo Editorial Fundarte. Caracas, Venezuela.

Estela, M. (2007). El país reclama la industrialización de la caña de azúcar. Las Noticias de Cojedes. [Página Web en línea], Disponible:

http://www.lasnoticiasdecojedes.com/index2.php?option=comcontent&do_pd

f=1&id=7029. [Consulta: 2008, Enero 18].

FAO. (1995). Necesidades y recursos. Geografía de la agricultura y la alimentación. Roma, Italia.

FAO. (2003). División de estadística. [Página Web en línea], Disponible: http//: www.fao.org./waicent/portal/statistics_en.asp. [Consulta: 2007, Septiembre 18].

FAO. (2006). División de estadística. [Página Web en línea], Disponible: www.fao.org./statisticsdivision/workingpaperseries/latinamericanandthecaribe an. [Consulta: 2007, Septiembre 18].

FAO. (2007). División de estadística. [Página Web en línea], Disponible: http//: www.fao.org./waicent/portal/statistics_en.asp. [Consulta: 2007, Septiembre 18].

FCI. (2008). Historia del café venezolano. Comercio Justo. Fondo de Crédito Industrial, 22 (7).

Febres, C. (1936). Por el trigo y por la harina del país. Ejecutivo del Estado Mérida. Mérida.

Ferreira, M. (2004). Las comidas tradicionales en tiempos de globalización: la arepa se (trans)viste en hamburguesa. Programa globalización, cultura y transformaciones sociales. [Documento en línea]. Disponible: www.globalc ult.org.ve/doc/monografías/monografíasFerreira.pdf. [Consulta: 2007, Agosto 15].

FITCA. (2001). Frigrorifico Industrial Turmero. [Página Web en línea]. Disponible: www.fitca.com.ve/hostoria.html. [Consulta: 2008, Enero, 18].

FLASA. (1988). Los aborígenes de Venezuela. 3ra Ed. Fundación La Salle de Ciencias Naturales, Instituto Caribe de Antropología e Historia. Caracas, Venezuela.

Fontana, H. y González, C. (2000). El maíz en Venezuela. Fundación Polar. Caracas, Venezuela.

FONDONORMA-ISO. (Norma No 22000). (2005). Sistemas de gestión de inocuidad de los alimentos. Requisitos para cualquier organización de la cadena alimentaria. Fondo para la Normalización. Caracas, Venezuela.

Fox, B. y Camerón, A. (1999). Ciencia de los alimentos, nutrición y salud, 2da. Ed. Edit. Limusa. México.

Fundación Polar. (1998). Alimentación. Historia de Venezuela para nosotros. Centro de Investigación de la Comunicación. Caracas, Venezuela.

Fundación Polar. (2007). Historia de Venezuela para nosotros. Caracas. [Página Web en línea], Disponible: http://fpolar.org.ve/nosotros/educacional/economia /cafe-cacao.html. [Consulta: 2007, Octubre 21].

Garrido. (2002). Un regalo que vino pa' quedarse. Últimas Noticias (2002: Septiembre, 15).

Gerente. (2004). 500 empresas más grandes y exitosas. Revista de colección No 6, Edición Extraordinaria. Edit. Multimedios Gerente, S.A. Caracas, Venezuela.

Gerente. (2005). 500 empresas grandes y exitosas. Revista de Colección No 8, Edición exraordinaria. Edit. Multimedios Gerente, S.A. Caracas, Venezuela.

Gutiérrez, M.; Pérez, D.; Bolívar, Á.; Pacheco, W.; Márques, A. y Quiróz, C. (2001). Contribución de los conucos a la conservación *in situ* de los recursos genéticos de plantas en sistemas de producción: componente de Venezuela. [Documento en línea], Disponible: www.ceniap.gov.ve/pbd/ Congresos /jorna dasCeniap/web/mgutierrez2.htm. [Consulta: 2007, Noviembre 28].

Gumilla, J. (1963). El Orinoco ilustrado y defendido. Academia Nacional de la Historia. Caracas, Venezuela.

Hernández, D'Jesús. (2001). Algo sobre la cocina venezolana. [Documento en línea], Disponible: www.kalathos.com/dic2001/mouseion/cocinaven.htm. [Consulta: 2007, Noviembre 28].

Hernández, E. (1995). Aspectos agronómicos del cultivo de la caña panelera. FONAIAP (INIA) Divulga, No 47.

Illy, A.; Illy, E.; Macrae, R.; Petracco, M.; Sondahl, M.; Valussi, S. y Viani, R. (1995). Espresso coffe: The Chemestry of quality. Academis Express. Londres.

Imágenes de antaño. (2008). [Página Web en línea], Disponible: www.google.com/imagenesdeantaño.com. [Consulta: 2008, Enero 18].

INN. (2006). Alimentos tradicionales, mapa gastronómico de Venezuela. Dirección Técnica, Folleto informativo. Ministerio del Poder Popular para la Salud. República Bolivariana de Venezuela. Caracas, Venezuela.

INN. (2001, Enero). Tabla de Composición de Alimentos para uso práctico (Publicación No. 54). Serie Cuadernos Azules. Instituto Nacional de Nutrición. División de Investigaciones en Alimentos. Ministerio de Salud y Desarrollo Social. Caracas, Venezuela.

Leal, M. y Cefalá, Y. (2006). Estrategias de crecimiento empresarial aplicadas por hipermercados. Gerencia, 8 (24).

Lovera, R. (1988). Historia de la alimentación en Venezuela. Monte Ávila Editores. Caracas, Venezuela.

Lovera, R. (2003). Acervo culinario y patrimonio cultural: consideraciones históricas y propuestas políticas para Venezuela. Anales Venezolanos de Nutrición, 16 (1), 31-36.

Lovera, R. (2005). Cultura y tradiciones de la alimentación en Venezuela. Anales Venezolanos de Nutrición, 18 (1).

Lucero, L. (2003, Julio). Síntesis de la situación nutricional en la República Bolivariana de Venezuela. Ponencia presentada en el XIV Congreso Latinoamericano de Nutrición, Caracas, Venezuela.

LUZ-IIFA. (1996). Apuntes para la historia de la arquitectura y el urbanismo en la ciudad de Maracaibo. Instituto de Investigación de la Facultad de Arquitectura.Universidad del Zulia. Maracaibo, Venezuela.

Machado-Allison, C. (2004). La gerencia del hambre. Debates IESA, 9 (2) 45-51.

Machín, T. (2003). Una visión de la situación alimentaria y nutricional en Venezuela. Informe Social 9. ILDIS.

Marcano, G. (1971). Etnografía precolombina de Venezuela. Universidad Central de Venezuela. Caracas, Venezuela.

Martin, A. (2001). Llegan los hipermercados a Venezuela. [Página Web en línea], Disponible: www.veneconomía.com/veneconomiahemeroteca.html.

Melody, Y. (2007). La cerveza en Venezuela a finales del siglo XVIII y principio del siglo XIX. Orígenes de la cerveza en Venezuela. [Documento Web en línea], Disponible: http://congresodehistoriaregionalenmiranda.blogspot.com/2007/06/la-cerveza-en -venezuela-finales-del.html. [Consulta: 2007, Noviembre: 22].

Mercado, C. y Lorenzana, P. (2000). Acceso y disponibilidad alimentaria familiar. Validación de instrumentos para su medición. Fundación Polar. Caracas.

Morales, A. (2005). Reconfiguración del sector agroalimentario venezolano en el contexto de la globalización. Revista Venezolana de Economía. Y Ciencias Sociales, 11   (3), 63-85.

Morales, A y Giacolone, R. (1990). Caracterización histórica del ciclo triguero en los pueblos del sur de Mérida: factores favorables y limitaciones. Tierra Firme. No. 32. Caracas , Venezuela.

Morón, G. (2008). El animal histórico. El conuco. [Documento en línea]. Disponible: www.ceniap.gov.ve/pbd/congresos/jornadasceniap/web/mgutierrez2.htm. [Consulta: 2008, Enero 19].

Ordosgoitti, A.; Manzano, A. y Piñero, A. (1976). La escaldadura de la caña de azúcar en Venezuela. Agronomía Trop., 27 (2), 235-249.

Parthasarathy, U.; George, J. y Saji K. (2008). Theobroma cacao L. (*Sterculiaceae*) en la región nororiental de la isla de margarita, Estado Nueva Esparta, Venezuela. Biodiversity International-FAO, No 138. Roma, Italia.

Paterniani, E. (2000). Origen y evolución de la especie. Origen del maíz sección 2. Fundación Polar. Caracas, Venezuela.

Patiño, V. (2007). Abastos, consumos, mercados y ferias. Tiendas. Pulperías. Propaganda comercial. Historia de la Cultura Material en la América Equinoccial. Tomo VI. [Documento en línea]. Disponible:

http://www.lablaa.org/blaavirtual/historia/equinoccial_6_comercio/capitu22.ht
m. [Consulta: 2008, Enero 18].

Parra, P. (1997). Origen del cacao en Venezuela. Ponencia presentada en el I
Congreso Venezolano del Cacao y su Industria. Estado Aragua.

Pereira, G. (2004). El legado indígena. Consejo Nacional de Cultura. Biblioteca
Básica Temática. Caracas, Venezuela.

Pérez, H. (2007). La hacienda y el hato en la estructura económica, social y política
de los llanos colombo-venezolanos durante el período colonial. Revista
semestral de Historia, Arte y Ciencias Sociales, No 11. Procesos Históricos.
Universidad de los Andes. Mérida.

Piña, Z. (2005). Mercadeo Un enfoque agroalimentario. Fundación Polar. Unidad
Estratégicas de Análisis Agroalimentarios. Caracas, Venezuela.

Quintero, M. (2003). Globalización y sistema agroalimentario: principales cambios
en las estrategias agroindustriales y en las tendencias de consumo de
alimentos. Centro de Investigaciones Agroalimentarias. Universidad de los
Andes. Mérida

Ramos, G.; Gómez, Á. y De Ascencao, A. (2004). Caracteres morfológicos
determinantes en dos poblaciones de cacao criollo del occidente de Venezuela.
Agronomía Trop., 54 (1).

RATTAN, C.A. (2007). Rattan margarita. Folleto publicitario

Reglamento General de Alimentos. (1959). Gaceta Oficial. (Decreto No 25.864).
Junta de Gobierno. República de Venezuela.

Rengifo, D. (2002). El uso de los manuales en la elaboración historiográfica (los
manuales escolares). [Documento en línea]. Disponible:
http://saber.ula.ve/db/ssaber/Edocs/pubelectronicas/cifranueva/anum15/articul
o4.pdf. [Consulta: 2008, Agosto 15].

República Bolivariana de Venezuela. Dirección Ejecutiva. SISVAN: Sistema de
Vigilancia Alimentaria y Nutricional. 1998-1999. [Boletín Informativo].
Caracas: Instituto Nacional de Nutrición.

Rodríguez, A. (2000). Distribución geográfica y producción nacional, aspectos climatológicos relacionados con la producción comercial de maíz. Fundación Polar. Caracas, Venezuela.

Rodríguez, A. (2005). Venezuela en la ruta comercial azucarera: su impacto en la sociedad sucrense. Revista de Ciencias Sociales, 11 (1), 69-88.

Sánchez, M. (2007). ¿Vuelta al conuco?. Las Noticias de Cojedes. [Documento en línea]. Disponible: www.lasnoticiasdecojedes.com/index.php?option=comcont ent&dask=vielo&8185&itemid=2. [Consulta: 2008, Enero 18].

Sanoja, M. y Vargas, I. (2002). Visión histórica de la gastronomía y la culinaria en Venezuela, 20 (56), 753-774.

Sigala, L. (2002). Rentabilidad del negocio azucarero en Venezuela. Caso: precios a los productores del Río Turbio. Estación Experimental FONAIAP.

Silva, A. (1985). Situación médico-sanitaria de Venezuela durante la época del libertador. Estudios, monografías y ensayos. Biblioteca de la Academia Nacional de Historia. Caracas, Venezuela.

Silva, A. (2000). La reproducción del desarraigo y las identidades colectivas en la vida cotidiana. Fermentun, 10 (29), 445-452.

Taninos. (2007). Historia del azúcar y del plátano. [Documento en línea]. Disponible: www.enciclopediadegastronomía.es/articulos/historias-de-los-alimentos/histo rias-de-las-frutas-y-hortalizas/historia-del.zúcar-y-del-plátano-html?pag=2. [Consulta: 2008, Enero 18].

Urdaneta, J. (2006). "La caña de azúcar": una opción para el ganadero. INIA Yaracuy, Venezuela. [Documento en línea] Disponible: http://avpa.ula.ve/docuPDFs/libros_online/manualganaderia/seccion4/articulo 3s4.pdf. [Consulta: 2008, Enero 18].

UPEL. Vicerrectorado de Investigación y Postgrado. (2006). Manual de trabajos de grado de especialización y maestría y tesis doctorales. 4ta Ed. Caracas. FEDEUPEL.

Varnan, A. y Sutherland, J. (1997). Café. Bebidas: tecnología, química y microbiología. Edit. Acribia, S.A. Zaragoza, España.

Velásquez, N. (2004). Modernización agrícola en Venezuela. Los valles altos andinos 1930-1999. Fundación Polar. Universidad de Los Andes. Fundacite Mérida.

Buy your books fast and straightforward online - at one of the world's fastest growing online book stores! Environmentally sound due to Print-on-Demand technologies.

Buy your books online at

www.get-morebooks.com

¡Compre sus libros rápido y directo en internet, en una de las librerías en línea con mayor crecimiento en el mundo! Producción que protege el medio ambiente a través de las tecnologías de impresión bajo demanda.

Compre sus libros online en

www.morebooks.es

SIA OmniScriptum Publishing
Brivibas gatve 1 97
LV-103 9 Riga, Latvia
Telefax: +371 68620455

info@omniscriptum.com
www.omniscriptum.com

Printed by Books on Demand GmbH, Norderstedt / Germany